Walter Theimer: Die Relativitätstheorie

WALTER THEIMER

Die Relativitätstheorie

Lehre – Wirkung - Kritik

EDITION MAHAG
GRAZ

Bibliographische Information Der Deutschen Bibliothek:
Die Deutsche Bibliothek verzeichnet diese Publikation in
der Deutschen Nationalbibliographie; detaillierte bibliographische Daten sind im Internet über http://dnb.ddb.de
abrufbar.

©
Edition Mahag, Graz, 2005
Alle Rechte vorbehalten
ISBN 3-900800-02-2

Herstellung:
Books on Demand, Norderstedt

INHALT

Vorwort zur Neuauflage 7

I. Die Vorgeschichte

1. Zweifel an Raum, Zeit und Äther 9
2. Das Experiment von Michelson und Morley 12
3. Die Relativitätstheorie von Lorentz und Poincaré 19
4. Einsteins Werdegang 26

II. Spezielle Relativitätstheorie

5. Die Axiomatik Einsteins: Gibt es Gleichzeitigkeit? 30
6. Die neuen Lorentz-Formeln 37
7. Relativität der Längen- und Zeitmessung 40
8. Zum Hintergrund der Relativitätstheorie 48
9. «Uhrenparadoxon»: Ontologisierung der Metrik 51
10. Die vierdimensionale Welt von Minkowski 61
11. Relativistische Optik und Elektrik 71
12. Äquivalenz von Masse und Energie 78
13. Gegenseitige Umwandlung von Masse und Energie 94
14. Experimentelle Beweise für die spezielle Relativitätstheorie 105

III. Allgemeine Relativitätstheorie

15. Äquivalenz von Trägheit und Schwerkraft 111
16. Die krumme Welt 123
17. Das Geheimnis des Alten: Einheitliche Feldtheorie 136
18. Experimentelle Beweise für die allgemeine Relativitätstheorie 141

IV. Wandlungen der Paradoxien

19. Theorien und Experimente zum «Uhrenparadoxon» 146
20. Das «Zwillingsparadoxon» 157
21. Der Neo-Lorentzismus 165

V. Philosophie der Relativitätstheorie

22. Der Mathematismus 168
23. Raum und Zeit 176
24. Problematik des Relativitätsprinzips 179
25. Die Diskussion um die Relativitätstheorie 183

Nachwort des Herausgebers 189

Bibliographie 194

Erweiterte Bibliographie 2005 198

Dr. rer. nat. Walter THEIMER†

VORWORT ZUR NEUAUFLAGE

Anlaß für diese Neuauflage des oben genannten Buches ist das sogenannte «Einsteinjahr 2005», in dem die 100-jährige Wiederkehr der Begründung der Relativitätstheorie durch Albert EINSTEIN im Jahre 1905 in vielen Medien in besonderem Maße herausgestellt wurde.

Das ursprünglich im Jahre 1977 erschienene Buch wurde seinerzeit von der Fachwelt nur mit großen Vorbehalten aufgenommen. Deshalb erlebte das Buch keine hohen Auflagenzahlen und war zum Bedauern vieler interessierter Laien und Wissenschaftler bald nicht mehr erhältlich. Die Zeit war einfach noch nicht reif für einen wissenschaftlichen Umbruch, der sich inzwischen weitaus deutlicher abzeichnet als damals. Denn inzwischen sind eine ganze Reihe weiterer kritischer Veröffentlichungen zur Relativitätstheorie erschienen, die zum Teil in einem Anhang zur Neuauflage aufgelistet sind.

Dr. rer. nat. Walter THEIMER wurde am 5. 11. 1903 in Prag geboren und starb am 15. 10. 1989 in München. Er besuchte in Prag das Realgymnasium und die Handelsakademie, machte eine Banklehre und arbeitete bis 1939 als Redakteur (Wirtschaft, Börse) an der deutschen Zeitung «Bohemia» in Prag. Dann war er in London Angestellter im Archiv der BBC (dank deutscher, englischer, tschechischer, russischer, spanischer und französischer Sprachkenntnisse).

Nach dem Kriege begann er, sich seinen Jugendtraum zu erfüllen und in London Chemie zu studieren. Er erweiterte sein Studium auf Biologie und Physik und studierte in Bern, Hamburg, Bonn (Diplom) und München (Promotion). Nebenher war er als Journalist, Übersetzer und Verfasser politischer und naturwissenschaftlicher Werke tätig.

Wichtige Werke: Lexikon der Politik (1947, 9. Aufl. 1985); Der Marxismus (1950, 8. Aufl. 1985); Geschichte der politischen Ideen (1956, 4.Aufl. 1973); Altern und Alter (1973): Die Relativitätstheorie (1977); Handbuch naturwissenschaftlicher Grundbegriffe (1978, 2. Aufl. 1986); Öl und Gas aus Kohle (1980); Das Rätsel des Alterns (1983); Was ist Wissenschaft? (1985); Geschichte des Sozialismus (1988).

Das Hauptanliegen von Dr. THEIMER war - dies erklärt auch die scheinbare Uneinheitlichkeit seiner Veröffentlichungen - die Untersuchung und, wenn nötig, die Kritik von Ideologien, unbewiesenen Theorien und verführerischen, nicht durchdachten Denkgebäuden: Der Versuch, den gesunden Menschenverstand zu behaupten.

Dr. THEIMER sollte uns allen ein Vorbild sein. Durch seine umfassenden Kenntnisse aus den verschiedensten Fachbereichen war es ihm in hervorragender Weise möglich, mit seinen Veröffentlichungen eine ganzheitliche Sicht der übergreifenden Zusammenhänge der Dinge zu geben.

Die Neuauflage des Buches: «Die Relativitätstheorie - Lehre, Wirkung, Kritik» kann jedem Naturwissenschaftler - ob Physiker, Chemiker, Biologe, Arzt oder Techniker - besonders empfohlen werden. Nicht zuletzt auch wegen der erweiterten Bibliographie.

Ekkehard Friebe

I. DIE VORGESCHICHTE

1. Zweifel an Raum, Zeit und Äther

Die Relativitätstheorie ist ein von A. Einstein (1879-1955) stammendes System der Physik, das nur relative Bewegungen von Körpern gegeneinander kennt. Das einzige Absolute ist für sie - zumindest in ihrem ersten Teil, der speziellen Relativitätstheorie - die Lichtgeschwindigkeit, die für alle Beobachter ohne Rücksicht auf deren Bewegungszustand konstant sein soll. Dieses Prinzip führt zunächst zu einer Relativierung der Maße für die Zeit, die Länge und andere physikalische Größen. In weiterem Verlauf führt es zu einer grundsätzlichen Veränderung der Auffassung von Raum und Zeit überhaupt. Daran hat sich eine schon das ganze Jahrhundert hindurch anhaltende Diskussion entzündet, die von der Physik in die Philosophie führt. Die philosophischen Streitfragen sind Raum, Zeit und Erkenntnistheorie. Wäre die Relativitätstheorie nur eine physikalische Angelegenheit, könnte sie durch das Experiment entschieden werden. Die meisten ihrer Postulate sind aber experimentell nicht nachprüfbar; die wenigen und meist etwas abseitigen Phänomene, die als Beweise zitiert werden, erscheinen der Kritik unsicher und mehrdeutig.

Einstein begann mit der speziellen Relativitätstheorie von 1905, die sich mit der Phänomenologie gleichförmig und geradlinig gegeneinander bewegter Systeme befaßte. Eine 1915 folgende allgemeine Relativitätstheorie beschäftigte sich mit beschleunigt und rotierend bewegten Systemen. Die zweite Theorie war als Verallgemeinerung der ersten gedacht, führte aber alsbald in eine ganz andere Richtung, sodaß die beiden Relativitätstheorien nicht mehr viel miteinander gemein haben.

Die Relativitätstheorie hat eine längere Vorgeschichte. Die Theorie läßt sich ungeachtet ihres den Nichtfachmann schreckenden mathematischen Apparats für jedermann verständlich machen. Über ihrer Eingangspforte steht nicht, wie der Physiker W. Wien seinerzeit sagte: «Jedem Nichtmathematiker ist der Eintritt verwehrt.» Das stand wohl über dem Tor der platonischen Akademie in Athen (δγεωμητρετος μηδειζ εισιτω), aber für die Relativitätstheorie trifft es nicht zu. Die spezielle Relativitätstheorie erfordert nicht mehr als die Mathematik der ersten vier Gymnasialklassen. Den Berechnungen der allgemeinen Relativitätstheorie kann man allerdings nur mit höchster Mathematik folgen, aber ihren Sinn kann man auch ohne jede Mathematik verstehen.

Was man mit Mathematik sagen kann, das muß man bekanntlich auch in Worten sagen können.

Eine Reihe von Philosophen, auf die wir noch zurückkommen werden, hatte seit Jahrhunderten gefordert, den Begriff eines absoluten Raums, in dem sich die Dinge bewegen, aufzugeben. Wahrnehmbar seien nur Bewegungen von Körpern gegeneinander. Ähnliche Einwände wurden gegen den Begriff einer absoluten, für alle Dinge in der Welt gleichen Zeit erhoben. Die philosophische Bewegung in dieser Richtung, die erlauchte Namen wie Leibniz und Descartes zu ihren Vertretern zählte, kam durch den Einfluß Newtons zum Stillstand, der seine Physik streng auf dem absoluten Raum und der absoluten Zeit aufbaute. Die hervorragende Bewährung der Newtonschen Mechanik (heute die klassische Mechanik genannt) bei der Entwicklung der modernen Technik und somit der Grundlagen des heutigen Lebens ließ die Kritiker verstummen. Als dann Kant unter Berufung auf die Newtonsche Physik die Lehre verkündete, ein absoluter Raum und eine absolute Zeit seien die Voraussetzungen jeglicher Erkenntnis, schien das klassische System für immer fest gegründet.

Im 19. Jahrhundert regten sich Zweifel. Die aufkommende positivistische Philosophie kritisierte wieder den Gebrauch von nicht wahrnehmbaren Dingen, worunter auch Begriffe wie absoluter Raum und absolute Zeit fielen. Sie forderte, nur mit beobachtbaren Größen zu rechnen. Am deutlichsten formulierte der Physiker und Philosoph E. Mach (1838-1916) diesen Gedanken. Er verlangte eine Physik, die nur auf relative Bewegungen von Körpern gegeneinander gegründet wäre, und damit die Ausschaltung des absoluten Raums und der absoluten Zeit. Zur Abschaffung des absoluten Raums gehörte die Abschaffung des «Äthers», einer rätselhaften, nicht fühlbaren Substanz, die nach der damaligen Auffassung ruhend den ganzen Weltraum erfüllen und alle Körper durchdringen sollte. Der «Äther» war die Verkörperung des absoluten Raums.

Die Suche nach dem Äther

Von der Physik her wurde versucht, diesen «Äther» irgendwie zu erfassen. Wenn er ruhte, mußte sich die Bewegung der Erde durch ihn in einer Art «Ätherwind» äußern, ähnlich wie die Bewegung eines Fahrzeugs durch ruhende Luft einen Fahrtwind erzeugt. Infolge der Unspürbarkeit des Äthers war an eine direkte Erfassung nicht zu denken, aber wenn der Äther das Medium der Bewegung des Lichts war, woran man nicht zweifelte, mußte eine Bewegung des Äthers auf dem Umweg über eine Veränderung der Lichtgeschwindigkeit erkennbar werden, ähnlich wie eine Luftbewegung die Geschwindigkeit des von der Luft getragenen Schalls verändert.

Direkt meßbar waren die zu erwartenden Veränderungen wegen ihrer Winzigkeit nicht, aber sie genügten zur Erzeugung einer Interferenz. Ein Lichtstrahl, dessen Geschwindigkeit verändert war, mußte mit einem unveränderten Strahl interferieren, wenn man die Strahlen über ein geeignetes Spiegelsystem leitete. Völlig gleichartige Strahlen mit gleicher Geschwindigkeit auf gleichen Wegen hätten nicht interferiert; nur Strahlen mit einem Gangunterschied erzeugen Interferenzfiguren aus hellen und dunklen Streifen oder Ringen, weil sich ihre Wellen beim Eintreffen auf einer Empfangsfläche nicht genau überlagern. Infolge der Phasenverschiebung der Wellenzüge verstärken sie einander an manchen Stellen, an anderen schwächen sie einander; die letzteren Stellen werden dunkler.

Durchdringt der Äther die Materie und bewegt sich die Materie, so kann man vermuten, daß sie durch irgendwelche Verbindungskräfte den Äther mitnimmt. Dann nimmt sie auch das Licht mit. In diesem Fall muß die Lichtgeschwindigkeit in strömendem Wasser in Stromrichtung größer sein als in ruhendem. Die Interferenz eines durch strömendes Wasser gegangenen Strahls mit einem Strahl, der dieses Schicksal nicht erlitten hat, muß den Unterschied verraten. Fizeau (1851) und Hoek (1868) fanden in der Tat, daß die Lichtgeschwindigkeit in mit der Geschwindigkeit v strömendem Wasser zunimmt, aber nicht um v, sondern um weniger als v. Einer Theorie von Fresnel folgend, wurde daraus geschlossen, daß nur eine teilweise Mitführung des Äthers stattfindet - warum, blieb unklar. Es ergibt sich für jedes Material eine «Mitführungszahl», die mit der Brechungszahl des Mediums steigt. Man entwarf eine «elastische Lichttheorie», die eine Verdichtung und Verdünnung des Äthers kannte.

Diese mechanische Lichttheorie befriedigte nicht. Sie warf begriffliche Schwierigkeiten auf. So mußte man, da die Brechungszahl jedes Mediums für Licht verschiedener Farbe verschieden ist, für jede Farbe verschiedene Eigenschaften des Äthers in demselben Körper annehmen, was mit der Annahme eines einheitlichen Weltäthers unvereinbar war. Ferner widersprach die Mitführungstheorie in dieser Form anderen Beobachtungen, namentlich der Aberration des Sternenlichts.

2. Das Experiment von Michelson und Morley

Das Bestreben, dem Äther mit Hilfe der Lichtgeschwindigkeit und der Interferenz auf die Spur zu kommen, führte schließlich zu dem berühmten Versuch von Michelson und Morley im Jahre 1887. Michelson stammte aus Posen und war Professor in Berlin gewesen. Er war dann an die Universität Chikago gekommen und hatte, nach einem 1881 allein durchgeführten Vorversuch, mit Morley zusammen ein hochempfindliches Interferometer gebaut, das zeigen sollte, wie der Äther die Lichtgeschwindigkeit veränderte. Infolge seiner grundlegenden Bedeutung für die Relativitätstheorie Einsteins muß der Versuch etwas genauer geschildert werden.

Ein Wettschwimmen
Zum Verständnis sei zunächst ein Wettschwimmen in strömendem Wasser ins Auge gefaßt (Abb. 1). Wir folgen dabei einer Darstellung von Rosser (1971, S. 54), der als Engländer natürlich einen sportlichen Wettbewerb als Beispiel heranzieht. Einen Fluß mit der Strömungsgeschwindigkeit v soll ein Schwimmer in Richtung A-B und zurück überqueren. Die Länge der Strecke A-B ist L. Zugleich soll ein zweiter Schwimmer die gleiche Strecke L in Strömungsrichtung und zurück schwimmen. Es ist die Strecke A-C und zurück. Beide Schwimmer können maximal eine Geschwindigkeit entfalten, die in stehendem Wasser c wäre. Sie schwimmen die ganze Strecke mit dieser persönlichen Geschwindigkeit. Fände das Wettschwimmen in stehendem Wasser statt, so wäre es offenbar ein totes Rennen. Beide würden genau die gleiche Zeit brauchen.

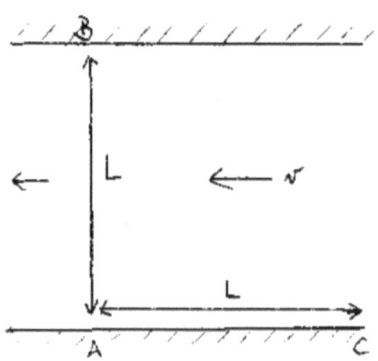

Abb.1 Ein Wettschwimmen

Anders in strömendem Wasser. Die Strömung beeinflußt die beiden Schwimmer verschieden. Den Querschwimmer treibt sie ab, sowohl auf dem Hin- als auch auf dem Rückweg, wenn auch beide Male in entgegengesetzter Richtung. Er muß dagegen ankämpfen, ständig die Richtung korrigieren, einen Punkt oberhalb des wirklichen Zielpunkts anzielen. Seine effektive Geschwindigkeit ist verringert. Er braucht für die Überquerung in beiden Richtungen länger als in stillem Wasser. Der Längsschwimmer dagegen wird flußaufwärts von der Strömung behindert, flußabwärts gefördert. Seine Geschwindigkeit ist auf dem Hinweg c —v, auf dem Rückweg c + v. Werden die Schwimmzeiten der beiden Schwimmer sich nach der Rückkunft als gleich erweisen oder als verschieden?

Auf dem Hinweg von A nach B ist die effektive Geschwindigkeit des Querschwimmers in der Richtung A — B nicht c, sondern $\sqrt{c^2-v^2}$. Er braucht von A bis B die Zeit t = L/$\sqrt{c^2-v^2}$. Dasselbe gilt für den Rückweg von B nach A. Infolgedessen braucht er für den Hin- und Rückweg zusammen die Zeit

$$t_1 = \frac{2L}{c\sqrt{1-v^2/c^2}} \qquad (1)$$

Wir sehen hier die Grundgröße der Relativitätstheorie $\sqrt{1-v^2/c^2}$ auftauchen, der wir noch oft begegnen werden.

Der Längsschwimmer dagegen hat auf dem Weg von A nach C (flußaufwärts) die effektive Geschwindigkeit c - v, auf dem Rückweg die Geschwindigkeit c + v, wie schon vorhin bemerkt. Seine Gesamtzeit ist

$$t_2 = \frac{L}{c-v} + \frac{L}{c+v} = \frac{2Lc}{c^2-v^2} = \frac{2L}{c(1-v^2/c^2)} = \frac{t_1}{\sqrt{1-v^2/c^2}} \qquad (2)$$

Da v kleiner ist als c, ergibt sich, daß 1/($\sqrt{1-v^2/c^2}$) größer ist als 1. Somit ist t_2 um den Faktor 1/($\sqrt{1-v^2/c^2}$) größer als t_1.
Der Längsschwimmer hat verloren.

Die Messung des Ätherwinds
Für den Physiker hat der Fall eine interessante Seite: wenn man c und L kennt und die Zeiten t_1 und t_2 abgestoppt hat, kann man v berechnen. Die Strömungsgeschwindigkeit v entspricht aber der Strömungsgeschwindigkeit des «Äthers» - dem «Ätherwind» - beim Michelson-Morley-Versuch, wie wir gleich sehen werden. Mit der beim Schwimm-

versuch angewandten Methode müßte sich der «Ätherwind» und damit die Existenz des Äthers ermitteln lassen. Der Gangunterschied zweier rechtwinklig zueinander stehender Lichtstrahlen, deren einer in der Bewegungsrichtung der Erde liegt, müßte es gestatten, den Ätherwind am Interferenzmuster abzulesen.

Der Apparat von Michelson und Morley, der in die Geschichte der Wissenschaft eingegangen ist, ist schematisch in Abb. 2 dargestellt. Aus einer Lichtquelle S geht ein Lichtstrahl zu einer schrägen, auf der halben Fläche versilberten Glasplatte A. An der Grenze zwischen versilberter und durchsichtiger Fläche teilt sich der Strahl. Ein Teil geht, vom Silber reflektiert, zu einem Spiegel B, der sich in der Entfernung L befindet. Der andere Teil geht durch das Glas hindurch zu einem zweiten Spiegel C, ebenfalls in der Entfernung L. Die Punkte B und C entsprechen den analogen Punkten beim Schwimmversuch. Die beiden Strecken sind die «Arme» des Apparats. Die Strömung wird durch den vermuteten «Ätherwind» dargestellt, dessen Geschwindigkeit entsprechend der Erdbewegung etwa 30 km/sek beträgt. Das Licht, so wird angenommen, bewegt sich mit der bekannten Geschwindigkeit c = 300 000 km/sek. Das ist der Geschwindigkeit c der Schwimmer analog.

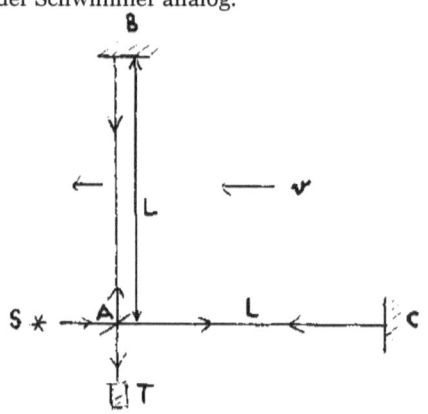

Abb.2. Schema des Versuchs von Michelson und Morley.

Die Strahlen werden an den beiden Spiegeln reflektiert und kehren zu A zurück. Der von B kommende Strahl geht durch die Platte durch und gelangt in das mit einem Auffangschirm und einer Lupe versehene Rohr T. Der von C zurückkehrende Strahl wird am Silber nach unten reflektiert und gelangt ebenfalls nach T. Zeigen die beiden Strahlen einen Gangunterschied, so wird sich in T ein Interferenzmuster aus dunklen und hellen Streifen bilden. Ein geringer Gangunterschied ist, weil die von der Lichtquelle ausgehenden Strahlen nicht absolut parallel sind, immer vorhanden; auch wenn das System völlig in Ruhe wäre, würde ein Interferenzmuster entstehen.

Umso mehr ist Interferenz zu erwarten, wenn die Erde sich, wie es ja der Fall ist, mitsamt dem Apparat mit der Geschwindigkeit v = 30 km/sek durch den Weltraum bzw. «Äther» bewegt. Auf der Strecke A-C ist die effektive Geschwindigkeit des Lichtstrahls wie beim Längsschwimmer hinwärts c - v und zurück c + v. Eine der Abtrift analoge Veränderung tritt auf der Strecke A-B deshalb ein, weil sich Erde und Apparat, während der Lichtstrahl von A nach B unterwegs ist, etwas nach rechts bewegt haben. Der Lichtstrahl trifft den Spiegel B etwas weiter rechts an (genauer gesagt erfaßt nur der rechte Teil des Lichtkegels den Spiegel noch) und hat somit eine schräge Strecke zurückzulegen gehabt. Während der Rückreise des Strahls hat sich auch der Empfänger A noch weiter nach rechts bewegt, der Lichtweg zurück ist wieder schräg. Der wirkliche Weg des Strahls A-B-A besteht also aus zwei schrägen Linien, die zusammen länger sind als 2 L. Die Querstrecke ist infolge der Wirkung der Erdbewegung länger als die Längsstrecke. Es ergibt sich ein echter Gangunterschied, das Interferenzmuster wird deutlicher. Es weicht etwas von dem bei Ruhe theoretisch zu erwartenden ab.

Die Zeiten für das Hin- und Hergehen der beiden Strahlen entsprechen den Formeln für t_1 und t_2 beim Schwimmversuch. Der Zeitunterschied $\Delta t = t_2 - t_1$ läßt sich auf

$$\Delta_1 = \frac{2L}{c}[(1 + v^2/c^2) - 1[-\tfrac{1}{2}v^2/c^2)] = \frac{Lv^2}{c^3} \tag{3}$$

berechnen, was einem Wegunterschied entspricht von:

$$\Delta_1 = c\Delta t = \frac{Lv^2}{c^2} \tag{4}$$

Nun wird der Apparat um 90 Grad gedreht, sodaß der vermutete Ätherwind von A nach B geht. Die Laufzeit A-B und zurück übersteigt jetzt die Laufzeit A-C und zurück um Lv^2/c^2. Der Wegunterschied beträgt nun $\Delta_2 = - Lv^2/c^2$. Die Wegdifferenz hat sich durch die Drehung auf 2 Lv^2/c^2 erhöht. Infolge der Drehung müssen sich die Interferenzstreifen um einen entsprechenden Betrag nach der anderen Seite verschieben - und das ist der entscheidende Punkt.

Die Länge L betrug 11 Meter, die verwendete Wellenlänge des Lichts war 5,9 · 10⁻⁷ Meter (590 nm). Nach den optischen Gesetzen mußte sich eine Verschiebung n der Interferenzstreifen um

$$n = \frac{2L}{\lambda}\frac{v^2}{c^2} = \frac{2\times 11}{5{,}9\cdot 10^{-7}}\times (10^{-4})^2 \cong 0{,}37 \tag{5}$$

ergeben. Das ist mehr als ein Drittel. Eine solche Verschiebung hätte, nachdem die Lage des ursprünglichen Interferenzmusters markiert war, in T deutlich beobachtet werden können. Nach Angabe der Experimentatoren wäre noch ein Hundertstel davon feststellbar gewesen. Der ganze Apparat schwamm, um störende Vibrationen auszuschalten, auf Quecksilber.

Während der langsam ausgeführten Drehung kontrollierten Michelson und Morley ständig das Interferenzbild. Die erwartete Veränderung blieb aus. Das Interferenzbild änderte merkwürdigerweise seine Lage nicht. Die maximale beobachtete Verschiebung betrug weniger als 0,01, und das konnte als apparativ bedingte kleine Ungenauigkeit aufgefaßt werden.

Das Resultat war also praktisch Null. Das Interferenzbild zeigte keine Wirkung des «Ätherwinds» auf die Lichtgeschwindigkeit an. Für die Querstrecke hätte Gl. 1, für die Längsstrecke Gl. 2 gelten müssen. Die Zeiten für beide Strecken waren aber anscheinend gleich.

Der Versuch wurde zu verschiedenen Jahreszeiten wiederholt, auch zur Zeit entgegengesetzter Bewegung der Erde gegenüber der Sonne: das Ergebnis blieb Null. Der Versuch ist seither von verschiedenen Experimentatoren wiederholt worden, zuletzt im Jahre 1958 von Cedarholm mit modernen Maserstrahlen: das Ergebnis blieb Null. Cedarholm fand, daß der «Ätherwind», falls es ihn überhaupt gab, weniger als ein Tausendstel der Erdgeschwindigkeit betrug. Der einzige Forscher, der einen merklichen, aber immer noch minimalen Ätherwind gemessen zu haben behauptete, war D. C. Miller in Chikago (1933). Seine mit einer anderen Methode erzielten Befunde wurden angezweifelt.

Die Konstanz der Lichtgeschwindigkeit
Überwiegend wurde das Ergebnis all dieser Versuche dahin gedeutet, daß die Lichtgeschwindigkeit für alle wie immer bewegten Beobachter gleich ist. Das bedeutet zunächst eine wunderbare, mystische Eigenschaft des Lichts, die es von allen anderen Dingen unterscheidet. Man stelle sich eine Lichtwelle oder, nach der anderen Theorie des Lichts, ein Photon vor, das an einem ruhenden Beobachter mit 300 000 km/sek vorbeifliegt. Wenn wir den Beobachter in der Phantasie dem Licht mit 50 000 km/sek entge-

genfahren lassen, hat das Photon für ihn die Geschwindigkeit c + v = 350 000 km/sek. Bewegt sich der Beobachter mit 50 000 km/sek in der gleichen Richtung wie das Photon, so hat das letztere für ihn die Geschwindigkeit c − v = 250 000 km/sek. Das ist unter starker Vergrößerung die Situation, von der Michelson und Morley ausgingen.

Wie kann dann die Lichtgeschwindigkeit für alle Beobachter gleich sein? Die Antwort lautet: Sie kann es nicht. Jedenfalls nicht in Raum und Zeit, wie wir sie kennen. Aber wenn Raum und Zeit als Funktionen der Bewegung betrachtet und in jedem Fall entsprechend abgeändert werden, kann die Lichtgeschwindigkeit für beliebig bewegte Beobachter immer 300 000 km/sek sein. Das war der Ansatz Einsteins; von hier ging die Relativitätstheorie aus. Mit Hilfe einer Umdatierung und Umortung des Zusammentreffens von Beobachter und Photon kann man es so einrichten, daß die Lichtgeschwindigkeit für alle wie immer bewegten Beobachter dieselbe ist wie für den ruhenden Beobachter. Die Frage ist nur, ob das eine zulässige Operation ist und ob sich diese Auffassung praktisch bestätigen läßt.

Davon handelt der Rest dieses Buches. Zunächst muß aber präzise festgehalten werden, daß die Konstanz der Lichtgeschwindigkeit für alle Beobachter bisher nur unter den Bedingungen des Michelson-Morley-Experiments und auf Grund einer bestimmten Auswertung des Ergebnisses angenommen werden kann[1].

Die Mitführung des Äthers
Man deutete die Konstanz der Lichtgeschwindigkeit anfangs nicht im Sinne Einsteins. Man blieb in der gegebenen raumzeitlichen Welt. Im wesentlichen blieben zwei Deutungsversuche übrig: die Mitführung des Äthers als Ursache der konstanten Lichtgeschwindigkeit und eine Kontraktion der Meßstrecke in Richtung der Erdbewegung.

Zu der Mitführungshypothese neigte Michelson, der nie Anhänger der aus seinem Versuch gefolgerten Relativitätstheorie wurde. Auch ein Treffen mit Einstein in späteren Jahren vermochte ihn nicht zu bekehren. In einem mitgeführten Äther mußte die Lichtgeschwindigkeit

---

[1] Etwas anderes ist die Unabhängigkeit der Lichtgeschwindigkeit von der Bewegung der Lichtquelle. Für diese nach dem Schweizer Physiker Ritz benannte «Ritzsche Konstanz» gibt es experimentelle Anhaltspunkte. Sie hat nichts mit der Einsteinschen Relativitätstheorie zu tun.

konstant sein, ähnlich wie die Schallgeschwindigkeit in der mitgeführten Luft in einem geschlossenen Auto, einer Schiffskajüte oder einer Rakete trotz der Bewegung des Fahrzeugs in allen Richtungen konstant ist. Die Mitführung des Äthers mußte total sein, wenn c konstant sein sollte. Das widersprach den Befunden von Fizeau, wonach Luft keine nennenswerte Mitführung erzeugen konnte.

Man erwiderte, daß das im Großen nicht gelte; die Erde als Ganzes führe den Äther mit, auch wenn das bei lokalen Versuchen mit strömendem Wasser nicht so deutlich in Erscheinung trete. Man sprach bis in die neueste Zeit von einer «Ätherschwere», die den Äther an die Erde binde wie die Luft (Mitis 1931). Dem Einwand, daß die Aberration des Sternenlichts (scheinbare Ortsverschiebung eines Sterns im Lauf der jährlichen Erdbewegung) der Äthermitführung widerspreche, begegnete man mit der Annahme, daß nur eine Ätherhülle um die Erde mitgeführt werde, die zwar astronomische Dimensionen hätte, aber im Vergleich zum Weltraum doch sehr klein wäre. Hoch oben über der Erde werde der Äther nicht mehr mitgeführt, sondern ruhe unbewegt im Raum. Es gibt also zwei Äther, einen bewegten und einen nicht bewegten. Relativ zum mitgeführten Äther ruht die Erde, relativ zum weiter entfernten Äther ist sie bewegt. Aus dieser unbewiesenen, aber nicht unmöglichen Hypothese konnte man die Aberration und noch einige andere optische Phänomene erklären.

Daraus folgte aber auch die Forderung, den Versuch weit draußen im Weltraum zu wiederholen. Ein kleines Fahrzeug im Raum, das nicht viel Äther mitschleppen konnte, hätte Ergebnisse ohne Mitführungseffekte erbracht. Wie sie ausgefallen wären, wissen wir nicht. Die Idee ist mit dem Aufkommen der Raumfahrt grundsätzlich praktikabel geworden, stößt aber noch auf enorme technische Schwierigkeiten. Zu einer genauen Beobachtung — es kommt auf Unterschiede von Milliardsteln an — ist eine streng stetige und geradlinige Bewegung der Raumrakete unter Ausschaltung auch der geringsten Vibrationen erforderlich. Grimsehl (1936) hielt eine Geschwindigkeit von 100 000 km/sek für notwendig, um verläßliche Resultate zu erzielen.

Ob das alles exakt verwirklicht werden kann, ist eine offene Frage. Aus dieser Diskussion bleibt aber festzuhalten, daß über die aus dem Michelson-Morley-Versuch gefolgerte allgemeine Konstanz der Lichtgeschwindigkeit, auf der die Relativitätstheorie ruht, rein phänomenal nichts endgültiges ausgesagt werden kann, solange nicht ein extraterrestrischer Versuch ähnlicher Art vorliegt. Auch wären Messungen von c durch mehrere verschieden bewegte Beobachter notwendig, ferner Versuche mit Lichtquellen, die nicht fest mit der Erde verbunden sind.

Es gab auch Vermutungen über eine ätherlose Verknüpfung der Lichtstrahlen mit der Erde (Weinstein 1931), die das Ergebnis von Michelson und Morley erklären sollte. Im allgemeinen setzten aber die erwähnten Deutungsversuche die Existenz eines Äthers voraus. Lodge (1892) zeigte durch einen Versuch mit Interferenzbeobachtung zwischen schnell bewegten Stahlplatten, daß in Luft keine Äthermitführung zu bemerken ist[2]. Einstein jedoch zog aus dem Michelson-Morley-Experiment den radikalen Schluß, daß es überhaupt keinen Äther gibt.

3. Die Relativitätstheorie von Lorentz und Poincaré

Nicht so weit ging Lorentz mit seiner Kontraktionshypothese, die indirekt einen Äther voraussetzt. Die Kontraktionshypothese wurde zuerst von Fitzgerald (1890) aufgestellt und dann von Lorentz übernommen. Wenn sich durch eine zunächst rätselhafte Kraft die in der Erdbewegungsrichtung liegende Meßstrecke um den Faktor $\sqrt{1-v^2/c^2}$ verkürzt hätte, so wäre der Nachteil des sich hier bewegenden «Schwimmers», d. h. Lichtstrahls, gegenüber dem Querschwimmer ausgeglichen worden. Das würde die Zeit für beide «Schwimmer» bzw. Strahlen gleich machen. Der Ausgleich wäre für alle Geschwindigkeiten derselbe, weil der Faktor ja der Geschwindigkeit proportional ist.

Stoffliche Kontraktion

Lorentz (1853-1928) versuchte diese Hypothese durch die Annahme physikalisch zu begründen, daß ein Stab aus irgendwelchem Material, wenn er sich relativ zum Äther bewegt, eine Verkürzung erfahren muß, weil magnetische Kräfte zwischen den elektrischen Ladungen, aus denen alle Materie besteht, auftreten und die Ladungen zueinander hinziehen. Mit dem Aufhören der Bewegung verschwindet der Effekt, der Stab dehnt sich wieder aus. Jedoch würden sich Stäbe, die relativ zum Äther ruhen, aber relativ zur Erde bewegt sind, von der Erde aus gesehen nicht zusammenziehen.

---

[2] Giese (1958) erhielt mit einer anderen Versuchsanordnung eine Verschiebung der Interferenzstreifen bei Verwendung durchsichtiger Körper. Seine Ergebnisse ähnelten denen von Miller.

Die Verkürzung sollte auch für die metallene Stange gelten, auf der die Spiegel des Apparats von Michelson und Morley montiert waren. Sie zog sich infolge der Erdbewegung durch den Äther zusammen, die Spiegel rückten einander in der Bewegungsrichtung (nicht in der Querrichtung) näher, die Meßstrecke war verkürzt. Da jeder angelegte und mitbewegte Maßstab dieselbe Verkürzung erfahren mußte, war es unmöglich, die Verkürzung der Meßstrecke festzustellen. Nur ein weit draußen im Äther ruhender Beobachter hätte die Verkürzung sehen können.

Die Hypothese war aus den Maxwellschen Gleichungen über elektromagnetische Felder unter der Voraussetzung eines in einem absoluten Raum ruhenden Äthers abgeleitet. Sie entspricht nicht der modernen Theorie der Atome und Festkörper. Später prüften Rayleigh (1902) und Brace (1904) die experimentelle Nachweisbarkeit des Effekts. Sie versetzten durchsichtige Körper in schnelle Bewegung; wenn eine Kontraktion eintrat, mußten die Körper die Erscheinung der Doppelbrechung zeigen. Nichts zeigte sich. Eine physische Kontraktion fand nach diesen Befunden nicht statt. Sie konnte daher das Michelson-Morley-Experiment nicht erklären.

Ein in der Kontraktionshypothese enthaltener Gedanke wirkte aber weiter: die *Veränderung räumlicher Maße* als Mittel zur Erklärung von Vorgängen in bewegten Systemen. Lorentz versuchte zu ermitteln, ob die Maxwellschen Gleichungen auch in bewegten Systemen ebenso gelten würden wie im ruhenden Äther, d. h. ob die elektromagnetischen Erscheinungen in gleicher Weise ablaufen würden. Experimente darüber waren wegen der erforderlichen enormen Geschwindigkeiten nicht möglich. Lorentz mußte sich auf Berechnungen beschränken. Er stellte fest, daß das Maxwell-Gesetz nur galt, wenn in den bewegten Systemen *ein anderes Zeitmaß verwendet* wurde. Anscheinend erforderte die Behandlung der Vorgänge in bewegten Systemen bei konstanter Lichtgeschwindigkeit eine Veränderung der Raum- und Zeitmaße. Die Relativitätstheorie klang auf, aber Lorentz tat nicht den entscheidenden Schritt, zu dem sich erst Einstein entschloß.

Galilei und Lorentz

Die Untersuchung der Gültigkeit der Maxwellschen Gleichungen in bewegten Systemen ging zunächst von dem sogenannten klassischen Relativitätsprinzip aus, das von Galilei und Newton stammte. Es besagte, dass die Gesetze der Mechanik in allen gleichförmig und geradlinig bewegten Systemen dieselben sind, nur die ziffernmäßigen Größen ändern sich. Die

Umrechnung von einem System auf das andere wurde die Galilei-Transformation genannt.

Ist für einen Beobachter im ruhenden Koordinatensystem S ein Punkt auf der x-Achse x Meter entfernt, so ist er für einen Beobachter in einem, in einer vom Ursprung von S fortweisenden Richtung, mit der Geschwindigkeit v auf den Punkt hin bewegten Koordinatensystem S' zu der Zeit t nur x-vt Meter entfernt. Es gilt also

$$x' = x - vt \tag{6}$$

Die Koordinaten y und z bleiben unverändert (y = y', z = z'), da in diesen Richtungen keine Bewegung stattfindet. Auch t wird in beiden Systemen gleich angenommen: t = t'. Bewegt sich ein Objekt innerhalb des mit v gegen S bewegten Systems S' mit der Geschwindigkeit v', geht z. B. ein Fahrgast im Gang eines mit 100 km/h fahrenden Zugs mit 5 km/h in Fahrtrichtung, so hat er relativ zu S (in diesem Fall dem Bahndamm) die Geschwindigkeit v + v', also 105 km/h. Geht er entgegen der Fahrtrichtung durch den Gang, so hat er relativ zu S die Geschwindigkeit v − v', also 9 5 km/h. Die Geschwindigkeiten werden, von S her gesehen, addiert oder subtrahiert. Das ist das Galileische Additionstheorem der Geschwindigkeiten.

Die Galilei-Transformation hat sich seit den Tagen ihres Begründers allgemein bewährt und die Geltung der Gesetze der Mechanik in allen gleichförmig und geradlinig bewegten Systemen gesichert. Freilich konnte sie nur für Geschwindigkeiten geprüft werden, die sehr weit unter der Lichtgeschwindigkeit lagen. Außerdem setzt sie instantane (augenblickliche) Lichtübertragung voraus und zieht bei weit entfernten Objekten nicht die Zeit der Übertragung des Lichtsignals in Betracht, das den Eindruck vermittelt. Zur Zeit Galileis war noch unbekannt, daß das Licht eine bestimmte Geschwindigkeit besitzt und daher Zeit braucht.

Änderung der Zeit als Ausweg
Wie gesagt, zeigte sich, daß die Transformation unmöglich war, wenn c gemäß Maxwell in allen Systemen als gleich angenommen wurde. Nach jahrelangen Berechnungen fand Lorentz, daß die Transformation möglich wurde, wenn die Zeit t für den Bewegungsfall geändert wurde. Es ergab sich folgender Gedankengang:

Ein Lichtstrahl im ruhenden System S bewegt sich nach x = ct. In dem mit der Geschwindigkeit v entlang der x-Achse bewegten System S' gelangt er nach der Galilei-Transformation in der gleichen Zeit nach x' = et - vt = t (c - v). Seine Geschwindigkeit ist somit x'/t = c - v. Nach Maxwell ist aber die Lichtgeschwindigkeit c in allen Systemen gleich. Die Forderung gilt für den Äther und fußt auf der absoluten Zeit. Wenn c und damit Maxwell auch in S' gelten soll, muß der Lichtstrahl zur Zeit t gleichzeitig in x und x' sein. Das ist unmöglich. Soll c = const gelten, muß x = et gleich x' = et' werden, d. h. die Zeit t muß in t' umgewandelt werden, t bedeutet eine bestimmte Zahl Sekunden nach Beginn der Bewegung von S', von S aus gezählt, t' bedeutet, von S aus gezählt, eine andere Zahl Sekunden. In S' gezählt, mag *es* dieselbe Zahl sein; dann ist eben eine Sekunde in S' etwas anderes als eine Sekunde in S. Dank dieser Umdatierung sind die zwei Zeitpunkte nicht gleichzeitig, der Lichtstrahl ist nicht mehr zugleich in x und x'. Unter Einsatz der veränderten Zeit t' galten Maxwells Gleichungen für alle bewegten Systeme. Die Umdatierung entsprach der Formel $t' = \dfrac{t - vx/c^2}{\sqrt{1 - v^2/c^2}}$ Dem bewegten System mußte ein eigenes Zeitmaß zugeschrieben werden.

Lorentz nannte die modifizierte Zeit die Ortszeit oder Koordinatenzeit. Er dachte nicht an eine wirkliche Zeitänderung, einen Begriff, der ihm bis an sein Lebensende unmöglich erschien, und erklärte, seine Zeitformel sei nur ein mathematischer Kunstgriff ohne physikalische Bedeutung. Seine Umdatierung habe nichts mit der wirklichen Zeit oder der Ablesung einer Uhr zu tun. Auf der Uhr konnte man weiter nur t ablesen, eine Größe, die man dann auf dem Papier zu t' transformierte. Welcher wirkliche physikalische Vorgang hinter der Notwendigkeit der t-Transformation stand, konnte Lorentz nicht sagen. Er hoffte, man würde ihn einmal finden und auf t' verzichten können.

Poincaré als Vorläufer Einsteins
Das war der Ursprung der Lorentz-Transformation, die im Mittelpunkt des Systems von Einstein steht. Die Form, in der sie heute bekannt ist, gab ihr erst Einstein; sie würde besser Einstein-Transformation heißen. Lorentz hatte sich der späteren Fassung schrittweise genähert, am meisten in seiner letzten Arbeit von 1904.

Die Bezeichnung «Lorentz-Transformation» für dieses Rechenverfahren prägte H. Poincaré, ein berühmter Mathematiker und Vetter des späteren französischen Präsidenten, im Jahre 1905 (Poincaré 1905), wobei er die Transformation modifizierte. Den wesentlichen Faktor $\sqrt{1 - v^2/c^2}$ hatte schon W. Voigt, später Professor in Göttingen, im Jahr 1887 in seiner Doktordissertation über den Äther angegeben. Lorentz erklärte später

(1909), er habe Voigts Arbeit übersehen. Er hatte jedoch Voigt schon 1895 als Urheber des Ausdrucks «Ortszeit» genannt. Eigentlich müßte es «Voigt-Transformation» heißen; es gibt Physiker, die auf diesem Namen bestehen (O'Rahilly 1965). Lorentz ließ sich die Patenschaft der Formel, durch die ein Abglanz des Einsteinschen Ruhms auf ihn fiel, gern gefallen. Die Relativitätstheorie akzeptierte er aber nie; von ihrem mathematischen Formalismus hatte er viel vorweggenommen, ihre Voraussetzungen jedoch abgelehnt.

Rechnet man den Ansatz von Lorentz zuende, so kommt man nach Nordenson (1969, S. 203) zu $t = t'$, was der späteren Formel Einsteins widerspricht. In diesem Fall hätte man sich die Umdatierung sparen können. Von einer anderen Seite hatte sich auch Poincaré der Relativitätstheorie genähert. Er hatte als erster vom Relativitätsprinzip als einem Grundsatz der kommenden Physik gesprochen: nur relative Bewegung sei feststellbar. Nach dem Versuch von Michelson seien die physikalischen Gesetze für alle bewegten Beobachter gleich. Weder ein absoluter Raum noch eine absolute Zeit seien feststellbar. Der Begriff der Gleichzeitigkeit an verschiedenen Orten sei sinnlos und höchstens durch Übereinkunft festzulegen. Die Ähnlichkeit der Thesen Poincarés von 1902 mit jenen Einsteins von 1905 ist auffällig.

Poincaré veränderte allerdings den Ansatz der von ihm so genannten Lorentz-Transformation (Poincaré 1905). x' wurde eine Funktion von t'. Auch Poincaré sah darin nichts als einen mathematischen Kunstgriff. Schon kurz vorher hatte er (Poincaré 1905) ein Verfahren vorgeschlagen, mit dem Uhren, um die Zeitmessung auf die Lichtgeschwindigkeit zu gründen, an verschiedenen Orten durch Austausch von Lichtsignalen synchronisiert werden könnten. Das Verfahren ähnelte dem gleich darauf von Einstein angegebenen und zum Ausgang seiner Theorie der Messungen gemachten. Die Zeit einer bewegten synchronisierten Uhr, durch Lichtsignale auf größere Entfernung festgestellt, würde nach Poincaré von der ruhenden Uhr abweichen; sie wäre $t' = t - vx/c^2$. Doch wäre dies eine Abweichung von der «wirklichen» Zeit. Poincaré unterschied zwischen wirklicher und fiktiver Zeit, was Einstein nicht mehr tat. Poincaré setzte bei diesen Berechnungen den ruhenden Äther voraus.

Eine nähere Betrachtung ergibt, daß Poincarés «wirkliche» Zeit die klassische absolute Zeit ist. Auch t' ist dann nur eine «Ortszeit», eine rein rechnerische Umdatierung der klassischen Zeit ohne ersichtlichen physikalischen Prozeß.

Die elektromagnetische Masse
Eine der wichtigsten Aussagen der Relativitätstheorie - genauer gesagt, eine sehr wichtige Aussage, die ihr zugeschrieben wird - ist die Äquivalenz von Masse und Energie nach der Formel E = mc². Sie war ebenfalls schon vorweggenommen worden. Im Jahre 1901 hatte W. Kaufmann bei der Ablenkung von Kathodenstrahlen (d. h. Elektronen) durch ein magnetisches Feld gefunden, daß die Elektronen mit zunehmender Geschwindigkeit der Ablenkung (physikalisch gesprochen: Beschleunigung) einen immer größeren Widerstand entgegensetzten. Es war, als würde die Masse der Elektronen mit der Geschwindigkeit zunehmen. Untersuchungen von Lorentz, Abraham und Hasenöhrl deuteten darauf hin, daß die kinetische Energie des Elektrons mv²/2 der Formel E = 4/3 mc² entsprach, was dahin gedeutet wurde, daß Energie auch Masse hatte und Masse ein Äquivalent von Energie war. Eine umwälzende Feststellung, wenn auch nicht ganz neu; sie war mehr als ein Jahrhundert vorher von der Fluidum-Theorie der Energie vorweggenommen worden, von der man seither abgekommen war. Davon wird noch zu sprechen sein. Man kann fragen, was Masse mit der Lichtgeschwindigkeit c zu tun haben soll. Die Größe c kam über die elektromagnetischen Gleichungen herein, in denen sie ja eine wesentliche Rolle spielt. Man sprach anfangs von einer «scheinbaren» oder «elektromagnetischen» Masse.

Eine einfache Überlegung ergab, daß die Lichtgeschwindigkeit die Höchstgrenze für die Geschwindigkeit des Elektrons sein mußte. Mit zunehmender Geschwindigkeit mußte sich die scheinbare Masse des Elektrons so vergrößern, daß sie bei c unendlich groß wurde. Eine weitere Beschleunigung war nicht mehr möglich. Nicht einmal c konnte ganz erreicht werden. Schon in der Nähe von c mußte der Massenwiderstand des Teilchens so groß werden, daß selbst die kleinste weitere Beschleunigung ungeheure, praktisch nicht erreichbare Energien erfordert hätte.

Poincaré sagte 1905 in spekulativer Erweiterung dieser Beobachtungen auf mechanische Vorgänge, daß man vielleicht eine neue Mechanik werde konstruieren müssen, von der man zunächst nur eine erste Ahnung haben könne: in dieser Mechanik würde die Trägheit mit der Geschwindigkeit zunehmen und die Lichtgeschwindigkeit eine unübersteigbare Grenze bilden. Als Formel für die Äquivalenz von Masse und Energie deutete Poincaré E = mc² an. Man sprach um diese Zeit von der «Lorentz-Formel», wie man von der «Relativitätstheorie von Lorentz und Poincaré» sprach (Born 1955, S. 244).

Der Streit um die Priorität
So waren schon viele Elemente der Relativitätstheorie vorhanden, als Einstein sie 1905 zu einem System zusammenfaßte. Seine aufsehenerregende erste Arbeit war «Zur Elektrodynamik bewegter Körper» betitelt wie eine frühere Arbeit von Lorentz zu diesem Thema (Einstein 1905). Er erwähnte darin weder Lorentz noch Poincaré und unterließ, was bei wissenschaftlichen Arbeiten ungewöhnlich ist, überhaupt jede Angabe früherer Literatur zum Gegenstand. Der Historiker der Relativitätstheorie, G. H. Keswani, meint allerdings, daß Einstein das Relativitätsprinzip von Poincaré gelernt habe und daß er die letzte Arbeit von Lorentz (1904) gekannt haben müsse (Keswani 1965).

In einem Brief an seinen Biographen Carl Seelig vom 19. Februar 1955, ein halbes Jahrhundert später, erklärte Einstein (Technische Rundschau, Bern, Jg. 1955, Nr. 20, S. 1), Lorentz und Poincaré hätten gewiß vorgearbeitet, die Relativitätstheorie sei «zur Entdeckung reif» gewesen. Er habe aber nur Lorentz' Arbeiten von 1895 gekannt, nicht die späteren, auch nicht Poincarés daran anschließende Untersuchung[3]. In diesem Sinne sei seine Arbeit von 1905 selbständig gewesen. In diesem Zusammenhang ist es interessant, daß Poincaré in einer Göttinger Vorlesungsreihe von 1909 seinerseits, obwohl er bereits die ganze Relativitätstheorie vortrug, den Namen Einstein nicht nannte. Er stellte alles als das Werk von Lorentz hin[4].

Langevin, ein Schüler Poincarés, berechnete 1905 in Anknüpfung an seinen Lehrer die Formel $E = mc^2$ einige Monate vor Einstein und schrieb ihr allgemeine Geltung zu. Als ein anderer Physiker Zweifel äußerte, stellte Langevin die Veröffentlichung zurück. Bald darauf meldete ihm ein Mitarbeiter: «In den ‹Annalen der Physik› hat ein Deutscher namens Einstein Ihre Formel veröffentlicht!» Langevin fragte: «Aber doch nicht in so verallgemeinerter Form?» Einsteins Formel war schon verallgemeinert. Langevin verzichtete daraufhin auf seine eigene

---

[3] Einsteins Freund Maurice Solovine berichtet jedoch in seinem Buch «Freundschaft mit Albert Einstein» (1956), daß er zwischen 1902 und 1904 mit Einstein zusammen Poincaré gelesen hat. Einstein bestätigte das noch 1952 in einem Brief (Flückiger 1974, S. 197).

[4] Goethe über seine Erfahrungen mit Gelehrten: «Und an Weltkenntnis nimmt man leider bei dieser Gelegenheit auch zu. O! mein Freund wer sind die Gelehrten und was sind sie!» (Brief an F. H. Jacobi vom 27. Dezember 1794, zit. nach der Goethe-Gedenkausgabe im Artemis-Verlag Zürich 1949, Bd. 19, S. 230.)

Publikation. Noch 1947 bestätigte L. de Broglie in seinem Nachruf auf Langevin, daß dieser die Idee der Masse-Energie-Beziehung gleichzeitig mit Einstein gehabt hatte (A. Langevin jr. 1971).

In einer Arbeit von 1913 über die Energie-Masse-Beziehung und das Relativitätsprinzip erwähnte Langevin auf 38 Seiten nur dreimal Einstein in insgesamt 11 Zeilen. Dagegen sprach er seitenlang über Poincaré und Lorentz. Langevin betonte, er habe die Vorstellungen der Relativitätstheorie, namentlich im Hinblick auf die Energie-Masse-Beziehung, seit 1906 unabhängig von Einstein entwickelt und seither in seinen Vorlesungen regelmäßig dargestellt (Langevin 1913, S. 575). Der französische Physiker freundete sich später mit Einstein an und wurde einer seiner eifrigsten Vorkämpfer.

4. Einsteins Werdegang

Albert Einstein, 1879 in Ulm als Sohn eines Kaufmanns geboren, war in München zur Schule gegangen. Mit 16 1/2 Jahren verließ er das Gymnasium, weil ihm sein Lateinlehrer gesagt hatte, es werde im Leben nichts aus ihm werden. Er ging nach Zürich und meldete sich zur Aufnahmeprüfung in die Eidgenössische Technische Hochschule. Das konnte man auch ohne Abitur. Einstein fiel durch, nur in Mathematik und Physik hatte er gute Noten. Dem Rat der Prüfungskommission folgend, ging er noch auf ein Jahr an das Gymnasium in Aarau, um seine Wissenslücken zu füllen. Er bestand das Abitur und konnte nun an der ETH immatrikulieren. Er studierte Mathematik und Physik, besonders theoretische. Die praktischen physikalischen Übungen schwänzte er, was ihm einen strengen Verweis eintrug[5]. Es war vielleicht kein Zufall, daß er gerade für das Praktikum kein Interesse hatte. Er war der mathematischen Seite der Physik zugewandt, dachte abstrakt und war überzeugt, daß die physikalischen Probleme seiner Zeit apriorisch vom mathematischen Denken her zu lösen waren und nicht durch praktisches Experimentieren. Auch später ist Einstein nie Experimentalphysiker gewesen; in ferne Höhen entrückt, beschränkte er sich darauf, praktischen Physikern gelegentlich Vorschläge für Experimente

---

[5] Zit. nach Kollros in « Berner Konferenz» 1955. In seiner Autobiographie sagte Einstein jedoch mehr als ein halbes Jahrhundert später: «Ich arbeitete die meiste Zeit im physikalischen Laboratorium, fasziniert durch die direkte Berührung mit der Erfahrung.»

zu machen, die seine Theorien bestätigen sollten. Er entfernte sich immer weiter von der Empirie und sagte noch im Alter, es sei die Aufgabe der Physik, «die göttlichen Gesetze der Welt zu erraten».

Im Jahre 1900 machte Einstein an der Eidgenössischen Technischen Hochschule das Fachlehrerdiplom in Mathematik. Ein Jahr darauf erwarb er die schweizerische Staatsangehörigkeit. Eine Assistentenstelle an der Hochschule lehnte er ab, wirkte kurze Zeit als Aushilfslehrer an einer Schule in Winterthur und an einer privaten Lehr- und Erziehungsanstalt in Schaffhausen. Diese Tätigkeit befriedigte ihn naturgemäß nicht. Er arbeitete an seinen Theorien. Einem Freund schrieb er um diese Zeit: «Ich habe ein paar herrliche Ideen, die aber noch ausgebrütet werden müssen.» Er ging dann auf ein Jahr zu seinem Vater, der seinen Geschäftssitz nach Mailand verlegt hatte. Der Vater eines Studienfreunds empfahl ihn an das Patentamt in Bern. Auf die Frage des Amtsvorstehers, ob er sich schon mit Technik und Patenten beschäftigt habe, antwortete der junge Einstein : «Nein, keine Ahnung.» Er wurde trotzdem angestellt und arbeitete als Patentprüfer. In seiner Freizeit entwickelte er seine Theorien, wovon noch heute eine Gedenktafel an dem Hause Kramgasse 49 in Bern zeugt, wo er damals wohnte. Im Jahre 1902 heiratete er die kroatische Studentin Mileva Marie. Die Ehe wurde nach 17 Jahren geschieden. Ihr entsprossen zwei Söhne, von denen einer später Professor der Hydraulik in Kalifornien wurde. Im Jahre 1905 promovierte Einstein in Zürich mit einer nicht in das Gebiet der Relativitätstheorie fallenden Arbeit über Moleküldimensionen.

Die Lichtquantentheorie

Im selben Jahr wie die «Elektrodynamik» veröffentlichte Einstein noch zwei weitere Arbeiten, die viel Anerkennung fanden. Die eine war die Lichtquantentheorie, wonach das Licht nicht aus elektromagnetischen Wellen, sondern aus teilchenartig gedachten Quanten besteht. Mit den Wellen gleicher Frequenz sind die Teilchen durch die Formel $E = h\nu$ verbunden, d. h. ihre kinetische Energie ist gleich der Wellenfrequenz ν multipliziert mit h, dem kurz vorher von Planck entdeckten elementaren Wirkungsquantum. Diese Verknüpfung der Quantentheorie mit der Theorie des Lichts brachte Einstein die Förderung durch Planck. Für die Lichtquantentheorie (nicht für die Relativitätstheorie) erhielt Einstein 1921 den Nobelpreis.

Einstein kritisierte Maxwell, dessen elektromagnetische Feldgleichungen die Lichtwellentheorie beherrschten. Maxwell habe die Mikrostruktur des Lichtes nicht richtig wiedergegeben. Aber die von diesem Standpunkt berechtigte Lichtquantentheorie ist mit der Relativitätstheorie, die ganz auf Maxwell ruht, nicht vereinbar. Einstein blieb, wie auch weiterhin, um Widersprüche in seinem Denken unbekümmert. Er geriet später in tiefen Gegensatz zur Quantentheorie, zu der er einen so wichtigen Beitrag geliefert hatte. Im Gegensatz zur Relativitätstheorie ist seine Lichtquantentheorie unumstritten und von großer praktischer Bedeutung.

Die dritte Arbeit dieses fruchtbaren Jahres betraf die Brownsche Bewegung, die mikroskopisch beobachtbare Wimmelbewegung kleiner Stoffteilchen, die auf Wasser schwimmen. Einstein berechnete mathematisch die Regeln dieser Bewegung und zeigte, daß sie mit der ständigen Bewegung der Wassermoleküle zusammenhängt, welche die Teilchen herumstoßen. Er gab eine Formel an, die es gestattete, aus der Brownschen Bewegung den Diffusionskoeffizienten des Wassers zu berechnen. Zu demselben Ergebnis war gleichzeitig der Physiker v. Smoluchowski gelangt; die beiden Arbeiten waren voneinander unabhängig.

Eine weitere Arbeit von 1905 hieß «Ist die Trägheit eines Körpers von seinem Energieinhalt abhängig?» und enthielt die These, daß die Masse eines Körpers, wenn er die Energie E als elektromagnetische Strahlung abgibt, um einen äquivalenten Betrag E/c^2 abnimmt. Bei Aufnahme der Strahlung vergrößert sich die Masse des Körpers entsprechend. Daraus folgt die Formel $E = mc^2$, jedenfalls für elektromagnetische Strahlung. Die Zuweisung einer Masse E/c^2 an die Strahlung hatte schon Poincaré durchgeführt. Er blieb unzitiert. Einstein fügte die Betrachtung des Vorgangs von verschiedenen Bezugssystemen aus hinzu, woraus die Veränderung der elektromagnetischen Masse - genauer gesagt ihrer Beurteilung - mit der Bewegung folgte. Er sagte auch, daß die Formel für alle Arten der Energie gelte.

Berufung auf Berufung

Die Arbeit über die Elektrodynamik bewegter Körper hatte auch das Interesse von M. v. Laue erweckt, eines anderen später führenden deutschen Physikers. Auch v. Laue begann den jungen Berner Theoretiker zu fördern. Er wurde schnell bekannt. Im Jahre 1908 lobten ihn Lorentz und der später im Zusammenhang mit der Relativitätstheorie berühmt gewordene Mathematiker Minkowski auf einem wissenschaftlichen Kongreß in Rom.

Man war der Meinung, daß das Patentamt nicht der richtige Platz für Einstein war. Im Jahr 1908 konnte er sich an der Universität Bern habilitieren. Durch die Förderung v. Laues erhielt er 1909, kaum dreißigjährig, einen Ruf als Professor an die Universität Zürich. Schon 1910 wurde er an die deutsche Universität in Prag berufen, deren Rektor gerade E. Mach war. Dort wirkte er zwei Jahre, bis ihn 1912 die ETH, seine Studienstätte, als Professor nach Zürich zurückberief. Unter den Gutachtern, die seine Berufung befürworteten, war nun auch Poincaré.

Die Relativitätstheorie war inzwischen in Physikerkreisen weithin bekannt geworden; das Publikum wußte noch kaum etwas von ihr. Schon 1913 wurde Einstein über Anregung von Planck und v. Laue nach Berlin berufen. Er erhielt eine Forschungsstelle an einem Institut der Preußischen Akademie der Wissenschaften, mit dem Recht, aber nicht der Pflicht, auch Vorlesungen an der Universität zu halten. Er konnte nun frei seinen theoretischen Forschungen leben. So landete Einstein, der als Jüngling die deutsche Staatsbürgerschaft niedergelegt hatte, weil ihm Deutschland zu autoritär erschien, bei den Preußen.

II. SPEZIELLE RELATIVITÄTSTHEORIE

5. Die Axiomatik Einsteins: Gibt es Gleichzeitigkeit?

Die spezielle Relativitätstheorie beruht auf zwei Axiomen: auf der Konstanz der Lichtgeschwindigkeit und dem Relativitätsprinzip. Die aus dem Versuch von Michelson und Morley gefolgerte Konstanz der Lichtgeschwindigkeit für alle wie immer bewegten Beobachter, die den Physikern bis dahin als bloße Störung der Beobachtung durch Mitführung des Weltäthers, Kontraktion des Meßarms u. dgl. erschienen war, machte Einstein zum Zentralsatz der Physik. Sie war für ihn keine Störung, sondern der Ausgangspunkt aller physikalischen Erkenntnis. Sie ist die einzige beobachtbare absolute Größe in der Welt. Da nur mit beobachtbaren Größen gerechnet werden soll, sind alle physikalischen Gesetze auf die konstante Lichtgeschwindigkeit abzustellen. Nun kann, bleibt zu bemerken, die konstante Lichtgeschwindigkeit ihre absolute Funktion nur in Verbindung mit einer Relativierung der Raum- und Zeitbegriffe übernehmen. In diesem Sinne ist sie nicht so ganz absolut, auch leidet ihre Beobachtbarkeit, die ohnehin im Michelson-Morley-Experiment nur eine schmale Basis hat, unter dieser Zutat.

Das Relativitätsprinzip
Das Relativitätsprinzip im weiteren Sinne ist das Machsche Prinzip, wonach eine Bewegung im absoluten Raum nicht feststellbar ist; daher darf die Physik nur mit relativen Bewegungen von Körpern rechnen. Bei Einstein folgt aus dem Machschen Prinzip die Gleichberechtigung aller bewegten Systeme, denn wenn sich der Körper A relativ zum Körper B bewegt, so bewegt sich, von A gesehen, auch der Körper B relativ zu A, und man kann sowohl den einen als auch den anderen als Bezugskörper der Bewegung wählen. Wenn Kinder glauben, daß die am fahrenden Zug vorbeiziehenden Telegraphenstangen sich bewegen, ist das nach Born (1964, S. 194) gar nicht so falsch; mathematisch kommt man zu dem gleichen Ergebnis, ob man eine Bewegung des Zugs oder eine Bewegung der Stangen annimmt. Die mathematische Relativität, muß man hinzufügen, schwindet allerdings, wenn man auch qualitative Wesenszüge heranzieht. Dann zeigt sich, daß die Stangen nicht fahren können, der Zug aber fährt. Das Relativitätsprinzip beruht auf der Abstraktion von der Qualität und von den operationellen Definitionen. Es ist rein mathematisch.

Die «kinematische Relativität» hatten u. a. schon Huygens und Leibniz vertreten. Leibniz hatte allerdings hinzugefügt, daß jedem Körper eine eigene «Kraft» zukomme und hierdurch eine Unterscheidung möglich sei. Heute nennt man das die «dynamische» Auffassung. Einstein bleibt bei der rein kinematischen Betrachtung und folgert, daß alle physikalischen Größen vom Bezugssystem abhängen, das die Grundlage ihrer Messung bildet. Den schon bekannten Prinzipien der Reziprozität und Vertauschbarkeit fügt er noch die Relativierung der Raum- und Zeitmaße bei bewegten Systemen hinzu, die aus $c =$ const folgt.

Das Relativitätsprinzip im engeren Sinne ist das klassische: gleiche physikalische Gesetze in allen gleichförmig und geradlinig bewegten Systemen mit variierenden numerischen Werten. Solche Systeme sind Inertialsysteme, d. h. in ihnen gilt das Trägheitsgesetz von Newton, das 1. Gesetz der Mechanik genannt. Beschleunigt und rotierend bewegte Systeme sind keine Inertialsysteme; mit ihnen beschäftigt sich erst die allgemeine Relativitätstheorie. Einsteins zweites Postulat im engeren Sinne knüpft an das klassische Relativitätsprinzip an.

Die spezielle Relativitätstheorie übernimmt aus der klassischen Physik, ausgesprochen oder stillschweigend, noch einige axiomatische Annahmen, so die Geradlinigkeit der Fortpflanzung des Lichts, die Gültigkeit der euklidischen Geometrie und die Konstanz der elektrischen Ladung in jedem Bewegungszustand.

Damit ist das Programm für die Relativitätstheorie gegeben. Sie will das physikalische Wissen nach einem neuen Prinzip ordnen. Experimentell stützt sie sich zunächst nur auf den Michelson-Morley-Versuch und die scheinbare Massenzunahme des Elektrons bei Bewegung in einem elektromagnetischen Feld. Diesen Experimenten gibt sie eine bestimmte Auslegung. Soweit sich Ausblicke auf neue Phänomene ergeben, werden nachträglich experimentelle Beweise für die neue Theorie gesucht. Das Experiment bleibt aber sekundär. Die Relativitätstheorie ist keine Experimentalphysik. Sie ist ein Versuch, eine neue Physik um eine a priori festgelegte Philosophie herum zu schreiben. Die Relativitätstheorie ist auf Grund der axiomatischen Postulate Einsteins, zum Teil auch Machs (der das gar nicht gerne sah), konstruiert und nur unter diesem Gesichtspunkt zu verstehen.

Was wurde beim Michelson-Morley-Experiment beobachtet?
Für Einstein ist seit dem Experiment von Michelson und Morley die Konstanz der Lichtgeschwindigkeit eine gesicherte Tatsache. Er erhebt sie

ohne Zögern zum Dogma. Infolge der tragenden Rolle, die der Konstanz der Lichtgeschwindigkeit in der Relativitätstheorie zukommt, ist die Frage erörtert worden, ob das Michelson-Morley-Experiment wirklich *die* Konstanz der Lichtgeschwindigkeit für alle wie immer bewegten Beobachter in der ganzen Welt erweist. Soweit überhaupt, hat es sie nur für den Bereich der Erde demonstriert.

Aber auch im Erdbereich sind Einwände gegen den aus dem Versuch gezogenen Schluß erhoben worden. Die Schlußfolgerung enthält mehr, als beobachtet wurde. Beobachtet ist das Zusammentreffen zweier Strahlen auf der Platte A, gemessen sind die Längen der beiden Meßstrecken, beobachtet ist das stationäre Interferenzmuster. Alles andere geht über die Beobachtung hinaus (Israel 1931, Törnebohm 1952). Ob das Verhalten der Interferenzwelle ein gleichartiges Verhalten der Lichtfortpflanzungswelle in sich schließt, ist nicht so sicher, wie angenommen wird (Le Roux 1931).

Die Zeiten der Reflexion an den Spiegeln B und C sind ebenso wenig beobachtet worden wie die Reisezeiten der Strahlen zwischen A, B, C und T. Das ist gewiß bei einem so kleinen Apparat nicht möglich; aber es bleibt Tatsache, daß über diese Zeiten keine direkten Messungen, sondern nur Annahmen vorliegen. Die Geschwindigkeiten c + v und c - v beim Hin-und Rückweg sind nicht beobachtet, sondern vorausgesetzt worden. Der Mittelwert für die Gesamtreise des Strahls zwischen A und C ist konstant, aber seine beiden Komponenten sind verschieden. In die Deutung der Unverrückbarkeit des Interferenzmusters gehen hypothetische Voraussetzungen ein. Nimmt man für die Reflexe bzw. Reisezeiten andere Werte an, kommt man zu ganz anderen Ergebnissen (Dingle 1946). Physikalisch betrachtet, erhebt sich schließlich die Frage, ob wir genug von der Natur des Lichts wissen, um den Versuch richtig deuten zu können[6].

Das Problem der Gleichzeitigkeit
Nach Einstein müssen in einer Physik, die mit konstanter Lichtgeschwindigkeit rechnet, «überkommene Vorurteile über Raum und Zeit» aufgegeben werden. Lorentz hatte mit der Veränderung räumlicher und zeitlicher Maße schon den Weg dazu gewiesen. Er hatte aber ebenso wie Poincare den

---

[6] Le Roux (1931) meint: «Einstein hat an das Michelson-Morley-Experiment Folgerungen geknüpft, die es nicht wirklich in sich schließt. Hiernach hat er an diese Folgerungen Hypothesen geknüpft, die sich widersprechen und keine Beziehung zu den Phänomenen haben.»

absoluten Raum und die absolute Zeit nicht angetastet. Einstein tat nun wieder einen radikalen Schritt, offenbar eine der «herrlichen Ideen», von denen er gesprochen hatte. Was bei seinen Vorgängern nur ein Rechenkunststück war, sollte zur Beschreibung der Wirklichkeit werden. Im Einklang mit der positivistischen Philosophie, die er vermutlich nur durch Mach kannte, sagte Einstein, daß Raum und Zeit keine apriorischen Gegebenheiten seien, wie es Newton und Kant gelehrt hatten, sondern der Erfahrung entspringen. Daher müssen sie experimentell definiert werden. Als einziges Mittel der Zeiterfahrung erklärte Einstein die Ablesung von Uhren.

Wenn nur beobachtbare Größen verwendet werden sollen, so ist Zeit nur in einem engen örtlichen Bereich bestimmbar, der die direkte Ablesung einer Uhr gestattet. Jedes System hat nach Einstein nur seine Ortszeit. Von der Zeit im Nachbarsystem hat es zunächst keine unmittelbare Kunde. Wenn zwei Ereignisse in den beiden Systemen als «gleichzeitig» gelten sollen, müssen zunächst die Uhren in beiden Systemen synchronisiert werden. Von Gleichzeitigkeit kann man sprechen, wenn die Zeiger zweier solcher Uhren die gleiche Stellung zeigen. Eine Gleichzeitigkeit zweier entfernter Ereignisse ohne Uhrenablesung anzunehmen, ist nach Einstein unzulässig. Nur am Ort des Beobachters stattfindende Ereignisse sind a priori gleichzeitig.

Uhren-Synchronisierung mit Lichtsignalen

Die Uhren in zwei Nachbarsystemen A und B sind nach Einstein mit Hilfe von Lichtsignalen zu synchronisieren. Er gibt dafür eine genaue Vorschrift. Ein Lichtstrahl wird von A nach B gesandt; dort wird er an einem Spiegel reflektiert und kehrt nach A zurück. Die Zeitdifferenz in A ist nach der Formel $t'_A - t_A = 2AB/c$ zu normen, wo t_A der Zeitpunkt der Aussendung des Signals, t'_A der Zeitpunkt seiner Rückkehr, AB die Entfernung zwischen den beiden Orten und c die Lichtgeschwindigkeit von 300 000 km/sek ist. Die Uhr in B ist nach der Gleichung $t'_A - t_B$ einzuregulieren, wo t_B der Zeitpunkt der Ankunft des Signals in B ist. Die Vorschrift beruht auf der Voraussetzung, daß die Lichtgeschwindigkeit auf dem Hin- und Rückweg konstant, d. h. daß sie in allen Richtungen und unabhängig von der Distanz gleich ist.

Wenn die Zeitbeziehung zwischen A und B auf diese Weise hergestellt wird, lugt allerdings die absolute Zeit hervor. Es muß doch von vornherein angenommen werden, daß der Lichtstrahl in B später ankommt, als er von A abgeht. Das folgt auch daraus, daß die Aussendung kausal für die Reflexion ist; die Ursache liegt vor der Wirkung. Wenn es a priori ein «früher» und ein «später» gibt, ist nicht einzusehen, warum es nicht a priori auch ein «gleichzeitig» geben sollte. Der Lichtstrahl bewegt sich in einem beiden Systemen gemeinsamen Raum und einer beiden gemeinsamen Zeit. Er bewegt sich nach Gesetzen, die in einem absoluten Raum und einer absoluten Zeit festgestellt wurden. Sonst könnte man gar nicht annehmen, daß er sich geradlinig bewegt, daß der in B reflektierte Strahl wirklich der von A ausgesandte ist und die Geschwindigkeit c besitzt.

Der Lichtsignalvorschlag beruht auf Erfahrungen, die in der absoluten Zeit gewonnen wurden. Er setzt die absolute Zeit voraus und kann keinen neuen Zeitbegriff schaffen[7]. Dieser wird auch überflüssig (Nordenson 1969, S. 38, 43).

Hier liegt der Erbfehler der Relativitätstheorie, der sich durch alle ihre Konsequenzen zieht. Es ist Einstein nicht gelungen, die absolute Zeit auszuschalten und eine neue, nur auf unmittelbarer Erfahrung beruhende Zeit zu begründen. Er bittet Kant in einer Tagebuchnotiz, ihm zu verzeihen, daß er die Kantsche Welt zerstört habe. Er hat aber Kant gar nicht begriffen. Kants Satz, daß Erfahrung nur in einem vorgegebenen Rahmen von Raum und Zeit stattfinden kann, wird gerade von Einsteins Meßvorschrift bestätigt.

Das erste Gedankenexperiment Einsteins (praktisch ist es nie durchgeführt worden) beruht also auf einem logischen Fehler, sogar einem recht primitiven. Einstein bemerkt ihn nicht, wie er noch viele logische Fehler nicht bemerken wird, und setzt seine Argumentation fort ...

Die Gleichzeitigkeit zweier Ereignisse definiert er dahin, daß die Signale dieser Ereignisse gleichzeitig, d. h. bei einem bestimmten Zeigerstand der Uhr, bei einem Beobachter eintreffen. Für zwei Beobachter bedeutet Gleichzeitigkeit, daß die Zeiger ihrer auf die beschriebene Weise synchronisierten Uhren beim Eintreffen der Signale gleich stehen. Die Signale sind Lichtsignale, manchmal primäre, manchmal reflektierte. Ein Signal braucht eine gewisse, von der Lichtgeschwindigkeit c und der Entfernung bestimmte Zeit, ehe es den Empfänger erreicht. In dieser Zeit durchwandern die Lichtwellen die Strecke zwischen Signalquelle und Empfänger. Bei sehr großen Entfernungen wird diese Zeit erheblich. Zu beachten ist noch, daß sich beide Uhren bei der Synchronisation in Ruhe und nicht etwa in Bewegung befinden.

---

[7] Den Lichtsignalvorschlag zur Uhrenregulierung hatte, wie früher erwähnt, schon Poincaré gemacht, aber die absolute Zeit beibehalten.

Der «Einstein-Zug»
Einstein illustriert seine Gleichzeitigkeits-Definition mit einem Gedankenexperiment. Er arbeitet in diesem Stadium nur mit Gedankenexperimenten, ein sonst in der Naturwissenschaft verpöntes Verfahren. Die Wissenschaft verlangt reale Experimente. Einsteins Gedankenexperiment betrifft den Signalempfang durch einen ruhenden und einen in einem Eisenbahnzug fahrenden Beobachter. Knapp vor und hinter dem mit der Geschwindigkeit v fahrenden Zug schlagen gleichzeitig zwei Blitze ein. In diesem Augenblick befindet sich der ruhende Beobachter M genau in der Mitte vor dem Zug auf dem Bahndamm. Der mitfahrende Beobachter M' sitzt in der Zugmitte auf dem Zugdach und befindet sich in diesem Augenblick genau gegenüber dem ruhenden Beobachter M. Die Gleichzeitigkeit der Blitzeinschläge gilt nach Einstein nur für den Mann auf dem Bahndamm, den die beiden Lichtsignale, weil sie den gleichen Weg mit der Geschwindigkeit c zurückzulegen haben, in der Tat gleichzeitig erreichen.

Den Mann auf dem mit der Geschwindigkeit v fahrenden Zug erreichen sie nicht gleichzeitig. Das vordere Signal, dem er entgegenfährt, erreicht ihn früher, das hintere Signal, von dem er sich wegbewegt, während die Lichtwelle die Distanz durcheilt, erreicht ihn später. Die synchronisierten Uhren zeigen es. M' folgert, daß die beiden Einschläge nicht gleichzeitig stattgefunden haben. Die Signale, die ihn in den Zeitpunkten t'_1 und t'_2 erreicht haben, sind bei dem ruhenden Beobachter M beide zur Zeit t eingetroffen, t ist nicht gleich t'.

Die Voraussetzungen dieses Gedankenexperiments sind ungeheuerlich, obwohl Einstein davon nicht spricht. Der Zug muß mindestens 100 000 Kilometer lang sein, wenn bei normaler Geschwindigkeit ein Unterschied im Eintreffen der Signale beobachtbar werden soll. Oder er muß mit einer Geschwindigkeit von 100 000 Kilometern in der *Sekunde* fahren. Wieweit dabei irgendwelche Wahrnehmungen möglich sind, wird nicht gesagt.

Die postulierten Wahrnehmungen erfolgen anders als beim Michelson-Morley-Versuch. Interferenz wird nicht verwendet, es werden einfache optische Eindrücke angenommen. Der in der Relativitätstheorie vielverwendete «Einstein-Zug» ist ein sonderbares, phantastisches Gebilde, das von der Wirklichkeit und den einfachsten experimentellen Anforderungen so weit entfernt ist wie nur möglich. Er sieht nicht aus, als ob er als Grundlage für gewaltige physikalische und philosophische Umwälzungen geeignet wäre. Wir wollen trotzdem auf Einsteins Argumentation näher eingehen.

In welcher Beziehung steht dieses Gedankenexperiment zur Konstanz der Lichtgeschwindigkeit und wieweit demonstriert es die Relativität der Gleichzeitigkeit? Für den ruhenden Beobachter M ist die Sache klar: er rechnet für seine Eindrücke mit gleicher Lichtgeschwindigkeit c in beiden Richtungen. (Einstein erklärt ausdrücklich, damit wolle er nichts über die Natur des Lichts aussagen; er stipuliere die Konstanz von c in beiden Richtungen, um überhaupt zu einer Definition der Gleichzeitigkeit zu gelangen.) Überlegt sich nun M, was der fahrende Beobachter M' sehen wird, so muß er nach allem Augenschein für diesen zwei verschiedene Signalgeschwindigkeiten c + v (vorderes Signal) und c − v (hinteres Signal) annehmen.

Wenn M' die Bewegung seines Zuges kennt, muß er zu derselben Berechnung kommen wie M. Das ist ihm aber von Einstein verboten, sonst käme die absolute, mit M gemeinsame Zeit wieder herein. Zwar ist schon im Ansatz des Gedankenexperiments angedeutet worden, daß er den vorderen Blitz früher sieht, weil er ihm entgegenfährt, und den hinteren später, weil er von ihm wegfährt: der Signalweg ist für den Unterschied maßgebend. Aber plötzlich hat M' das zu vergessen. Er hat nichts anzunehmen, als daß c für alle wie immer bewegten Beobachter, also auch für ihn, gleich ist. Wenn er dann nicht dasselbe sieht wie M, die Signale also nicht gleichzeitig bei ihm eintreffen, so kann das nur davon kommen, daß die Signale nicht gleichzeitig ausgesandt worden sind. Der vordere Blitz hat früher eingeschlagen als der hintere.

Die Orientierungs- und Urteilsmöglichkeiten des Beobachters M' sind durch eine vorher erlassene Vorschrift eingeschränkt. Die «Verschiedenheit der Zeit» in beiden Systemen folgt nicht aus den Tatsachen, sondern aus einer Deutung, die das, was bewiesen werden soll, schon vorwegnimmt. Einstein läßt die Figuren in seinen Gedankenexperimenten immer so denken, daß die Relativitätstheorie herauskommt. In der Logik nennt man das eine *petitio principii*.

Nun erhebt sich die Frage, ob eine Trennung der beiden Zeitsysteme überhaupt durchführbar ist. Der phantasierte Vorgang spielt sich offenkundig im Rahmen einer gemeinsamen Zeit ab. Einstein postuliert ja, daß im Augenblick der Einschläge der fahrende Beobachter M' dem ruhenden Beobachter M genau gegenübersteht. Dann gibt es also für beide a priori eine Gleichzeitigkeit, ebenso für die Blitze, denn diese schlagen ja genau in diesem Augenblick ein. Zwischen den Beobachtern untereinander wie zwischen ihnen und den Blitzen besteht eine apriorische Zeitbeziehung. Es ist die gemeinsame, absolute Zeit (Nordenson 1969,8. 57). Zu demselben

Schluß kommt Bergson (1921), der sonst für Einstein ist. Der Philosoph sagt, daß nur die erlebte Zeit von M real ist; die Zeit von M' ist fiktiv und konstruiert.

Nur die Zeit der *Wahrnehmung* der Signale, aber nicht die Zeit ihrer Entstehung kann sich in dem bewegten System ändern. Das läßt sich mit c + v und c − v, oder mit einer entsprechenden Berechnung der Signalwege, ausreichend erklären. Es ist nicht wie beim Michelson-Morley-Experiment, wo c + v und c − v vorher angenommen wurden, das Ergebnis aber nichts von ihnen merken ließ. Beim Zug-Experiment können c + v und c − v vorher angenommen werden - und das Ergebnis *bestätigt* diese Annahme. Der Versuch ist von anderem Typ als der Michelson-Morley-Versuch, auf den er sich scheinbar stützt. Es besteht hier kein Anlaß, eine konstante Lichtgeschwindigkeit einzuführen, um das Ergebnis zu deuten.

Gleichzeitigkeit in verschieden bewegten Systemen ist durchaus möglich, wenn die Bewegung im Rahmen einer gemeinsamen Zeit in die Berechnung eingesetzt wird. Einstein betont jedoch immer wieder: die Annahme einer absoluten Gleichzeitigkeit ist bei räumlich entfernten Ereignissen sinnlos, denn sie fußt auf einer nicht nachweisbaren absoluten Zeit.

Born (1964, S. 194) sagt sogar, man müsse sich darüber wundern, daß dies nicht früher entdeckt worden sei. Es sei das Ei des Kolumbus. Mit dem Ei des Kolumbus hat diese Geschichte in der Tat den logischen Sprung gemeinsam: Kolumbus mußte das Ei erst durch Aufschlagen an den Tisch geeignet verändern, ehe er es auf die Spitze stellen konnte ...

Die Unmöglichkeit der absoluten Gleichzeitigkeit ist keine Entdeckung, sondern ein Postulat. Das geschilderte Gedankenexperiment scheint nicht geeignet, es zu beweisen. Es beweist, wenn überhaupt etwas, die Unentrinnbarkeit der absoluten Zeit.

6. Die neuen Lorentz-Formeln

Einstein will nichts von alledem sehen. Er will eine Welt konstruieren, in der die Lichtgeschwindigkeit für alle wie immer bewegten Beobachter konstant ist. Das ist, wie schon mehrfach angedeutet, nur möglich, wenn zwei Ereignisse, die in einem System gleichzeitig sind, es in einem anderen System nicht sind. Die absolute Zeit muß der absoluten Lichtgeschwindigkeit geopfert werden.

Schon Lorentz hatte t nur geändert, damit c in Maxwells Gleichungen konstant bleiben konnte. Bei Lorentz war es nur ein mathematisches Symbol ohne physikalische Bedeutung, das verändert wurde. Bei Einstein wird die wirkliche Zeit verändert, dazu auch der wirkliche Raum.

Ist das ein zulässiges Mittel ? Muß man der Konstanz von c die Grundlagen unseres ganzen Denkens opfern, ist sie überhaupt schon so gesichert, daß man sie zur Grundlage alles Wissens machen kann? Kann sie zur einzigen Kategorie werden statt der Kategorien Raum und Zeit? Einstein war kein fachlich ausgebildeter Philosoph; die Professoren der Philosophie O. Kraus (1922) und L. Goldschmidt (1931) warfen ihm philosophische Unwissenheit vor, wohl mit Recht. Mit der Logik nahm er es sicher nicht genau. Die Relativitätstheorie hat er nicht «entdeckt», sondern um die spekulative Idee der Konstanz der Lichtgeschwindigkeit herum konstruiert[8].

Niemand weiß, was die Zeit ist und wie man sich einen veränderten Zeitablauf real vorstellen soll. Einstein macht eine mystische Vorstellung zum Pfeiler seiner Theorie. Er glaubt ihr die Mystik zu nehmen, indem er die Zeit mit dem identifiziert, was man an der Uhr abliest. Mit dieser pseudoempirischen und pseudopositivistischen Annahme lassen sich freilich verschiedene Zeiten für verschiedene Systeme behaupten. Die Kritik meint jedoch, daß es sich hier um die Zeitmessung und nicht um die Zeit handelt.

Die verallgemeinerte Lorentz-Transformation
Einstein folgert unentwegt weiter: wenn für alle Vorgänge, nicht nur die elektromagnetischen, t nicht gleich t' ist, so muß bei allen Vorgängen die Galilei-Transformation durch eine andere ersetzt werden, die dem Verhältnis zwischen v und c Rechnung trägt. Es ist die von Einstein modifizierte Transformation nach Lorentz und Poincaré, die auch bei Einstein die Lorentz-Transformation heißt. Der Unterschied zwischen Galilei- und Lorentz-Transformation geht aus folgender Gegenüberstellung hervor (in beiden Fällen für ein System S', das sich auf der gemeinsamen Achse vom Ursprung des Systems S fortbewegt):

---

[8] Radarsignale einer zur Venus entsandten Sonde wurden (Victor 1961) in Kalifornien einmal relativ zur Sonne, einmal relativ zur Erde ausgewertet. Im Bezugssystem Sonne lag die nach Einstein berechnete Halbzeit nicht auf halbem Weg zwischen Aussendung und Empfang. Die Signaldauer betrug 4 Minuten. Der Versuch erweckt Zweifel an der Konstanz der Lichtgeschwindigkeit.

Galilei-Transformation – Lorentz-Transformation

$$x' = x - vt \qquad x' = \frac{x - vt}{\sqrt{1 - v^2/c^2}}$$
$$y' = y \qquad y' = y \qquad\qquad (7)$$
$$z' = z \qquad z' = z$$
$$t' = t \qquad t' = \frac{t - \frac{v}{c^2}}{\sqrt{1 - v^2/c^2}}$$

Nochmals: um c konstant zu halten, und aus keinem anderen Grund, wird t veränderlich gemacht. Die Lorentz-Transformation ermöglicht es mit Hilfe des Faktors $\sqrt{1 - v^2/c^2}$, jede Größe in einem System auf eine Größe in jedem anderen, relativ zu ihm bewegten Inertialsystem umzurechnen. Wenn eine Zeit nach einer feststehenden Regel auf die andere umgerechnet werden kann, läßt die Relativität freilich eine verborgene Einheit ahnen. Hinter der Maske der Formeln erkennt man die absolute Zeit, was ja nach dem Gesagten nicht überrascht. Sie ist bloß nicht mehr einfach formulierbar. Indes Einstein sie abgetötet glaubt, steht sie lächelnd im Hintergrund.

Die Relativitätstheorie stellt auf Grund der Lorentz-Transformation folgende allgemeine Regel auf: Wenn zwei Ereignisse an getrennten Punkten x_1 und x_2 im Inertialsystem S stattfinden und in S als gleichzeitig gemessen werden, dann werden sie im relativ zu S mit der Geschwindigkeit v bewegten Inertialsystem S' nicht gleichzeitig erscheinen. Sie werden dort nacheinander zu zwei Zeitpunkten t'_1 und t'_2 registriert werden, wobei deren Beziehung zu t nach Gl. 7 lautet:

$$t'_1 = \frac{t - \frac{v}{c^2} x_1}{\sqrt{1 - v^2/c^2}} \qquad t'_2 = \frac{t - \frac{v}{c^2} x_2}{\sqrt{1 - v^2/c^2}} \qquad (8)$$

Wenn umgekehrt zwei Ereignisse an zwei getrennten Punkten x'_1 und x'_2 in S' gleichzeitig stattfinden, so erscheinen sie in S nicht gleichzeitig. In beiden Fällen ist der Zeitunterschied derselbe; er ist eine Funktion von v und wird praktisch nur merklich, wenn v im Größenbereich der Lichtgeschwindigkeit liegt. Bei geringeren Geschwindigkeiten ist der Quotient v/c^2 bzw. v^2/c^2 wegen der Größe von c so klein, daß er vernachlässigt werden kann. Beide Systeme sind in der Relativitätstheorie als gleichberechtigt anzusehen.

«Kühne philosophische Tat»
Die Formeln, die an die Lorentzschen anknüpfen, sind der mathematische Ausdruck für die Lösung des Gleichzeitigkeitsproblems bei Annahme einer für alle Beobachter konstanten Lichtgeschwindigkeit.

M. v. Laue 1919: «Darin liegt gerade die Kühnheit und hohe philosophische Bedeutung der Einsteinschen Gedanken, daß er mit dem hergebrachten Vorurteil einer für alle Systeme gültigen Zeit aufräumt.» v. Laue meint, daß diese gewaltige Umwälzung «nicht die mindeste erkenntnistheoretische Schwierigkeit» in sich berge. Die erkenntniskritischen Kenntnisse des berühmten Kristallphysikers, dessen Meinung von Planck geteilt wurde, scheinen nicht groß gewesen zu sein. Man kann auch der Meinung sein, daß die Gleichzeitigkeit mit einem Kunstgriff wegeskamotiert, aber nicht wirklich beseitigt worden ist.

M. v. Laue schränkte seine frühere Aussage 1957 wieder ein: «Raum- und Zeitanschauung sind eingeprägte Formen der menschlichen Anschauung, Eigenschaften unseres Erkenntnisvermögens, an denen keine Erfahrung etwas ändern kann. Raum- und Zeitmessung dagegen sind der Erfahrungswissenschaft, d. h. der Physik zu entnehmen.» Anscheinend mißt die Physik also etwas anderes, als man normalerweise unter Raum und Zeit versteht.

Doch fahren wir zunächst in der Darstellung der Einsteinschen Gedanken fort.

7. Relativität der Längen- und Zeitmessung

Aus der Relativität der Gleichzeitigkeit folgt die Relativität der Längenmessung. In diese geht nämlich nach Einstein das Gleichzeitigkeitsproblem ein, weil die Ablesung der beiden Enden einer Strecke bei einer Messung gleichzeitig erfolgen muß und diese Gleichzeitigkeit bei relativ zueinander bewegten Systemen zwar für das eine, nicht aber auch für das andere System gelten kann.

Lorentz-Kontraktion nicht mehr physisch
Ein in S (auf der Erde) ruhender Beobachter mißt durch Anpeilung die Länge eines in großer Entfernung vorbeifliegenden Stabes. Der Stab ist eine stabförmige Rakete und stellt das System S' dar. Ein Beobachter, der in S' mitfliegt und daher relativ zum Stab ruht, mißt die Länge der stabförmigen Rakete ebenfalls. Die Ablesung der beiden Endpunkte x'_1 und x'_2, in welcher der Meßvorgang besteht, erfolgt für ihn gleichzeitig. Daher hat für ihn der Stab die Ruhelänge oder Eigenlänge $x'_2 - x'_1 = L_0$. Für den Beobachter in S sind die beiden in S' stattfindenden Ablesungen nach Gl. 8 nicht gleichzeitig. Sie finden für ihn zu zwei Zeiten t_1 und t_2 statt. Die Lorentz-Transformation

ergibt

$$x'_1 = \frac{x_1 - vt_1}{\sqrt{1 - v^2/c^2}} \quad x'_2 = \frac{x_2 - vt_2}{\sqrt{1 - v^2/c^2}} \tag{9}$$

Die für ihn ungleichzeitigen Ablesungen des Beobachters in S' kann der Mann in S nicht für seine Messung des Stabs benutzen. Es ist ihm auch verboten, sie auf eine gemeinsame Zeit umzurechnen. Er darf vielmehr nur *für ihn* gleichzeitige Ablesungen benutzen. Wo liegen, fragt Einstein, Anfang und Ende des Stabs relativ zu S zur Zeit t des Systems S? Die Bedingung der in S gleichzeitigen Ablesung der gesuchten Meßpunkte x_1 und x_2 ist offenkundig $t = t_1 = t_2$. Die Meßpunkte liegen dann in S an anderen Stellen als in S'. Es ergibt sich

$$x'_2 - x'_1 = \frac{x_2 - x_1}{\sqrt{1 - v^2/c^2}} \tag{10}$$

Ist die Länge des Stabs, in Bewegung von S her gesehen, $L = x_2 - x_1$ folgt

$$L = L_0 \sqrt{1 - v^2/c^2} \tag{11}$$

L_0 muß mit einem Faktor multipliziert werden, der kleiner als 1 ist: L wird kürzer. Der Beobachter in S mißt den Stab als in der Bewegungsrichtung um den Faktor $\sqrt{1 - v^2/c^2}$ verkürzt. Landet die Rakete auf der Erde, so mißt der Mann in S dieselbe «Ruhelänge» L_0 wie der Mann in S', denn auch relativ zu ihm ruht die Rakete nun. Die Rakete scheint sich wieder verlängert zu haben.

So wird die «Lorentz-Kontraktion» aus der Lorentz-Transformation abgeleitet. Die Kontraktion ist nicht mehr physisch und durch interatomare Kräfte verursacht wie bei Lorentz, sondern ein metrischer Effekt, der durch eine bestimmte Meß- und Auswertungsvorschrift erzeugt wird.

Die physische Kontraktion nach Lorentz lehnt Einstein ab, denn wenn sie einträte, läge ein einfacher physikalischer Prozess in einer gemeinsamen Zeit vor. Die Relativitätstheorie würde überflüssig. Übrigens hat Lorentz es unterlassen, seinen Gedanken bis zum Ende zu entwickeln. Es hätte sich sonst ein anderer Ausblick eröffnet. Infolge der mit v zunehmenden Kontraktion würde der Stab nahe der Lichtgeschwindigkeit auf ein Plättchen von ungeheurer Dichte zusammenschrumpfen. Er würde schon früher in eine Hochdruckmodifikation seines Materials übergehen. Wenn nicht die gegenseitige Abstoßung gleichsinniger Ladungen (oder quantentheoretisch gesprochen, die Zusammendrängung seiner Elektronen auf engstem Raum) der Kontraktion des Stabs eine unüberwindliche Grenze setzt, muß er zerfallen. Kurz, er bliebe nicht lange der Stab, der er war. Eine wirkliche Hochgeschwindigkeitsphysik würde vermutlich zu anderen Ergebnissen führen, als sie Lorentz und Einstein unter einfacher Extrapolation der Normalphysik auf dem Papier berechnet haben. Dies nur nebenbei.

Messung und Wirklichkeit

Die gemessene Verkürzung des Stabs tritt nur in der Bewegungsrichtung ein, in diesem Falle der Längsrichtung, während Breite und Höhe unverändert bleiben. Es ist ja $y' = y$ und $z' = z$. Die gemäß der Lorentz-Transformation verkürzte Länge ist nur die *gemessene* Länge, aber nach Einstein gibt *es* keine andere. Da wir von den Dingen nur durch Messungen Kunde erhalten und beide Systeme gleichberechtigt sind, müssen wir die Länge so nehmen, wie sie aus der Messung folgt, und dürfen nicht etwa die «Ruhelänge» als «reale» Länge zur Norm machen. Einsteins Theorie der Messungen beruht, wie man bei jedem Schritt sieht, auf bestimmten philosophischen Voraussetzungen. In seiner Philosophie mischt sich das positivistische Prinzip mit einem metaphysischen, dem Verbot der absoluten Zeit. Er hält es nicht für metaphysisch, sondern für experimentell erwiesen. Der Kritik kommen hier, wie wir gesehen haben, erhebliche Zweifel.

Die Relativitätstheorie sagt: eine absolute, stets gültige Länge kommt keinem Objekt zu. Alle Längen sind relativ und hängen vom Bewegungszustand relativ zum messenden Beobachter ab. Die Länge eines Stabs ist keine ihm von Natur zukommende Eigenschaft, sondern eine Funktion seiner Geschwindigkeit. Die Veränderung wird nur merklich, wenn die Geschwindigkeit in der Größenordnung der Lichtgeschwindigkeit liegt. Bei 0,88 c sinkt die gemessene Länge auf nur 47% der Ruhelänge. Nahe an c schrumpft sie auf einen kleinen Bruchteil der Ruhelänge ein, jedenfalls für den in S ruhenden Beobachter, während sie für den mitfliegenden Beobachter unverändert L_0 ist.

Das Experiment ist wie alle Gedankenexperimente Einsteins praktisch nicht durchführbar, aber gesetzt den Fall, es könnte verwirklicht werden: was ist dann «wirklich»? Das eine oder das andere? Oder beides? Gibt es zwei Wirklichkeiten? Oder sogar unzählig viele Wirklichkeiten, denn v kann beliebig variiert werden? Hat die Rakete zwei Seinsweisen, eine für ihren Insassen und eine für den fernen Betrachter, zwei Existenzen, die nebeneinander existieren? Führt sie ein Doppelleben? Alle diese Fragen entstehen daraus, daß die Messung mit der Wirklichkeit identifiziert wird[9].

Sie entfallen, wenn Messung und wirkliches Ding als verschieden angesehen werden, d. h. wenn angenommen wird, daß die Messung unter bestimmten Bedingungen das Ding anders zeigt, als es wirklich ist. Es ist das Problem von Schein und Wirklichkeit. Unter Einsteins Prämissen ist der Schein die Wirklichkeit und die Wirklichkeit nur Schein. Ein Ding an sich existiert nicht, es gibt nur Messungen, und die Messungen schwanken.

Hinter dem scheinbar einfachen Exempel tun sich gähnende Abgründe auf. Gibt es überhaupt noch Wirkliches, Objektives, Dauerndes? Man versteht, warum die Relativitätstheorie so beunruhigend gewirkt hat. Aus der Stabmessung wird unversehens eine Weltanschauung. Die schon von manchem Denker behauptete Unsicherheit aller Erkenntnis und Existenz tritt hier mit dem Anspruch auf, physikalisch erwiesen zu sein.

Auch Einstein ontologisiert die Kontraktion, wenn auch auf einem anderen (und weniger klaren) Wege als Lorentz. Aber *jede* Ontologisierung macht die Relativitätstheorie überflüssig. Später, in der allgemeinen Relativitätstheorie, hat sich Einstein doch für die physische Realität der Kontraktion entschieden. Damit gab er, wie wir sehen werden, in der Tat die spezielle Relativitätstheorie auf.

Der unverständliche Wirklichkeitsbegriff Einsteins läßt schon vermuten, daß die Beziehung der Relativitätstheorie zur Realität fragwürdig ist. Wir können es uns jedoch ersparen, in die Tiefen des Realitätsproblems hinabzusteigen, denn eine logische Untersuchung wird gleich zeigen, dass die Ontologisierung jeder Art mit der speziellen Relativitätstheorie grundsätzlich unvereinbar ist und die Voraussetzungen aufhebt, auf denen die Theorie aufgebaut ist.

Streit um die richtige Länge
Inzwischen müssen wir noch beim metrischen Kontraktionseffekt verweilen. Der Effekt ist nach der Relativitätstheorie gegenseitig und symmetrisch.

---

[9] J. Maritain sagt dazu: «Es ist in den Augen eines Philosophen ein so offenkundiger Fehler, ein Ding mit der Messung, die wir an ihm vornehmen, zu vermengen, daß wir zögern, einen solchen Fehler irgendjemandem zuzuschreiben. Dennoch weist alles darauf hin, daß Einstein diesen Fehler gemacht hat.» Auch Jacoby (1925) lehnt die Identität der Messung mit dem Gemessenen ab. Er nennt die Relativitätstheorie eine reine Phänomen-Physik und bezeichnet sie als ontologisch fundamentlos. Sie «systematisiert die Erkenntnismittel, verzichtet aber auf deren Gegenstand». Die Verwechslung der Beschreibungsmittel mit dem Objekt kritisiert auch O. Kraus (1922).

Wenn der in S' mitfliegende Beobachter einen auf der Erde in S liegenden Stab gleicher Ruhelänge mißt, so wird ihm dieser genau so verkürzt erscheinen wie sein eigener, fliegender Stab dem auf der Erde ruhenden Beobachter. Es ist für die Relativitätstheorie in ihrer ursprünglichen Form wesentlich, daß die Welt für alle Beobachter gleich aussieht.

Nach der Rückkehr des Raumschiffs zeigen die beiden Stäbe, nebeneinander gelegt, die gleiche Ruhelänge L_0. Nur während der Bewegung werden die Messungen verschieden ausfallen; jeder Beobachter wird vom anderen behaupten, er habe die beiden Enden ungleichzeitig und daher falsch gemessen. Während des Zeitintervalls zwischen den beiden Messungen habe sich der Stab ja fortbewegt und es sei daher ein falscher Meßpunkt getroffen worden.

Der entscheidende Punkt bei der Längenkontraktion ist die postulierte Nichtgleichzeitigkeit der Ablesungen bzw. Signale. Nach Einstein tritt die Zeit als eine Art vierte Dimension in die Messung ein. Das gilt allerdings nur für entfernte Objekte, von denen wir Kenntnis durch Lichtsignale mit der Geschwindigkeit c erhalten. Für nahe Objekte, wie es die Enden der Rakete für den darin sitzenden Beobachter sind, gilt es nicht, denn hier herrscht nach Einsteins primärer Annahme unmittelbare Anschauung und Gleichzeitigkeit. Die Lichtübertragung erfolgt hier praktisch instantan, die Lichtgeschwindigkeit ist praktisch unendlich ($c = \infty$).

Wie wäre die Lage bei der klassischen Annahme einer absoluten Zeit? Hier ließen sich, soweit man in diesem Geschwindigkeitsbereich überhaupt an Messungen denken kann, Meßvorgänge vorstellen, bei denen die Ablesungen beiderseits gleichzeitig erfolgen, oder auch Korrekturmethoden zur Berechnung der richtigen Länge selbst aus ungleichzeitigen Signalen. Solche Gedanken sind aber ebenso verboten wie die ähnlichen Umrechnungen beim Eisenbahnbeispiel. Für diejenigen, die Einsteins unbewiesene Voraussetzungen nicht teilen, ergibt sich ein anderes Bild: die beiden Beobachter messen dasselbe Objekt mit verschiedenen Maßstäben. Der Maßstab, nicht das Objekt, ist durch die Lorentz-Transformation verändert.

Was kann man «sehen»?

Noch eine Bemerkung zu der in den meisten Darstellungen der Relativitätstheorie zu lesenden Aussage, daß ein Beobachter den bewegten Stab verkürzt «sieht». Nach der Berechnung neuerer Relativitätstheoretiker ist die Sache nicht so einfach, wie Einstein sie dargestellt hat. Aus optischen Gründen würde der Stab nicht verkürzt, sondern durch einen von der

Geschwindigkeit abhängigen Winkel gedreht erscheinen. Wenn das Objekt unter einem bestimmten Winkel betrachtet würde, wären seine einzelnen Teile verschieden stark verdreht. Um die Lorentz-Kontraktion aus diesen Daten zu berechnen, müßten die verzerrten Objekte erst «raumzeitlich entzerrt» werden, was umständliche mathematische Operationen erfordert (Süßmann 1965, Rosser 1971, S. 163). Das Gedankenexperiment wird dadurch so kompliziert, daß es selbst in Gedanken nicht vollzogen werden kann. Im übrigen kann weder das Auge noch eine heute bekannte Kamera von einem so schnell bewegten Objekt überhaupt ein Bild formen.

Die «Zeitdehnung»

Die Veränderung des Zeitmaßes bei Einstein gründet sich auf ein weiteres, in verschiedenen Formen beschriebenes Gedankenexperiment, dessen Darstellung hier an die Version von Rosser (1971, S. 100) anschließt. (Das gilt nicht für den Kommentar.) Eine Signaluhr ruht an einem Punkt x im System S und sendet zwei Lichtsignale zu den Zeitpunkten t_1 und t_2 aus. Der in S gemessene Intervall zwischen den beiden Ereignissen wird als «Eigenzeit» von S bezeichnet und beträgt

$$\Delta t = t_2 - t_1 \qquad (12)$$

Die Signale erreichen ein bewegtes System S', z. B. eine weit entfernt mit großer Geschwindigkeit fliegende Rakete. Ein mitfliegender Beobachter hat neben sich eine mit der Uhr in S nach Einsteins Methode vor dem Abflug synchronisierte Uhr stehen. Der Beobachter in S' sieht die Signale von zwei verschiedenen Punkten in S ausgehen, denn während der Zeit Δt hat sich S' weiterbewegt und die relative Position der Signalquelle in S hat sich verschoben. Auch der Zeitabstand $\Delta t'$ zwischen den beiden Signalen erscheint in S' länger. Nach der Lorentz-Transformation ist

$$\Delta t' = \frac{\Delta t}{\sqrt{1 - v^2/c^2}} \qquad (13)$$

Was in S also 1 Sekunde *ist,* erscheint in S' länger als 1 Sekunde, wenn in S' die dortige «Eigenzeit» an der synchronisierten Uhr abgelesen wird. Die Eigenzeiten beider Systeme stimmen ja überein. Was S' in S mißt, ist für ihn «Fremdzeit».

Wenn umgekehrt die Signaluhr in S' ruht und während des Fluges am gleichen Punkt x' zu den Zeiten t'_1 und t'_2 (nach der Eigenzeit in S') zwei Signale aussendet, so werden diese von dem Beobachter in S als an zwei verschiedenen Punkten ausgesandt und mit einem vergrößerten Zeitabstand wahrgenommen:

$$\Delta t = \frac{\Delta t'}{\sqrt{1 - v^2/c^2}} \tag{14}$$

Der Effekt ist wieder gegenseitig und symmetrisch. Die Zeit des einen wie des anderen Systems wird, vom anderen System her betrachtet, um denselben Faktor verlängert gemessen.

Was in S' 1 Sekunde ist, erscheint nun in S länger als 1 Sekunde, wenn diese nach der «Eigenzeit» von S definiert wird, und umgekehrt. Der Vorgang der Signalaussendung erscheint daher verlangsamt, wohlgemerkt nur beim «Hinübermessen» vom anderen System her. Im eigenen System ändert sich nichts.

Dieser im Gedankenexperiment erzielte Meßeffekt wird in der Relativitätstheorie die Zeitdehnung oder Zeitdilatation genannt. Der Effekt wird wieder nur merklich, wenn v im Verhältnis zu c groß ist, d. h. wenn die Bewegung im Bereich der Lichtgeschwindigkeit liegt. Liegt sie nahe an c, so erscheint die Dauer des Vorgangs dem Beobachter im anderen System auf ein Vielfaches verlängert. Der Vorgang sieht dann aus wie ein Zeitlupenfilm. Hinsichtlich des «Sehens» müssen allerdings wieder Vorbehalte wegen Geschwindigkeit und Entfernung gemacht werden.

Das Phänomen ist wieder metrischer Natur. Nur die *gemessene Zeit* ändert sich; eine andere gibt es aber nach Einstein nicht. Die Umrechnung auf eine gemeinsame, absolute Zeit ist wieder a priori verboten. Wie die gemessene Länge die reale Länge ist, so ist auch die gemessene Zeit die reale Zeit. Einsteins Postulat führt wieder zum Wirklichkeitsproblem; ist die Messung die wirkliche Zeit und gibt es mehrere Wirklichkeiten nebeneinander? Dazu kommt noch die schon erwähnte Schwierigkeit, wie man sich ein verschiedenes Tempo des Zeitablaufs in den beiden Systemen real vorstellen soll.

Das «Uhrenparadoxon»
Nach Einstein scheinen die Uhren dem Beobachter im jeweils anderen System nachzugehen, obwohl sie synchronisiert sind und in beiden Systemen gleiche Eigenzeiten haben. Die Uhr in S' geht, von S her nach dem Abstand ihrer Lichtsignale beurteilt, langsamer als die Uhr in S, und umgekehrt geht die Uhr in S, von S' her betrachtet, langsamer als in S'. Das ist das vielzitierte Einsteinsche «Uhrenparadoxon». Die Zeitdehnung ist der Längenkontraktion reziprok. Dem fernen Beobachter erscheinen in einem

relativ zu ihm bewegten System alle Zeiten länger, alle Längen verkürzt.

Das Gedankenexperiment ist wieder völlig phantastisch. Auch könnte man bei der hohen Geschwindigkeit, die zur Erzielung des relativistischen Effekts notwendig wäre, nichts beobachten. Wir wollen dennoch darauf eingehen. Wer Einsteins Voraussetzungen nicht teilt, wird wieder feststellen, daß die beiden Beobachter den Nah- und den Fernvorgang mit verschiedenen Maßstäben messen.

Im Rahmen einer absoluten Zeit würde man sagen: Das Signal t_2 aus S hat einen längeren Weg zurückzulegen als das Signal t_1 weil S' während des Intervalls Δt von S fortgelaufen ist. Deshalb ist der in S' beurteilte Zeitabstand zwischen den beiden Ereignissen in S gegenüber dem in S gemessenen, der ja auf instantaner Lichtübertragung beruht, vergrößert. Die beiden Messungen betreffen nicht dasselbe (Dessauer 1958, S. 364). Die Nahmessung betrifft nur den Gang der Signaluhr, die Fernmessung enthält die *Meldung* des Gangs der anderen Uhr durch ein Lichtsignal. Die Information besteht aus Uhrengang + Signalgang; es wird also mehr gemessen als bei der Nahmessung.

Man erkennt, daß die scheinbare Verlangsamung der Signale auf Rechnung des verlängerten Signalwegs geht. Wird die Reisezeit des Signals vom Vorgang der Signalaussendung getrennt, so ergibt sich, daß die beiderseitigen Uhren gleich gehen, t' hat keinen physikalischen Sinn, sondern ist nur ein Ausdruck für t + Signalzeit. Diese Trennung dürfen aber Einsteins Figuren nicht vornehmen. Der Beobachter in S' hat vielmehr den naiven Schluß zu ziehen, daß die Uhr in S langsamer geht als seine Borduhr. Das ist ihm auferlegt, denn sonst würde klar, daß beide Beobachter die absolute Zeit messen.

Rückfahrt rafft die Zeit
Die Berechnung der Zeitdehnung fußt auf der Annahme, daß sich S' von S fortbewegt. Wie ist es nun, wenn S' sich in umgekehrter Richtung auf S zubewegt? Die Relativitätsliteratur sagt dazu merkwürdig wenig. Es liegt aber auf der Hand, daß der Signalweg sich bei der Annäherung ebenso verkürzen muß, wie er sich vorher bei der Fluchtbewegung verlängert hat. In den relativistischen Gleichungen sind die Vorzeichen zu vertauschen. Das sich nähernde Ereignis wird vordatiert, das sich entfernende wird später datiert (Süssmann 1965, Prokhovnik 1967). Nach dem Wenden der Rakete wird die in S' registrierte S-Sekunde wieder kürzer. Nach der Landung ist sie der Eigensekunde von S wieder gleich. Dasselbe gilt für die Betrachtung

einer Signaluhr in S' vom System S aus. Die Rückfahrt macht den Verlängerungseffekt rückgängig, eine Zeitraffung tritt an die Stelle der Zeitdehnung. Die Vorgänge im sich nähernden System scheinen schneller abzulaufen, wie sie während der Fluchtbewegung langsamer abzulaufen schienen. Analog wird der verkürzte Stab auf der Rückreise wieder länger und hat nach der Landung die «Ruhelänge». Das letztere betont Einstein, aber von derselben Folgerung für die Uhr sagt er kein Wort. Darauf wird noch zurückzukommen sein.

Das «Uhrenparadoxon», wieder ein praktisch nicht durchführbares Gedankenexperiment, beruht auch in seiner theoretischen Form auf einer apriorischen Vorschrift zur Deutung der Befunde im Sinne der Relativitätstheorie. Bei dieser Deutung widersprechen einander die Eindrücke beider Beobachter; jeder sagt dem anderen, seine Uhr gehe nach. Solange nicht mehr behauptet wird, als daß beide Uhren gleichzeitig nachzugehen *scheinen,* brauchen wir uns bei diesem Kuriosum nicht lange aufzuhalten. Anders wird es bei dem Versuch, das metrische Gedankenspiel in die Wirklichkeit zu übertragen (Kap. 9).

8. Zum Hintergrund der Relativitätstheorie

Bei der Relativitätstheorie geht es im Grunde nicht um eine neue physikalische Theorie, sondern um ein System gleitender Maßeinheiten (Essen 1971). Länge und Zeit werden in Einheiten gemessen, die sich mit v^2/c^2 ändern. Einstein hat die Längenkontraktion und die Zeitdehnung nicht in der Natur entdeckt. Er hat sie postuliert, weil sonst das Prinzip $c = const$ nicht für die physikalischen Vorgänge durchführbar ist und er sich das Ziel gesetzt hat, diesem Prinzip, das er durch das Michelson-Morley-Experiment bewiesen glaubt, um jeden Preis zum Durchbruch zu verhelfen. Die aus $c = const$ entstehenden Probleme werden, wie es schon Lorentz vorschlug, von der Metrik aus gelöst; die ontologischen Bedenken, die Lorentz noch hatte, fegt Einstein vom Tisch. Ob das eine wirkliche Lösung ist, ist eine andere Frage[10].

---

[10] Dazu Hochgesang (1965): «Liefern Einsteins Theorien aber wirklich Maßsysteme für Raum und Zeit oder werden nicht vielmehr Raum und Zeit den physikalischen Meßmöglichkeiten angepaßt, um bestimmte Meßschwierigkeiten zu beseitigen? Ein Prozeß zur Raum- und Zeitmessung ist in der Relativitätstheorie zu einem Prozeß *mit* Raum und Zeit geworden.»

Der Ursprung der Paradoxien
Die als Paradoxien bezeichneten Eigentümlichkeiten der Relativitätstheorie folgen aus der Konstanz und Endlichkeit der Lichtgeschwindigkeit, nicht aus physikalischen Eigenschaften der Objekte. Die Paradoxie haftet am Signal, nicht am Gegenstand (Dessauer 1958, S. 360). Bei c= ∞ geht die Lorentz-Transformation in die Galilei-Transformation über, ohne daß sich an den Objekten das geringste ändert. Die Signalübermittlung erfolgt dann instantan, wie es noch Galilei auch für größere Entfernungen annahm, und es braucht keine Signalübermittlungszeit berücksichtigt zu werden. Die Paradoxien verschwinden. Der Beobachter sieht bei instantaner Nahbeobachtung auch laut Einstein nur seine «Eigenzeit», die mit der absoluten Zeit identisch ist. Wäre die Lichtgeschwindigkeit kleiner als 300 000 km/sek, so würde die Übermittlungszeit länger und die Paradoxien würden größer. Man sieht, daß erst das Dazwischentreten des Signals die «relativistischen» Veränderungen bedingt.

Unentrinnbare absolute Zeit
Die Überlegungen über den Signalweg zeigen, daß auch hier die von Einstein verworfene absolute Zeit im Hintergrund steht. Das ist der «Erbfehler», der sich schon von der Vorschrift über Uhrenregulierung durch Lichtsignale herleitet. Die absolute Zeit umrahmt, indes sie bestritten wird, die ganze Relativitätstheorie. Schon die Geschwindigkeit v zweier relativ zueinander bewegter Systeme, eine Fundamentalgröße der Relativitätstheorie, ohne die ja die Bewegung der Systeme gar nicht definiert werden kann, beruht auf der stillschweigenden Voraussetzung einer allgemeinen, absoluten Zeit und auch einer absoluten Länge, denn v=dx/dt, und x wie t werden hier für beide Beobachter gleich angenommen. Auch die relativen Raum- und Zeitmaße, die an die Stelle der absoluten treten sollen, leiten sich daher letztlich von den absoluten Maßen her; sonst hätten sie keinen relativistisch ausdrückbaren Zusammenhang.

Der in der Relativitätstheorie grundlegende Begriff des Inertialsystems enthält das Newtonsche Trägheitsgesetz, das auf dem absoluten Raum fußt. Das Inertialsystem wird wie seine Geschwindigkeit v im absoluten Raum gedacht. Der absolute Raum kommt auch über die Lorentz-Transformation herein. Lorentz ging bei seinen Berechnungen von einem ruhenden Weltäther, also einem absoluten Raum aus, ebenso Maxwell, auf dem wieder Lorentz fußt.

Die Relativität selbst und damit ihre Theorie wurzelt also letztlich in den «klassischen» Gedanken der absoluten Zeit und des absoluten Raums, gerade den zwei Begriffen, die Einstein austilgen wollte. Alle Messungen, auf die sich Einstein beruft, sind mit Instrumenten gewonnen worden, die auf Grund der «klassischen» Vorstellungen konstruiert sind. Damit gehen diese Vorstellungen in jede Messung und Berechnung ein. Der logische Widerspruch der Ausgangsposition wirkt bei der weiteren Entwicklung der Theorie fort. Es gelingt Einstein nicht, den Kantschen Kategorien, mag man sie als Realitäten oder nur als notwendige Fiktionen auffassen (Kant 1787, Vaihinger 1922), zu entrinnen.

Uhren-Synchronisierung heute
Die Synchronisierung von Uhren wird in der Praxis nur unter der Annahme einer allgemeinen, absoluten Zeit durchgeführt. Selbst in kosmischen Dimensionen bestehen keine Gleichzeitigkeitsprobleme. Einsteins Synchronisationsmethode ist veraltet; praktisch ist sie, wie schon erwähnt, nie versucht worden. Man synchronisiert heute ständig die Uhren der ganzen Welt mit Radiosignalen (Essen 1971). Die Radiowellen haben wie das Licht, das ja ebenfalls eine elektromagnetische Welle ist, eine Geschwindigkeit von 300 000 km/sek. Das ist aber das einzige, das diese Methode mit Einsteins Gedanken verbindet. Es wird nicht mit optischem Empfang gearbeitet, nichts an Spiegeln reflektiert, keine optische Echolotung vorgenommen wie bei Einstein im Jahre 1905. Die Wellen erzeugen ein Kontrollbild auf dem Schirm eines Oszillographen. Die Genauigkeit der Methode ist enorm; schon Abweichungen im Uhrengang von der Größe eines Billionstels (10^{-12}) können erfaßt und korrigiert werden. Die Radiowellen (Einstein erwähnt sie nie, obwohl sie 1905 schon bekannt waren und es einen Schiffsfunk gab) ermöglichen eine Synchronisation über beliebige Entfernungen, nicht nur wie bei Einstein über die kleinen Distanzen, auf die man noch ein Lichtsignal sehen kann. Auch die Uhren von Astronauten im Weltraum werden mehrmals täglich durch Funkspruch synchronisiert.

9. «Uhrenparadoxon»: Ontologisierung der Metrik

Bisher handelt die Relativitätstheorie nur von metrischen, vorgestellten Vorgängen, obwohl manchmal schon die Grenze zwischen Gedanke und Wirklichkeit verfließt. Zunächst besteht aber eine Schranke für die Ontologisierung der geschilderten Metrik. Die Gleichberechtigung und Gegenseitigkeit der Systeme, die Grundidee der Relativitätstheorie, kann zwar für Messungen auf dem Papier postuliert werden, aber sie schließt reale physikalische Effekte aus, wenn man nicht zwei oder mehr Wirklichkeiten annehmen will. Die Folge einer solchen Annahme wäre, daß im Uhrenbeispiel jede Uhr gleichzeitig schneller und langsamer gehen würde. Die Beurteilung von Längen und Zeiten bedeutet an sich noch nichts; es kommt auf das physikalische und erkenntnistheoretische System an, in das sie hineingestellt wird.

Eine Zwei-Wirklichkeiten-Theorie ist indiskutabel. Im Anschluß an die Relativitätstheorie ist eine mystische Literatur entstanden, die auf diese Annahme eingeht. In einer wissenschaftlichen Diskussion ist dafür kein Platz. Auch Einstein scheint das, zumindest in diesem Stadium, anerkannt zu haben.

Die eine Uhr geht «wirklich» nach
Wenn Einsteins Prämissen, was immer man von ihnen halten mag, akzeptiert werden, so ist das entworfene metrische Bild auf dem Papier in sich geschlossen. Man fragt sich freilich, welchen Zweck dieser mathematische Zeitvertreib haben soll. Plötzlich tut Einstein, was das scheinbare Nachgehen der Uhren betrifft, einen folgenschweren Schritt. Er erklärt es für real - und zwar geht nur *die eine Uhr* tatsächlich nach, nicht die andere. Die Änderung des Zeitablaufs wird in dem einen System ontologisch und äußert sich in dem effektiven Nachgehen der Uhr.

Einstein schlägt zwei Fliegen mit einer Klappe: einmal weicht er dem Zwei-Wirklichkeiten-Problem aus, das ihm anscheinend doch unbehaglich vorkommt, zum zweiten aber verschiebt er das ebenfalls schwierige Problem der Veränderung des Zeitablaufs auf die leichter vorstellbare Veränderung des Uhrengangs. Die dritte Fliege, die er erschlägt, ist die Relativitätstheorie selbst, wie wir gleich sehen werden.

Die Umschaltung erfolgt schon in Einsteins erster Abhandlung von 1905. Nachdem er anfangs gesagt hat, die Uhr in S' gehe «von S aus betrachtet» nach, läßt er diese Einschränkung plötzlich weg und spricht ohne ein Wort der Erklärung fortan von einer *wirklich* um den Faktor $\sqrt{1-v^2/c^2}$ langsamer gehenden Uhr indem bewegten System S'. Wir fragen sofort, in *welcher* Wirklichkeit die Uhr nachgeht. Da der ontologisierte Eindruck der von S aus gewonnene ist, wird die «Eigenzeit» von S offenbar zur maßgebenden Wirklichkeit erhoben. Die Eigenzeit von S ist aber nichts anderes als die traditionelle absolute Zeit, die somit durch die Hintertür wieder hereinkommt. Wir sind wieder bei Poincarés Unterscheidung zwischen wirklicher und fiktiver Zeit angelangt.

Neue Voraussetzungen
Während vorher nur von Meßeffekten gesprochen wurde, macht Einstein jetzt eine zusätzliche Annahme ontologischer Art. Er führt bei der Weiterentwicklung seiner Hypothese eine Behauptung ein, die in der ursprünglichen Hypothese nicht enthalten war: nämlich daß sich in der Uhr etwas physisch ändert. Das ist ein in der wissenschaftlichen Argumentation unzulässiges Vorgehen (Wiegand 1964). Bei den theoretischen Messungen kam alles von der Konstanz der Lichtgeschwindigkeit und der Nichtgleichzeitigkeit der Ereignisse. Es ist aber nicht zu sehen, wie diese Faktoren den technischen Gang einer Uhr verändern können. Nun wird ein dunkler Grund eingeführt, aus dem die Uhr physisch langsamer geht. Nach der Rückkehr auf die Erde läßt sich das beim Raketenversuch laut Einstein am zurückgebliebenen Zeigerstand ablesen, obwohl die Uhr mit dem Aufhören der Bewegung wieder normal geht wie die synchrone Uhr in S.

Einstein fügt eine weitere zusätzliche Annahme hinzu. Er sagt, daß der Verlangsamungseffekt sich auch einstellt, wenn die Uhr eine Kreisbahn beschreibt und so an ihren Ausgangspunkt zurückkehrt. Damit widerspricht er seinem Prinzip, daß sich die relativistischen Effekte auf gleichförmig und geradlinig bewegte Systeme, also Inertialsysteme, beschränken. Eine rotierende Bewegung ist kein Inertialsystem, sondern nach allen Grundsätzen der Physik ein beschleunigtes System; unablässig ändert das kreisende Objekt seine Richtung, wozu nach dem Trägheitsgesetz eine Beschleunigung erforderlich ist, die von irgendeiner Kraft bewirkt wird. Wir haben darauf schon hingewiesen.

Einstein gibt später (1911) den Fehler zu. In der Tat, sagt er, sei eine rotierende Bewegung keine geradlinige und gleichförmige, aber er macht aus der Not eine Tugend: der wirkliche Grund der Uhrenverlangsamung sei eben die Rotation, das Ergebnis sei richtig, nur die Begründung mit dem Inertialsystem sei ein Irrtum gewesen. Bald darauf kehrt er aber zur Begründung mit der gleichförmigen, geradlinigen Bewegung zurück und beginnt schließlich beide Ursachen gleichzeitig wirken zu lassen. Ehe wir uns dieser weiteren Begriffsverwirrung zuwenden, müssen wir uns an Einsteins erste Angabe von 1905 halten, wonach es die geradlinige und gleichförmige Bewegung ist, die den Gang der Uhr verlangsamt.

Kann der Zeigerstand zurückbleiben ?
Hier vergißt Einstein, daß nach seiner eigenen Theorie die Uhr in S' während der Rückkehr für den Beobachter in S schneller zu gehen scheint als während der Zeit, in der sie sich entfernt[11]. Die Verlangsamung wird nicht mit einem Sprung nach der Landung rückgängig gemacht; die Rückgängigmachung setzt vielmehr im Augenblick der Wende im Raum ein. Das bedeutet aber nicht Übergang zum gleichen Gang wie in S, sodaß der Rückstand, der bis zur Wende erreicht wurde, erhalten bleibt. Wie die Uhr gegen den Normalgang von S während der Wegfahrt verlangsamt war, ist sie nun gegen diesen Normalgang, und nicht nur gegen den verlangsamten Gang, kompensierend beschleunigt.

Hat die Erduhr beim Start 10 Uhr, bei der Wende der Rakete 12 Uhr gezeigt, so mag die Raketenuhr am Wendepunkt 11 Uhr gezeigt haben, also um 1 Stunde zurückgeblieben sein. Sie muß das auf dem Rückweg wieder wettmachen, wenn die gleichen Bedingungen, nur mit umgekehrtem Vorzeichen, für Hin- und Rückflug gelten sollen. Sie muß also um soviel schneller gehen, daß auf ihr 3 Stunden vergangen sind, während die Erduhr wieder nur 2 Stunden für den Rückflug anzeigt. Somit zeigt sie nach der Landung den Zeigerstand 14 Uhr, genau wie die Erduhr in S.

Würde sie, wie die Relativitätstheoretiker behaupten, nur 13 Uhr zeigen, so hätte sie auf der Rückreise den gleichen Gang gehabt wie die Uhr in S, die inzwischen um 2 Stunden vorgerückt ist; ein Einfluß der Bewegung wäre nicht wahrnehmbar, die Relativitätstheorie würde nicht gelten. Dieselben Erwägungen wie für den metrischen Prozeß müssen auf den behaupteten realen Uhrengang angewendet werden, der sein ontologisches Abbild ist. Nach Einsteins eigenen Prinzipien kann die Uhr nicht den zurückgebliebenen Zeigerstand zeigen, in dem der Beweis für ihr tatsächliches Nachgehen während der Reise liegen soll.

Eigentlich sollte das berühmte Gedankenexperiment mit den Uhren durch diesen logischen Fehler erledigt sein. Wir wollen aber Einstein, um seinem Gedankengang weiter folgen zu können, zwei Konzessionen machen. Wir wollen mit ihm gegen alle Logik annehmen, daß die Bewegung doch eine bis zur Landung währende Verlangsamung der Uhr hervorruft und daß der Rückstand der Zeigerstellung erhalten bleibt. Das ist die offizielle Aussage der Relativitätstheorie, die weiter zu untersuchen ist.

---

[11] Das gilt auch für eine Kreisbahn, denn die zweite Hälfte eines Kreisflugs ist auf den Ausgangspunkt zurückgerichtet.

Die Lorentz-Transformation als Naturgesetz
Aus dem metrischen Prozeß ist ein realer, technischer geworden. Weder Einstein noch seine Anhänger haben jemals irgendeine Angabe darüber gemacht, auf welche Weise dieser Prozeß zustandekommen soll. Dabei gilt doch die Behauptung von der verlangsamten Uhr als das Kernstück der Relativitätstheorie. Erst 1916 sagte Einstein in etwas summarischer Weise: «Daß wir bei den Lorentz-Transformationsgleichungen etwas über das physikalische Verhalten von Maßstäben und Uhren erfahren müssen, liegt a priori auf der Hand.»

Das könnte allenfalls für Maßstäbe zutreffen, die sich nach Lorentz physisch kontrahieren. Aber gerade diese Hypothese hatte Einstein ausdrücklich abgelehnt. Seine Logik ist wieder merkwürdig. Von physischen Effekten auf Uhren hatte Lorentz nie gesprochen und immer betont, seine Transformation der Zeit sei nur ein rechnerischer Kunstgriff. Es liegt keineswegs a priori auf der Hand, daß die Lorentz-Transformationen etwas über das physikalische Verhalten von Maßstäben und Uhren aussagen; sie sagen höchstens über gedachte Längen- und Zeitmaße unter bestimmten Umständen etwas aus. Der summarische Satz Einsteins enthält keine physikalische, sondern eine philosophische Behauptung: daß die Theorie der Messungen eine Theorie des Seins ist. Aus der Metrik wird eine Ontologie. Der Gedanke hatte schon früher durchgeschimmert. Im Grunde liegt hier der wesentliche Punkt der Relativitätstheorie.

Im ontologischen Stadium, in das die Relativitätstheorie nun tritt, werden die Längen- und Zeitverschiebungen, die in den Gedankenexperimenten auftreten, ohne weiteres zu realen Naturvorgängen erklärt. Das Gedankenexperiment wird einem wirklichen Experiment gleichgestellt. Dieser Frevel an der naturwissenschaftlichen Methode sollte eigentlich ein weiteres Eingehen auf Einsteins Behauptungen verbieten. Mit Gedankenexperimenten kann man, wenn man sie entsprechend einrichtet und ihre inneren Widersprüche geschickt verbirgt, schließlich alles beweisen. Eben um solches Phantasieren auszuschließen, beharrt die Naturwissenschaft so streng auf dem wirklichen Experiment als Grundlage aller Erkenntnis.

Die Regel wurde merkwürdigerweise plötzlich vergessen. Führende Physiker sagten kein Wort über Einsteins Methode und seine logischen Bocksprünge, sondern lauschten seinen Darlegungen verzückt wie einer Offenbarung. Noch heute gibt es Einstein-Jünger (Prokhovnik 1967, Rosser 1971), die die Zulassung des Gedankenexperiments ungescheut für eine Bereicherung der Naturwissenschaft erklären und immer neue

Gedankenexperimente ersinnen, um die aus den früheren Gedankenexperimenten der Relativitätstheorie entstandenen Probleme zu lösen[12]. Zwar meldeten sich sofort Kritiker, die dieser Verderbnis der Wissenschaft entgegentraten, aber ihre Stimmen gingen in der allgemeinen Einstein-Begeisterung unter. Die Kritik hat seither nie geschwiegen, aber viel weniger Publizität gefunden als die Relativitätstheorie.

Einstein führt stillschweigend seine Hypostasierung durch: die Lorentz-Transformation wird für ihn zum Naturgesetz wie für andere Leute das Fallgesetz. Die Lorentz-Transformation und ihre Auslegung durch Einstein sind nicht dasselbe. Einstein hat die Behauptung hinzugefügt, daß alle bewegte Materie der Lorentz-Transformation gehorche; davon hatte Lorentz, der sich nur mit dem Elektromagnetismus beschäftigte, nichts gesagt.

Widersprüche der Ontologisierung

Nehmen wir einen Augenblick an, daß die Uhr in S' tatsächlich nachgeht. Damit wird ihre Zeit in S' zur Eigenzeit. Entgegen dem Ansatz der Relativitätstheorie sind die Eigenzeiten in S und S' nicht mehr gleich; das Nachgehen in S' entsteht nicht mehr durch das «Hinübermessen» von S aus, sondern ist autonom und faktisch. Den Überlegungen der Relativitätstheorie ist der Boden entzogen. Die Situation ist nicht mehr relativistisch und kann nicht aus der Relativitätstheorie abgeleitet werden.

Gegenseitigkeit und Symmetrie, bisher die betonten und wesensnotwendigen Kennzeichen der relativistischen Messungen, sind gestrichen. Die beiden Systeme sind nicht mehr gleichberechtigt. Es gibt nun ein bevorzugtes System S', in dem die Uhr tatsächlich nachgeht, und ein zurückgesetztes System S, in dem das von S' aus beobachtete Nachgehen der Uhr ein metrischer Trug ist. Nach der Rückkehr zeigt der Zeigerstand der Uhr in S' ein wirkliches Nachgehen an, nicht jedoch der Zeigerstand der Uhr in S. Der aus S' ausgestiegene Beobachter stellt fest, daß die Uhr in S gegenüber seiner Borduhr vorgeht und nicht nachgeht.

Während der Fahrt sieht der Beobachter in S' die Uhr in S, die noch die alte Eigenzeit hat, langsamer gehen; sie geht nach seinen Messungen gleich mit seiner verlangsamten Borduhr. Somit gilt $t = t'$. Die Relativi-

---

[12] Das «Gedankenexperiment» ist eine *contradictio in adiecto*. Ein Experiment muß real sein, sonst ist es eben kein Experiment, sondern nur ein Gedanke. Ein «Gedankenexperiment» ist ein fingiertes Experiment. Einstein hielt sich nicht an das Prinzip Newtons: *Hypotheses non fingo*.

tätsbedingung, wonach t nicht gleich t' ist, ist verschwunden. Infolgedessen stehen die beiden Systeme nicht mehr miteinander über die Lorentz-Transformation in Beziehung. Die Situation entspricht nicht mehr der Relativitätstheorie, die eine solche Beziehung zwischen bewegten Systemen voraussetzt. Wenn t = t', so gilt die Lorentz-Transformation nur bei v = o (Wiegand 1964, Nordenson 1969, Essen 1971).

Einstein stößt mit der einseitigen Ontologisierung sein eigenes System um. Er scheint es nicht zu bemerken. Er bemerkte auch nicht, daß mit der neuen Annahme das «Uhrenparadoxon» der ursprünglichen Theorie verschwunden war. Denn das Paradoxon bestand ja nicht darin, daß die eine Uhr nachging, sondern daß *beide* Uhren gleichzeitig nachzugehen schienen. Unbemerkt blieb auch, daß mit der Ontologisierung die Messung und die Wirklichkeit wieder zweierlei wurden, womit ein weiterer Grundpfeiler der Relativitätstheorie fiel: in S wird von S' aus ein Nachgehen gemessen, aber es ist nicht real.

Das sind aber noch nicht alle Widersprüche. Der Beobachter in S scheint vergessen. Untersucht man seine Eindrücke (was Einstein unterläßt), so zeigt sich, daß die Welt nicht mehr für alle Beobachter gleich aussieht, wie es die Relativitätstheorie fordert. Die Uhr in S geht laut Definition nicht nach. Sie kann es auch nicht, denn erstens würde das die Zwei-Wirklichkeiten-Theorie bedeuten, zweitens aber ist kein Grund zu sehen, warum sie nachgehen sollte. Das Nachgehen der Borduhr in S' ist eine (wenn auch mystische) Ontologisierung des von S aus gewonnenen metrischen Eindrucks. In S gibt es aber nichts zu ontologisieren, denn von S' aus beurteilt geht die Uhr in S gar nicht gegen die Uhr in S' nach, wenn die letztere wirklich langsamer geht. Außerdem ruht die Uhr real in S.

Der Beobachter S hat also unverändert seine alte Eigenzeit und beobachtet in S' eine Uhr, die um einen von der Lorentz-Transformation gegebenen Wert effektiv nachgeht. Sie muß ihm nochmals um die Lorentz-Differenz verlangsamt erscheinen. War bei beiderseits gleicher Eigenzeit 1 Sekunde in S' gleich 2 Sekunden in S, so ergibt sich nunmehr ein Verhältnis 1:4. Das entspricht nicht der Relativitätstheorie.

Ein weiterer Widerspruch ergibt sich daraus, daß nach der ursprünglichen Relativitätstheorie die Beobachter in beiden Systemen ihre Messungen mit gleichgehenden, synchronisierten Uhren vorzunehmen haben. Wenn die Uhr in dem einen System automatisch effektiv nachgeht, ist dies nicht möglich. Später erklärte Einstein (1918), die Uhr in S brauche gar nicht nachzugehen, denn sie sei nicht gleichberechtigt (S. 147). Damit besiegelte er den Widerspruch zu seiner eigenen Theorie.

Der Ontologisierungsfehler
Eine logische Analyse des ontologisierten «Uhrenparadoxons» führt also zu anderen Paradoxien als den von Einstein postulierten. Sie führt nach allen Richtungen entweder zu unmöglichen Annahmen oder zu Folgerungen, die der Relativitätstheorie widersprechen. Der Ontologisierung haftet ein grundsätzlicher Fehler an, den wir in Hinkunft den «Ontologisierungsfehler» nennen wollen. Die Ontologisierung vernichtet die Relativitätstheorie. Der Ontologisierungsfehler macht jede Ableitung realer Erscheinungen aus dieser Theorie unmöglich. Die so oft zu lesende Aussage «Die bewegte Uhr geht auf Grund der Relativitätstheorie nach» enthält einen Widerspruch. Die Uhr *kann* gar nicht auf Grund der Relativitätstheorie nachgehen, denn bei einem tatsächlichen Nachgehen sind die Bedingungen der Relativitätstheorie nicht mehr gegeben. Die Uhr kann höchstens nachzugehen *scheinen*.

Spezielle Relativitätstheorie Nr. 2
Die Ontologisierung verändert die Relativitätstheorie grundlegend. Es handelt sich jetzt um eine neue Theorie, die keine Anwendung der ursprünglichen Relativitätstheorie ist, obwohl die Sache allgemein so dargestellt wird, als wäre dies der Fall. Die neue Theorie ist vielmehr mit der Theorie Nr. 1 unvereinbar. Sofern man ihr überhaupt den Namen einer Theorie beilegen kann - ohne ihre Basis in der ursprünglichen Theorie ist sie nur eine Behauptung -, muß man sie als spezielle Relativitätstheorie Nr. 2 bezeichnen.

Die Umdeutung der imaginären Meßeffekte in reale physikalische Prozesse ist von Haus aus antirelativistisch, denn sie erfordert ein ausgezeichnetes System, also gerade das, was die Relativitätstheorie Nr. 1 verbietet. Einstein gibt in Theorie Nr. 2 faktisch das Relativitätsprinzip auf. Er kehrt in Bezug auf die Uhr zu dem von ihm abgelehnten vorrelativistischen Lorentz zurück, der behauptet hatte, daß der bewegte Stab eine tatsächliche physische Kontraktion erfährt.

Das vieldiskutierte «Uhrenparadoxon» beruht in seiner ontologisierten Form, die allein ihm den sensationellen Charakter verliehen hat, auf flagranten logischen Fehlern. Es ist nicht aus der ursprünglichen Relativitätstheorie abzuleiten, was immer man von ihr halten mag, sondern widerspricht ihr.

Noch ein Widerspruch: Die Theorie Nr. 1 beruht auf Überlegungen über den Gang und Empfang von Lichtsignalen. Sie kann also nur auf Vorgänge angewendet werden, von denen man Kenntnis durch Lichtsignale erhält. Die

Theorie Nr. 2 behauptet aber, daß die Verlangsamung auch ohne Lichtsignale stattfindet; auch wenn während der Bewegung keine Signale ausgesandt werden, geht die Uhr nach. Der Vorgang wird also aus dem Zusammenhang mit der Lichtgeschwindigkeit und aus dem metrischen Verband der Theorie Nr. 1 herausgelöst, die ohne die entscheidende Rolle des Lichts keinen Augenblick existieren kann. Die Theorie Nr. 2 ontologisiert bei näherer Betrachtung nicht den in Theorie Nr. 1 postulierten, an Lichtsignale geknüpften Vorgang, sondern postuliert einen völlig neuen Vorgang, der mit dem ersten nur die Lorentz-Formel gemein hat.

Wenn die Uhr wirklich langsamer geht, wird in der Tat die Relativitätstheorie Nr. 1, die eigentliche Relativitätstheorie, mit all ihren Gedankenexperimenten, Begriffsumwälzungen und Paradoxien überflüssig. Es liegt dann einfach eine (aus der Luft gegriffene) Behauptung über den Gang bewegter Uhren vor, die nur eines experimentellen Beweises und einer Begründung mit einem verständlichen physikalisch-technischen Prozeß bedarf. Bisher gibt es weder das eine noch das andere. (Über die bisher vorliegenden Versuche vgl. S. 151[13].)

Uhr und Zeit

Eine Frage für sich bleibt es, wie der Gang einer Uhr - schließlich gehen Uhren oft vor oder nach - den tatsächlichen Ablauf der Zeit verändern soll. Diese Frage ist fast noch schwieriger zu beantworten als die umgekehrte Frage, wie ein verlangsamter Zeitablauf, was immer man sich darunter vorstellen soll, den Gang einer Uhr verändern soll. Einstein bleibt darüber unklar, welche dieser beiden Möglichkeiten er eigentlich meint. Seine These scheint eher die zweite zu sein. Er arbeitet sie nicht heraus, obwohl sie doch fundamental für seine Argumentation wäre. Das Halbgedachte und Impressionistische, das diese angeblich die ganze Welt bis in ihre letzten Tiefen erklärende Theorie kennzeichnet, bleibt auch hier vorherrschend.

Einstein macht bestimmte Voraussetzungen über den Zusammenhang des Zeitablaufs mit dem Ablauf von Vorgängen. Er knüpft an das gängige Bild von der Zeit als einem dahinströmenden Fluß an. Aber dieser Fluß

---

[13] In jedem Fall sind Annahmen über eine vierte Dimension und über multiple Zeiten unnötig; der Vorgang könnte sich, wenn es ihn gäbe, ohne weiteres im Rahmen der traditionellen dreidimensionalen Welt und in der absoluten Zeit abspielen.

kann bei ihm, anders als bei Kant und Newton, seine Strömungsgeschwindigkeit ändern. Der Fluß trägt, wieder anders als bei Kant und Newton, die Ereignisse wie treibende Nachen: fließt er schneller, bewegen sie sich ebenfalls schneller, und bei Verlangsamung der Strömung treiben sie langsamer dahin. Einstein begibt sich in eine metaphysische Nebelzone, die allerdings den Vorteil hat, daß hier die Frage nach dem physikalisch-technischen Mechanismus der Uhrenverlangsamung durch Bewegung nicht entsteht. Die Zeit verläuft langsamer, damit verlaufen auch alle mechanischen Vorgänge in der Uhr langsamer: alles scheint klar zu sein.

Es ist aber nicht klar. Über eine Frage, die der gründlichsten philosophischen Überprüfung bedarf, gleitet Einstein mit charakteristischer Leichtfertigkeit hinweg. Selbst bei der unvorstellbaren Annahme eines verschiedenen Zeitablaufs ist noch nicht gesagt, daß die Vorgänge sich im Tempo der Zeit anpassen müssen. Ein Schiff kann schneller oder langsamer fahren als die Strömung. Die Zeit fließt nach der klassischen Anschauung gleichmäßig dahin, die in ihr stattfindenden Vorgänge zeigen aber sehr verschiedene Geschwindigkeiten. Sie sind also, *sit venia verbo,* mit der Zeit nicht synchron. Einstein setzt aber eine Synchronie zwischen Zeit und Vorgängen voraus.

Doch ehe man sich den Kopf über die angebliche Veränderung des Zeitflusses und deren Effekte zerbricht, muß man wohl fragen, wie sich eine solche Veränderung denn feststellen ließe; sonst hat es kaum Sinn, darüber zu sprechen. Nun ergibt sich, da man nach Einstein nur auf dem Weg über Uhren etwas von der Zeit erfahren kann, ein Zirkelschluß: die Uhren gehen langsamer, weil die Zeit langsamer verläuft, und den langsameren Zeitverlauf ersieht man daraus, daß die Uhren langsamer gehen.

Obwohl die quasi-experimentellen Darstellungen der Relativitätstheorie einen naturwissenschaftlichen Ausgangspunkt vortäuschen, handelt es sich um reine Metaphysik, und nicht die beste. Zu dem veränderten Zeitablauf kommt Einstein durch die Ontologisierung und Generalisierung der Lorentz-Transformation, die er für seine eigentliche, epochemachende Entdeckung hält. Dazu postuliert er einen nebelhaften Zusammenhang zwischen Zeitablauf und Vorgangsgeschwindigkeit.

Mit der Veränderung des Zeitablaufs ist wieder eine unbeobachtbare Größe eingeführt worden. Einstein weicht von seinem von Mach übernommenen Prinzip ab, nur beobachtbare Größen zu verwenden. Man kann die Widersprüche in Einsteins Theorie kaum noch zählen.

Auf das sogenannte Uhrenparadoxon und die ungeheure Diskussion, die darum entstanden ist, kommen wir noch einmal zurück (vgl. 19. Kapitel). Da auch die allgemeine Relativitätstheorie hineingezogen wird, müssen wir den Leser erst mit der letzteren bekanntmachen. Auch über den Zeitbegriff wird noch einmal zu sprechen sein.

Gespenster im Einstein-Zug

Inzwischen sei noch ein für die Denkweise der Relativitätstheoretiker charakteristisches Gedankenexperiment (Süßmann 1965) zitiert, in dem die Längenkontraktion mit der ontologisierten Zeitdehnung verknüpft wird. Der «Einstein-Zug», dieses merkwürdige Beweismittel wissenschaftlicher Argumentation, fährt mit einer Geschwindigkeit von 240 000 km/sek an einem 2 400 000 km langen Bahnsteig vorbei. Ein Beobachter auf dem Bahnsteig zählt 10 Sekunden für die Durchfahrt des Zuges. Der Zug erscheint ihm um 40% verkürzt. Die Fahrgäste des Gespensterzugs lesen dagegen an ihren infolge der schnellen Bewegung langsamer gehenden Uhren für die Durchfahrt nur 6 Sekunden ab. Sie schließen daraus, daß der Bahnsteig nur 6 X 240 000 = 1 440 000 km lang ist. Nach der Theorie Nr. 1 hätte es geheißen: der Bahnsteig erscheint ihnen optisch auf 1 440 000 km verkürzt. Um den Schwierigkeiten des «Sehens» unter solchen Umständen auszuweichen, wird die Verkürzung indirekt aus dem gemäß Theorie Nr. 2 verlangsamten Gang der Uhren gefolgert.

Auf diese Geschichte soll, obwohl sie unverkennbar den Charakter der *science fiction* trägt, kurz eingegangen werden. Die Folgerung ist nicht ausreichend begründet; es müßten noch andere Faktoren geprüft werden. Die Gespenster im Zug machen sich keine Gedanken über die anders gehende Uhr auf dem Bahnsteig; sie denken auch nicht an die Alternative, daß sich vielleicht die Geschwindigkeit des Zugs erhöht haben könnte und der Geschwindigkeitsmesser falsch geht. Die von Einstein verordnete Beschränkung des Denkens reicht bis ins Geisterreich. Die Gespenster verhalten sich so, wie die Relativitätstheorie es von ihnen fordert - damit die Relativitätstheorie herauskommt.

In diesem Beispiel wird die Zeitdehnung als real, die Längenkontraktion nur als metrischer Eindruck angesehen. Zwar hat Einstein die physikalische Kontraktion nach Lorentz abgelehnt; er hat die Längenkontraktion aber als reziprokes Korrelat zur Zeitdehnung erklärt. Wenn die Zeitdehnung ontologisiert wird, muß somit auch die Kontraktion des Bahnhofs ontologisiert werden. Sonst entsteht ein neuer Widerspruch. In dieser «Theorie» scheint sich selten ein Satz zu finden, der nicht einem anderen Satz der Theorie widerspricht.

10. Die vierdimensionale Welt von Minkowski

Einsteins Gedanken wurden unter Außerachtlassung (richtiger: Übernahme) ihrer logischen Widersprüche von dem Göttinger Mathematiker Minkowski in ein geometrisches System gebracht. Er konstruierte unter dem Beifall Einsteins das «vierdimensionale Raumzeitkontinuum». In der Längenrelativierung steckt eine Relativierung des Raums, der ja aus der Multiplikation dreier Längenmaße entsteht. Daß die Zeit dabei die Rolle einer vierten Dimension spielt, haben wir schon bemerkt. Raum und Zeit werden nicht nur relativiert, sondern als selbständige Begriffe abgeschafft und zu einer vierdimensionalen «Raumzeit» vereinigt. Auf der Jahrestagung deutscher Naturforscher und Ärzte von 1908 erklärte Minkowski:

«Von Stund an sollen Raum und Zeit für sich völlig zu Schatten herabsinken und nur noch eine Art Union der beiden soll Selbständigkeit bewahren.»

Weltpunkt und Weltlinie
Das vierdimensionale Raumzeitkontinuum Minkowskis ist die graphische Darstellung der Lorentz-Transformationen. Es ist ein vierdimensionales Koordinatensystem, in welchem die Zeit die vierte Koordinate ist, allerdings nicht die Zeit an sich, sondern das Produkt aus Zeit und konstanter Lichtgeschwindigkeit ct, der «Lichtweg». Der Lichtweg ist die Strecke, die das Licht in der Zeit t zurücklegt. Aus mathematischen Gründen wird $\sqrt{-1}$, der imaginäre Operator i, benutzt, sodaß der Faktor ict wird. In der nachfolgenden Darstellung soll der Einfachheit halber nur ct verwendet werden; am Ergebnis ändert sich dadurch nichts.

In diesem System wird die Position jedes Körpers durch vier Koordinaten x, y, z und ct beschrieben. Damit ist seine räumliche wie seine zeitliche Position erfaßt. Bewegt er sich auf einer Raumachse, so bewegt er sich zugleich auf der Zeitachse. Der an beiden Koordinaten abgelesene Punkt ist sein «Weltpunkt». Die Zeit t auf der Zeitachse ist aber nicht die gewöhnliche, absolute Zeit, sondern ct. Anders ausgedrückt, ist der Weltpunkt ein Ereignis am Ort x, y, z zur Zeit $t = v/c$. Die Zeit variiert mit v. Sonst wäre es ein Galilei- und nicht ein Lorentz-System.

Die Bewegung eines Körpers in Raum und Zeit ist eine Folge von Weltpunkten, die seine «Weltlinie» bilden. Aus der Geometrie der vierdimensionalen Raumzeit folgt, daß ein gleichförmig bewegter Körper eine gerade, ein beschleunigter Körper eine gekrümmte Weltlinie hat. Da y und z invariant sind, muß für Darstellungen nur die zweidimensionale Ebene x, ct

benutzt werden. Die Begegnung zweier bewegter Punkte erscheint als Schnittpunkt ihrer Weltlinien. Alle Vorgänge nehmen den Charakter geometrischer Aussagen an. Mit Hilfe einer hyperbolischen Eichkurve, mit der die Weltpunkte und Weltlinien jeweils zu vergleichen sind, werden die Weltpunkte und Weltlinien von der Wahl eines Koordinatensystems unabhängig, unter der Bedingung, daß sich die Systeme gegeneinander gleichförmig und geradlinig bewegen und die Ursprünge bei o zusammenfallen.

Die absolute Raumzeit
Die räumlichen und zeitlichen Abstände eines Punktes wechseln in diesem System, nicht aber die «vierdimensionale Entfernung», der Intervall, der mit *s* bezeichnet wird. Er ist

$$s^2 = x^2 + y^2 + z^2 - c^2 t^2 \tag{15}$$

und in allen Inertialsystemen invariant. Bei zwei Ereignissen werden zwei Beobachter, der eine in S, der andere in S' (S' ist relativ zu S bewegt), zwar verschiedene Entfernungen und Zeitabstände vermerken, aber beide werden denselben Intervall s finden. Der Intervall ist absolut. Die Raumzeit nimmt, von c ausgehend, wieder absoluten Charakter an. (Einstein hat, entgegen einer populären Auffassung, nicht gesagt: «Alles ist relativ.» Er hat nur einige Dinge, die als absolut galten, für relativ erklärt und einige andere, darunter die Lichtgeschwindigkeit und die kombinierte Raumzeit, für absolut.)
Der absolute Intervall wird in der x, ct-Ebene

$$s = \sqrt{x^2 - c^2 t^2} \tag{16}$$

Aus der Gleichung geht hervor, daß auch die Zeit in Längenmaßen ausgedrückt werden kann, 1 Meter Zeit ist Lichtzeit, die Zeit, die das Licht für 1 m braucht. Beispiel: Ein Körper bewegt sich auf seiner Weltlinie 2 m nach rechts, 3 m vorwärts, 4 m aufwärts und 5 m in Richtung «später». Das Ergebnis ist s = 2 m.

«Raumartige» und «zeitartige» Intervalle
s^2 kann positives oder negatives Vorzeichen haben. Beim Übergang von einem Inertialsystem ins andere kann sich das Vorzeichen nicht ändern. Wenn s^2 positiv ist, so heißt der Intervall zwischen zwei Ereignissen «raumartig»; wenn s^2 negativ ist, so heißt er «zeitartig». Man kann einen

Weltpunkt x, t mit dem Nullpunkt durch Wahl eines geeigneten Bezugssystems koinzidieren lassen. Wenn t = o, so ist s = $\sqrt{x^2}$ = x der räumliche Abstand des Weltpunkts vom Nullpunkt. s ist bei raumartigen Intervallen eine positive, reelle Größe, bei zeitartigen aber negativ und imaginär. In diesem Fall ist x = o, daher s = $\sqrt{-c^2 t^2}$ = ict.

Die Bezugssysteme können so gewählt werden, daß die Ereignisse entweder am gleichen Ort (s^2 negativ) oder zur gleichen Zeit (s^2 positiv) stattfinden. Bei raumartigem Intervall kann beim Übergang von einem System in das andere eine Zeitumkehr eintreten, d. h. das Ereignis, das bisher das spätere war, kann zeitlich vor dem Ereignis kommen, das bisher das frühere war. Dieser Fall tritt z. B. ein, wenn S' sich relativ zu S mit 0,8 c bewegt.

Kann nun die Folge vor der Ursache kommen? Nein, denn im Bereich der positiven Intervalle existiert keine Kausalität. Nach Einstein und Minkowski kann eine kausale Verbindung zwischen zwei Ereignissen nur dann eintreten, wenn zwischen diesen Ereignissen eine Verbindung durch Lichtsignale möglich ist. Diese neuartige Definition der Kausalität beruht auf der Erwägung, daß ein Lichtsignal die schnellste bekannte Möglichkeit ist, ein Ereignis zu beeinflussen; wo kein Lichtsignal (heute muß man sagen: oder kein Radiosignal) hinkommt, ist auch jede andere Beeinflussung ausgeschlossen, jedenfalls bei physikalischen Prozessen.

Nun ist im Weltmodell von Einstein und Minkowski bei positivem s^2 die Strecke x stets größer als ct. Zwischen Ereignissen in diesem Bereich ist also keine Verbindung durch Lichtsignale (oder Radiosignale) möglich. Solche Ereignisse können nicht kausal verbunden sein. Es macht daher nicht viel aus, wenn ihre zeitliche Abfolge umgekehrt wird. Bei negativem s^2, also bei zeitartigem Intervall, ist x < ct; somit ist eine Verbindung durch Lichtsignale und daher Kausalität möglich. Die feste Zeitordnung der Ereignisse kann hier beim Übergang in ein anderes System nicht geändert werden, die Ursache kommt weiter vor der Wirkung.

Vergangenheit, Zukunft und Sonstiges

Die Welt von Einstein und Minkowski wird von Lichtstrahlen organisiert. Die Weltlinien von Lichtstrahlen sind gerade und infolge der Konstanz der Lichtgeschwindigkeit in allen Systemen gleich: x = ct und x' = ct'. Zwei aus der gleichen Lichtquelle stammende Lichtstrahlen X und Y, die nach entgegengesetzten Richtungen gehen, bilden ein absolutes Koordinatensystem. Wenn sie entlang der x-Achse laufen, erscheinen sie im vierdimensionalen System um 45° zur x-Achse geneigt. Liegt der Ursprung

0 in der Mitte, was durch Wahl eines geeigneten Bezugssystems jederzeit zu erreichen ist, so wird die Welt in 4 Sektoren geteilt (Abb. 3). In den Sektoren «Vergangenheit» und «Zukunft» liegen Ereignisse, die infolge des Ganges der Lichtsignale kausal verknüpft sein können. Der Schnittpunkt der Strahlen bildet den Punkt, der «Gegenwart» heißt.

Die Lichtgeschwindigkeit, der Zentralpunkt der speziellen Relativitätstheorie, entscheidet, wann Kausalität möglich ist. Ereignisse, die nach diesem Prinzip nicht kausal verknüpfbar sind, können nicht als «Vergangenheit» oder «Zukunft» bezeichnet werden. Sie sind etwas anderes.

Sie liegen in den Sektoren «Unbestimmt». Auch die Bedeutung der Begriffe «Vergangenheit» und «Zukunft» ist in der Relativitätstheorie verändert. Es hängt vom Bewegungszustand des Beobachters ab, ob ein im Sektor «Unbestimmt» liegendes Ereignis der Gegenwart, Vergangenheit oder Zukunft angehört. Ein Blick auf das geometrische Weltschema von Einstein und Minkowski legt die Vermutung nahe, daß eine Bewegungsänderung den Beobachter aus der Gegenwart in die Vergangenheit oder in die Zukunft befördern kann. Die Weltlinien nehmen den Charakter von Geleisen an, die vorwärts und rückwärts führen. Einsteins Zukunftsvorstellung ist deterministisch, irgendwie ist die Zukunft vorgezeichnet. Ein strenger, religiös fundierter Determinismus steht hinter seiner Konzeption, wovon noch einiges zu sagen sein wird. Ein halbes Jahrhundert später sollte der amerikanische Physiker und Nobelpreisträger Feynman vierdimensionale Diagramme zeichnen, in denen ein Teilchen in die Vergangenheit zurückfliegt.

Die ingeniöse Konstruktion Minkowskis erregte namentlich wegen ihrer philosophischen Konsequenzen großes Aufsehen. Man vergaß zunächst, daß sie den Lorentz-Transformationen und Einstein-Formeln nichts hinzufügte, sondern nur deren geometrische Darstellung war.

Freilich ließen sich die relativistischen Kontraktionen und Dehnungen nun leicht ablesen und erschienen als einfache Geometrie der Bewegung. Die Weltlinien der beiden Enden eines bewegten Stabes verliefen so, daß er kürzer erschien, die ct-Linien ergaben die Zeitdehnung.

Welt und Hinterwelt

Die Veränderungen blieben zunächst gemäß Theorie Nr. 1 metrisch, gegenseitig und symmetrisch. Minkowski tat nun unvermittelt denselben Schritt wie Einstein in Theorie Nr. 2: er ontologisierte sein System theoretischer Messungsdaten. Er erklärte es für die wahre Struktur der Welt und die Welt der Anschauung für einen bloßen dreidimensionalen Querschnitt dieser mathematischen Hinterwelt. Das System schien nun auch einseitig auf nur einen Partner der Relativbewegungen anwendbar. Der andere ließ sich noch leichter wegstreichen als in der Theorie. Die Weltlinien schienen einleuchtend ontologisch; von der anschaulichen Darstellung Minkowskis ging mehr Überzeugungskraft aus als von den mathematischen Formulierungen Einsteins. Daß sie dieselben Denkmanipulationen und Denkfehler enthielt, wurde hier noch weniger sichtbar.

Es begeisterte sich v. Laue: «Es handelt sich um die symbolische Darstellung analytischer Beziehungen zwischen vier Variablen. Daß eine solche vierdimensionale Mannigfaltigkeit unserem Begreifen nicht zugänglich ist, darf uns nicht schrecken.» Unbegreifliche Erklärungen nach dem Prinzip *obscurum per obscurius* werden sonst in der Wissenschaft abgelehnt. Hier kommt noch dazu: *non sequitur*. Wenn bei der Ontologisierung t = t' gilt, wie vorhin dargetan wurde, so gilt die Lorentz-Transformation nur bei v = o. Dann gilt auch Minkowskis von der Lorentz-Transformation abgeleitetes Weltbild ontologisch nur bei v = o, d. h. es ist sinnlos. Die logischen Widersprüche in Einsteins Theorie schrecken uns, lange ehe wir überlegen können, ob uns die Unbegreiflichkeit ihrer Prämissen schreckt.

Mit Einsteins Gedankenexperimenten haben Minkowskis Weltlinien die Eigenschaft gemeinsam, daß sie die Relativitätstheorie nicht beweisen, sondern nur illustrieren. Man muß sie schon voraussetzen, um diese Konstruktion als Abbild der realen Welt akzeptieren zu können. Bemerkenswert ist, daß der Unterschied zwischen Raum und Zeit, der eben wegdekretiert wurde, in der Unterscheidung «raumartiger» und «zeitartiger» Intervalle fortlebt[14].

---

[14] Jacoby (1925), der eine konkurrierende Raumzeitwelt konstruiert hat, findet die Minkowski-Welt nicht echt vierdimensional, sondern «3 + 1-dimensional».

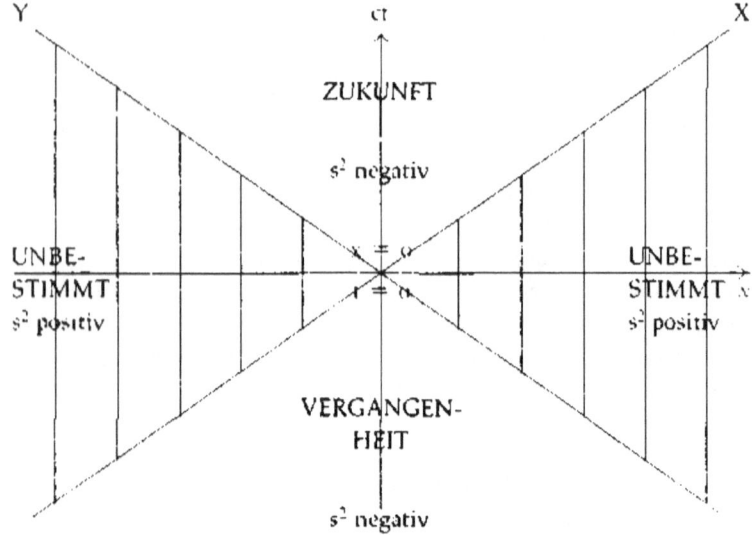

Abb. 3. Vergangenheit und Zukunft im Weltschema von Minkowski. In den Sektoren «Unbestimmt» ist Kausalität unmöglich.

Von der Einstein-Minkowskischen Weltmaschine ist gesagt worden, daß in ihr im Grunde nichts geschieht. Es ist eine stationäre Welt. Alles ist vorgezeichnet, die Weltlandschaft liegt mit aller Vergangenheit, Gegenwart und Zukunft ausgebreitet vor uns. Der Betrachter sieht je nach seiner (ebenfalls determinierten) Bewegung den einen oder anderen Abschnitt und nennt ihn anders, aber im Grunde ist nichts neu, alles war immer da und wird immer da sein. Der alte Laplacesche Dämon hätte seine Freude daran. Laplace sagte bekanntlich: Wenn es einen Dämon gäbe, der die Geschwindigkeiten und Richtungen aller bewegten Teilchen in der Welt kennen würde, dann könnte er den ganzen Weltablauf voraussagen. Heute könnte man sagen: wenn er die Weltlinien, eingetragen in ein Minkowskisches Weltschema, kennen würde.

Noch klarer als die mathematische Darstellung bringt das Minkowski-Diagramm die Tatsache zum Ausdruck, daß die Transformationen sich nur auf die Koordinaten, d. h. Raum- und Zeitmaßstäbe, beziehen und nicht auf die Objekte selbst. Die Frage ist wieder: in welcher Beziehung stehen die Koordinaten zum Objekt? Was ändert ihre metrische Änderung am Objekt? In der Forderung, sich mit den Koordinaten zu begnügen, steckt die

positivistische Abweisung der Seinsfrage. Born betonte: nur die Betrachtungsweise ändert sich, nicht das Objekt. Und das genügt.
Man sieht wieder, daß die Relativitätstheorie ein weltanschauliches Problem ist, kein mathematisches oder physikalisches.
Auf die Frage der «Raumzeit» wird noch zurückzukommen sein. Minkowski war von dem ungarischen, in Deutschland wirkenden Philosophen M. Palágyi angeregt, der 1901 in einem Buch die enge Verbindung von Raum und Zeit dargelegt, eine «Union» der beiden jedoch abgelehnt hatte. In einem späteren Werk von 1925 verwirft Palágyi die Relativitätstheorie und bemerkt: «Mathematik schützt vor Torheit nicht.» Die «Raumzeit» wird natürlich durch das Minkowski-Diagramm nicht bewiesen, sondern vorausgesetzt. Das Diagramm ist eine Darstellung nie beobachteter Dinge. Es ist sozusagen eine illustrierte Metaphysik. Kritiker haben es eine «mathematische Phantasie» (Geissler 1931) und eine «mathematische Konstruktion ohne physikalischen Sinn» (Nordenson 1969, S. 77) genannt.

Eine Weltsensation
In den zwanziger Jahren folgte eine Flut sensationeller Literatur, die Einsteins und Minkowskis Behauptungen weiter ausspann. Minkowski erlebte es nicht mehr; er starb schon 1909. Utopische Romane behandelten den nun «wissenschaftlich» möglichen Übertritt in Vergangenheit oder Zukunft (Beispiel: H. G. Wells, *Men like Gods,* 1922). Bekannte Gelehrte in allen Ländern schrieben, daß man durch Multiplikation mit ic oder durch Drehung der Zeitachse ohne weiteres Raum in Zeit oder Zeit in Raum umwandeln könne. Was Raum für den einen sei, das sei für den anderen Zeit, und umgekehrt. Diese Operationen kann man zwar auf dem Minkowski-Diagramm durchführen, wo die Raum- und Zeitachsen sich mit der Geschwindigkeit der Bewegung neigen, aber wie man sich das in der Wirklichkeit vorstellen soll, blieb unklar. Man identifizierte das Minkowski-Diagramm ohne Zögern mit der Wirklichkeit, statt über seine Seltsamkeiten stutzig zu werden und die Grenzen einer rein mathematischen Betrachtungsweise zu erkennen. Dem Publikum erzählte man, die wunderbaren Dinge seien «mathematisch bewiesen». Das Publikum glaubte es. Es war nicht in der Lage, physikalisch-mathematisch eingekleidete Behauptungen auf ihre Voraussetzungen zu untersuchen, zwischen einem mathematischen Spiel und der Wirklichkeit zu unterscheiden. Selbst viele Gelehrte scheinen es heute noch nicht zu sein. Die Kritiker fanden kein Gehör, meist nicht einmal eine Gelegenheit, ihre Einwände zu veröffentlichen. Eine Einstein-Welle ging durch die Welt. Das Publikum

glaubte, es handle sich um neue wissenschaftliche Entdeckungen, die in der Natur oder im Laboratorium gemacht worden wären. Der neue Newton, der neue Kopernikus sei da, hieß es, der größte Denker aller Zeiten, der Überwinder Kants. Und hatten sich nicht berühmte Gelehrte hinter Einstein gestellt? Dem in Respekt vor der Autorität der Naturwissenschaftler erzogenen Publikum mußte das genügen.

Mit dem Minkowskischen Weltmodell wechselte die Relativitätstheorie offen von der Physik in die Metaphysik hinüber.

Damit begann ihr Publikumserfolg. Es war eine Spätzündung; erst als die angebliche Bestätigung der Relativitätstheorie - es war die allgemeine, nicht die spezielle - durch eine Sonnenfinsternis-Beobachtung im Jahre 1919 den Weltruhm Einsteins begründet hatte, begann man auch die Minkowski-Welt zu popularisieren.

Das bisher nur in der Fachwelt bekannte Experiment von Michelson und Morley wuchs zu mythischer Größe empor. Es hatte die Welt aus den Angeln gehoben. (Michelsons Ansicht darüber war bescheidener.) Alles drehte sich ums Licht. Archetypische Motive klangen auf. Mythisch ausgedrückt, hatten Michelson und Morley die zwei Drachen getötet, mit deren Hilfe der böse Kant die Lichtgöttin gefangengehalten hatte: den absoluten Raum und die absolute Zeit. Nun konnte die Lichtgöttin die ihr gebührende Herrschaft antreten. Einstein hatte vermutlich vom Kult der Lichtgöttin ebensowenig eine Ahnung wie von der neuplatonischen Lichtmetaphysik, mit der seine Lehre manche Verwandtschaft zeigt. Zum Wesen des Archetyps gehört es aber, daß er immer wieder auch ohne Tradierung auftritt - und immer wieder wirkt.

Das Additionstheorem der Lichtgeschwindigkeit
Zu den besonderen Eigenschaften des Lichts gehört es in der Relativitätstheorie, daß jede Addition einer Geschwindigkeit zur Lichtgeschwindigkeit immer wieder die Lichtgeschwindigkeit ergibt. Wenn sich innerhalb eines mit der Geschwindigkeit v bewegten Systems ein Objekt mit der Geschwindigkeit u bewegt, so wird diese Geschwindigkeit verschieden bewegten Beobachtern verschieden erscheinen, weil ihre Meßakte verschieden datiert sein werden, u in S ist daher nicht gleich u' in S', wenn S' von S aus beobachtet wird, und umgekehrt. (Wir sind noch bei Theorie Nr. 1, im Reich der Metrik.) Nach dem klassischen Additionstheorem der Geschwindigkeiten nach Galilei ist $u = u' + v$, aber über größere Entfer-

nungen hat die Lorentz-Transformation zu gelten. Es ergibt sich

$$u = \frac{u'+v}{1+vu'/c^2} \qquad (17)$$

Die Gl.17 enthält die Zeitverschiebung, die in der Formel

$$t' = \frac{t - vx/c^2}{\sqrt{1 - v^2/c^2}} \qquad (17a)$$

enthalten ist; hier darf man ja nicht t, sondern muß t' nehmen. Wenn v im Vergleich zu c klein ist, kann der Unterschied wie gewöhnlich vernachlässigt werden.
Wir setzen nun in diese Gleichung c statt u' ein. Dann ist u in S nach Gl.17

$$u = \frac{c+v}{1+vc/c^2} = c \qquad (18)$$

Das ist Einsteins Additionstheorem der Lichtgeschwindigkeit. Es läßt sich entsprechend für u = c umkehren. Bei c—v sind die Plus- durch Minuszeichen zu ersetzen. Das Ergebnis ist wieder c.

Die Lichtgeschwindigkeit ist also für alle Beobachter in allen wie immer bewegten Inertialsystemen die gleiche. Aus der Gleichung geht auch hervor, daß die Lichtgeschwindigkeit eine absolute Maximalgeschwindigkeit ist. Keine zusätzliche Geschwindigkeit kann sie erhöhen. Freilich ist das Additionstheorem kein Beweis für die Konstanz der Lichtgeschwindigkeit, die ja schon als Voraussetzung in den Lorentz-Transformationen enthalten ist. Das gilt auch für eine andere von Einstein gegebene Ableitung: wenn v = c, so ist $\sqrt{1-v^2/c^2}$ = 0. Für noch größere v wird die Wurzel imaginär. Deshalb muß c die Grenzgeschwindigkeit sein.

Das Additionstheorem ist nur ein anderer Ausdruck für die axiomatische Behauptung der Konstanz der Lichtgeschwindigkeit. Es bringt aber deutlicher als diese die essentielle Verknüpfung von c = const mit der Veränderung der Raum- und Zeitmaße zum Ausdruck. Einstein ist wegen der evidenten Unmöglichkeit der Konstanz der Lichtgeschwindigkeit viel angegriffen worden. In der normalen Welt mit drei Dimensionen und absoluter Zeit ist sie gewiß unmöglich; das hat aber Einstein nicht gemeint. Die Konstanz der Lichtgeschwindigkeit ist nicht von dieser Welt. Sie ist von der Einstein-Welt mit ihren kautschukartigen Raum- und Zeitmaßen, deren

Veränderung es gestattet, c immer konstant zu halten. Das Additionstheorem ist keine Beschreibung einer physikalischen Wirklichkeit, sondern eine tautologische Wiederholung der Grundbehauptung der Relativitätstheorie.

Die Konstanz der Lichtgeschwindigkeit ist selbst ein metrischer Effekt. Sie ergibt sich nur, wenn schon mit Längenverkürzung und Zeitdehnung gemessen wird. Ihre Möglichkeit oder Unmöglichkeit hängt dann an der Möglichkeit oder Unmöglichkeit ihrer metrischen Voraussetzungen. Anders gesagt: die Grundthese Einsteins ist schon an eine bestimmte Meßvorschrift geknüpft.

Es ist nicht so, daß aus der Konstanz der Lichtgeschwindigkeit als «unabweisliche Konsequenz», wie Einstein sagt, die Relativierung der Raum- und Zeitmaße folgt. Vielmehr steckt in der Konstanzbehauptung schon diese Relativierung; sie ist die Vorbedingung der Konstanz. Einsteins Logik ist wieder die *petitio principii*. Die Konstanz der Lichtgeschwindigkeit und die Veränderung der Raum- und Zeitmaße stehen zueinander nicht im Verhältnis von Grund und Folge, sondern bilden eine Art Dreieinigkeit. Alle drei Faktoren sind miteinander verknüpft. Schon Einsteins Deutung des Michelson-Morley-Experiments setzt die Relativitätstheorie voraus: der eine Meßarm war wegen der Erdbewegung verkürzt, deshalb war kein Unterschied zwischen den beiden Strahlen zu bemerken. Bei Lorentz war die Verkürzung noch physisch, bei Einstein nur noch metrisch, aber trotzdem real: was sich hier zwischen den zwei Spiegeln zusammenzog, war der Raum schlechthin. So wird das Michelson-Morley-Experiment aus der Relativitätstheorie und die Relativitätstheorie aus dem Michelson-Morley-Experiment erklärt.

Noch ein Beispiel für den Zusammenhang von c = const mit der Relativierung der Längen- und Zeitmaße (nach Keller 1931). B bewegt sich gegen A mit 100 000 km/sek Geschwindigkeit. Für B schrumpft, von A aus beurteilt, das Kilometermaß auf 707 Meter ein, d. h. aus 300 000 km werden 212 000 km. B konstatiert nun nicht etwa c = 211 000 km/sek, sondern für ihn sind erst 0,707 sek verflossen. Er komplettiert seine Messung auf 300 000 km, dann erst ist seine Sekunde vergangen. Auch für ihn ist die Lichtgeschwindigkeit 300 000 km/sek. Aber seine Sekunde muß zu diesem Zweck länger sein als in A. Man sieht, daß die Veränderung der Maße nicht aus der Erfahrung stammt, sondern postuliert wird, um c = const zu sichern. Sie ist eine Konstruktion ad hoc. Wirkliche Beobachtungen dieser Art sind nie vorgenommen worden. Wesentlich ist wieder der Ausschluß einer Umrechnung auf absolute Zeit.

11. Relativistische Optik und Elektrik

Das Minkowski-Diagramm illustriert Einsteins Kinematik (Bewegungslehre) und deren Abweichung von der klassischen. Die aus ihr für die Dynamik (Lehre von Bewegungen unter Kräften) gezogenen Folgerungen, die noch die Heranziehung anderer Begriffe erfordern, werden uns im nächsten Kapitel beschäftigen, ebenso die damit zusammenhängenden logischen Operationen. Zunächst wollen wir einen Blick auf die Veränderungen werfen, welche die spezielle Relativitätstheorie für die Optik und Elektrik bringt. Ihr Ursprung liegt ja in diesen Gebieten: sie geht von der Lichtgeschwindigkeit und von Maxwells Theorie des Elektromagnetismus aus. Einstein überprüfte eine Reihe der klassischen physikalischen Gesetze in diesen Bereichen, denn seine Theorie sollte nicht nur für prophezeite neue Erscheinungen, sondern auch für alle bereits bekannten Phänomene gelten, kurz sich als Grundlage der gesamten Physik eignen.

Auch hier ist der wesentliche Schritt die Ersetzung der Galilei-Transformation durch die Lorentz-Transformation. Die Kontrolle durch bereits bekannte Experimente ist naturgemäß strenger als bei den Gedankenexperimenten. Auf den Äther wird verzichtet. In der Optik bzw. Elektrodynamik bewegter Körper kommt Einstein zu denselben Resultaten wie Fresnel, bestätigt auch dessen Mitführungsformel für den Äther, nur kommen die Effekte jetzt ohne Äther zustande, einfach durch die Lorentz-Manipulation von Raum und Zeit. Auch die Aberration des Sternenlichts, die scheinbare Bewegung, welche die Sterne, von der bewegten Erde aus betrachtet, im Laufe des Jahres ausführen, findet mit Hilfe der Lorentz-Transformation unter Weglassung des Äthers eine einfache Erklärung, die sich im Ergebnis mit der klassischen deckt. Dasselbe gilt für die Lichtreflexion an bewegten Spiegeln. (Die einschlägigen Berechnungen finden sich u. a. bei McCrea 1947, Born 1964 und Rosser 1971.)

Die Probleme werden wieder von der Metrik her gelöst. Das Verfahren ähnelt mehr dem vorrelativistischen Lorentz: es wird ein mathematischer Kunstgriff angewandt, über dessen physikalische Bedeutung sich nichts sagen läßt. Die Realität von Zeitdehnung und Längenkontraktion ist damit nicht bewiesen, denn man kann nicht die Folge aus der Ursache und die Ursache aus der Folge ableiten. Anders als bei dem konstruierten Gedankenexperiment über das «Uhrenparadoxon» handelt es sich hier um von vornherein ontologische Phänomene, die keiner existenziellen Ableitung aus der Relativitätstheorie bedürfen und leicht zu beobachten sind.

Aus der Gültigkeit der genannten optischen Gleichungen Einsteins kann man nicht auf die Richtigkeit des ganz anders strukturierten «Uhrenparadoxons» oder der Relativitätstheorie überhaupt schließen. Einstein bietet nur eine neue Deutung für altbekannte Erscheinungen an, für die es bereits ausreichende Erklärungen auf Grund der absoluten Zeit und des absoluten Raums gibt. Daß sich seine Berechnungen mit den klassischen decken, deutet eher auf die schon mehrfach erwähnte Tatsache hin, daß im Hintergrund all dieser Metrik doch die absolute Zeit steht. Bei realen Phänomenen bringt die Relativitätstheorie nichts aufregendes; nur bei den Gedankenexperimenten mit ihrem freien Schweifen der Phantasie ergeben sich die aufregenden Dinge. In der Optik hat Einstein zwar demonstriert, daß es auch ohne Äther geht, aber um den Preis der Einführung zweier anderer, nicht minder fragwürdiger Begriffe.

Jeder kennt den Doppler-Effekt: beim Herannahen des Polizeiautos wird der Sirenenton höher, beim Davonfahren tiefer. Eine herankommende Lichtquelle scheint Licht höherer, eine davoneilende dagegen Licht niedrigerer Frequenz auszusenden, was sich in der Farbe des Lichts äußert. Je nach der Bewegung der Quelle passieren den am Weg stehenden Beobachter in der Sekunde mehr oder weniger Licht- bzw. Schallwellen, daher die Veränderung der Sinneseindrücke. Während in der klassischen Deutung das die Signale aussendende System ausgezeichnet ist, deutet Einstein den Doppler-Effekt auf Grund der Gleichberechtigung beider Systeme und ihrer Zeitverschiedenheit. Das Ergebnis ist identisch mit dem klassischen; aber der Ansatz gestattet die Berechnung sogenannter Größen 2. Ordnung, sehr kleiner Werte, die im klassischen Ansatz unberücksichtigt bleiben.

Diese Berechnung läßt einen sehr kleinen Doppler-Effekt auch dann erwarten, wenn die Lichtrichtung senkrecht auf der Bewegungsrichtung steht. Das ist der transversale oder quadratische Doppler-Effekt, der die Frequenz beim Davonfahren noch um einen zusätzlichen Faktor von $1{,}36 * 10^{-13}$ (1,36 Trillionstel) senkt. Der Ansatz enthält die Umdatierung. Auf die experimentelle Überprüfung kommen wir noch zu sprechen. Der Versuch hat Einsteins Voraussage bestätigt; eine andere Frage ist es, ob die relativistische «Zeitdehnung» die wirkliche Ursache des Phänomens ist.

Relativierung der Elektrizität
Nicht nur die Länge, sondern auch die elektrische Ladung eines stromdurchflossenen Drahts hängt nach Einstein von der relativen Bewegung des

Beobachters ab. Ein ruhender Draht ist auch bei Stromdurchgang elektrisch neutral, denn positive und negative Ladungen (Ionen und Elektronen) sind je Längeneinheit in gleicher Zahl vorhanden. Ein bewegter Draht erscheint einem ruhenden Beobachter dagegen aufgeladen. In einem bewegten Draht S' bewegen sich die Elektronen im Draht, von dem in S ruhenden, relativ zu S' bewegten Beobachter gesehen, nach dem relativistischen Additionstheorem anders als die mit dem Draht an ihm vorüberziehenden, in S'stationären Ionen, weil die Zeit im Draht eine andere ist als im System S. Für Bewegungen im Draht gilt die «Drahtzeit» t', nicht die S-Zeit t. Übersetzt der Beobachter in S die Vorgänge im Draht in die Zeit t, so sieht er eine andere Verteilung der Ladungen als im ruhenden Draht.

In der Längeneinheit sind bei Bewegung des Drahts in Stromrichtung mehr positive als negative Ladungen vorhanden, der Draht ist positiv aufgeladen. Bei Bewegung gegen die Stromrichtung ist er negativ geladen. Kommt der Draht zum Stillstand, verschwindet die Ladung. Der relativ zum Draht ruhende, also auch der mit dem Draht mitbewegte Beobachter nimmt sie nie wahr, das resultierende elektrische Feld existiert nur für den relativ zum Draht bewegten Beobachter. Der bewegte Beobachter nimmt auch eine Längenkontraktion des Drahts wahr, welche die Ladungs- bzw. Stromdichte erhöht.

Das Relativitätsprinzip besagt also, daß elektrische - ebenso magnetische - Felder keine absolute Existenz haben. Je nach dem relativen Bewegungszustand und der damit verbundenen Umdatierung der Ladungsbewegungen, mit anderen Worten je nach dem gewählten Bezugssystem werden nach den Eindrücken des Beobachters elektrische oder magnetische Felder entstehen oder vergehen, oder werden sich die elektrischen und magnetischen Anteile elektromagnetischer Felder verschieben. Der Faktor ist auch hier $\sqrt{1-v^2/c^2}$. Das bedeutet, daß die klassischen elektromagnetischen Feldgleichungen von Maxwell für verschieden bewegte Beobachter transformiert werden müssen. Dasselbe gilt für Potentiale, Kräfte zwischen Ladungen und andere elektrische Größen.

Für den einen Beobachter kann es im gleichen Fall ein elektrisches und ein magnetisches Feld geben, für den anderen nur ein elektrisches. Scheinbar sichere physikalische Tatsachen werden von der Wahl eines Koordinatensystems abhängig. Das gilt freilich nur auf dem Boden einer subjektivistischen Erkenntnistheorie. Allein die Eindrücke des Beobachters sind maßgebend; was er unmittelbar mißt, ist Wirklichkeit. Eine andere gibt es nicht. Die Umrechnung auf eine andere, absolute Wirklichkeit ist ihm verboten. Ferner beruhen die ihm zugeschriebenen oder vorgeschriebenen

Eindrücke bereits auf der Annahme einer Zeitverschiedenheit je nach dem Bewegungszustand. In Einsteins Elektrik steckt schon die ganze Relativitätstheorie als Voraussetzung.

Dazu gehört auch, daß alle Bezugssysteme ontologisch gleichberechtigt sind. Man darf nicht zwischen «realen» und «scheinbaren» Feldern unterscheiden. Die «realen» Felder der klassischen Betrachtungsweise sind nach der Relativitätstheorie nicht realer als die hypothetischen, aus beliebig veränderten Bezugssystemen gefolgerten. Einstein (1918, S. 700) lehnt es ausdrücklich ab, zwischen «realen» und «nichtrealen» Objekten oder Zuständen zu unterscheiden. Besser sei es, zwischen Dingen, die vom Koordinatensystem abhängig sind, und solchen, die es nicht sind, zu unterscheiden. Fast alle physikalischen Größen sind vom Koordinatensystem abhängig, das der Beobachter wählt. Ein «reales» Feld oder Objekt entspringt nach Einstein nur der willkürlichen Bevorzugung eines bestimmten Bezugssystems.

Wer diese nicht mehr physikalischen, sondern philosophischen Voraussetzungen nicht teilt, wird allerdings fortfahren, reale Felder und Objekte von imaginären zu unterscheiden; er wird finden, daß das Koordinatensystem allenfalls die Messung des Felds oder Objekts, aber nicht das Feld oder Objekt selbst beeinflussen kann. Nur wer die Messung für das Sein erklärt, kann zu Einsteins Auffassung gelangen. Dieses Beispiel zeigt wieder, daß man sich bei jeder relativistischen Behauptung über deren philosophische Prämissen klar sein muß.

Im übrigen ist die Methode, mit der Einstein seine umstürzende Theorie zu illustrieren versucht, völlig phantastisch. Niemand kann Ionen und Elektronen in einem Draht zählen. Eine direkte Messung von Feldern in schnell bewegten Systemen ist unmöglich. Eine Magnetnadel z. B. kann ein magnetisches Feld nur messen, wenn sie relativ zu ihm in Ruhe ist. Zeigt sie keinen Ausschlag, so kann man sagen, daß kein Feld vorhanden ist, man kann aber auch sagen, daß ein relativ bewegtes Feld vorhanden ist, das die Nadel nicht anzeigen kann. Alles ist eine Frage der Interpretation (Dingle 1946).

Das Experiment von Wilson und Wilson

Ein elektrischer Versuch bestätigte eine Voraussage Einsteins, die von der klassischen abwich. Auf Anregung Einsteins führten Wilson und Wilson (1913) einen Versuch durch, bei dem ein zylindrischer Kondensator in einem Magnetfeld rotierte. Das Dielektrikum zwischen seinen Platten bestand aus Wachs mit darin eingebetteten Stahlkügelchen. Wurde das Magnetfeld umgekehrt, so floß in einem die Platten des Kondensators verbindenden Draht ein Strom, weil die Platten nach der Umkehr der Polarisation des Dielektrikums ihre Ladungen austauschten.

Für diesen Strom sagte Lorentz nach der klassischen Theorie einen Meßwert von 0,83 voraus. Einstein sagte 0,944 voraus. Der tatsächlich gemessene Wert war 0,96. Einsteins Gedankengang war folgender: Das Dielektrikum war in S bewegt, während es zugleich in seinem eigenen Koordinatensystem S' ruhte. Ein in S' ruhender Beobachter sah infolgedessen spezifische elektrische und magnetische Felder in S', die in dem für ihn stationären Dielektrikum eine elektrische Polarisation P' und eine Magnetisierung M' hervorriefen. Die Größen P' und M' trugen zur Polarisation der Platten in S bei, die dadurch eine größere Ladung erhielten (Rosser 1971, S. 344). Infolgedessen war der von Einstein vorausgesagte Strom größer als der von Lorentz erwartete. Nur dank der Zeitverschiedenheit in S und S' sieht der Beobachter in S' die Felder; die Zeitverschiedenheit ist also der eigentliche Grund des Polarisationsstroms. Mit ihr geht als Korrelat eine Längenkontraktion des Materials einher. Die Felder werden ontologisiert und transformiert.

Der in S' ruhende Beobachter ist ein Phantom. Was dieses Phantom in S' vielleicht sehen würde, braucht den realen Beobachter in S nicht zu interessieren. O'Rahilly (1965, S. 346) kritisiert die Hypothese Einsteins, daß die tatsächlichen Messungen im Laboratorium, die einzigen wirklichen, die wir kennen, mittels der Lorentz-Transformation aus phantasierten Messungen ableitbar sein sollen, die nie durchgeführt werden können.

Bei Einstein sind zwei unter verschiedenen Bedingungen ablaufende Experimente ineinander verschachtelt. Es ist wieder nicht zu sehen, wie die in S' gemachten Beobachtungen die Vorgänge in S beeinflussen sollen ; sie sind ja nach der relativistischen Erkenntnislehre für den Beobachter in S nicht wahrnehmbar und nicht real. Physikalische Kausalbeziehungen zwischen den Vorgängen in S und S' sind frei erfunden. Ihre Annahme widerspricht der Relativitätstheorie, die nur metrische Beziehungen zwischen den Systemen kennt. Nicht einmal diese können hier bestehen, weil der Beobachter in S, anders als in den ursprünglichen Gedankenexperimenten, ja nichts von den Vorgängen in S' wahrnehmen kann.

Diese beruhen auf nichts als den angeblichen Wahrnehmungen eines imaginären Beobachters in S', was nach Einsteins quasi-positivistischen Auffassungen genügt, um ihnen in S' Realität zu verleihen; aber daß sie damit auch in S real werden, ist neu. Einstein erfindet einen von S her nicht wahrnehmbaren Vorgang in S', ontologisiert ihn für beide Systeme und läßt ihn in S physikalisch wirken. Keiner dieser Schritte ist mit der ursprünglichen Relativitätstheorie vereinbar.

Den Unterschied zwischen seiner und der Lorentzschen Voraussage erklärte Einstein damit, daß Lorentz die Zeitverschiedenheit in S und S' nicht berücksichtigt habe. Die Zeitdehnung und mit ihr die Längenkontraktion seien durch den Versuch «erwiesen». Wie dieser «Beweis» zustandekommt, haben wir eben gesehen. Sind die Vorgänge in S und S' physikalisch kausal verbunden, so finden sie in einem gemeinsamen Raum und in einer gemeinsamen Zeit statt.

Die Experimentatoren sagten vorsichtig, der Versuch habe sowohl Lorentz als auch Einstein bestätigt. Da die beiden Standpunkte unvereinbar sind, war das ein höfliches Abrücken von Einsteins Deutung.

Seither sind andere, nichtrelativistische Deutungen versucht worden; ganz geklärt ist der Fall bis heute nicht. Man könnte sich in dieser komplizierten Apparatur verschiedene magnetische, induktive und andere Effekte vorstellen, die das Ergebnis ohne Zeitdehnung und Längenkontraktion erklären würden. Einen Fingerzeig gibt vielleicht die Tatsache, daß Lorentz bei der Berechnung des Stromwerts nur Proportionalität zur Dielektrizitätskonstante voraussetzte, Einstein aber Proportionalität zum Produkt aus Dielektrizitätskonstante und magnetischer Permeabilität. Bei der Beurteilung des Versuchs ist schließlich nicht zu vergessen, daß es sich um rotierende und nicht um lineare, gleichförmige Bewegung handelte, doch setzte sich Einstein wie beim «Uhrenparadoxon» großzügig über den Unterschied hinweg.

Der Fall illustriert die Probleme der relativistischen Elektrodynamik und der experimentellen Relativitätsphysik überhaupt. Physikalisch betrachtet, sind bei diesem Versuch vorher unbeachtete Kräfte aufgetreten, die das Ergebnis gegenüber der klassischen Theorie um etwa 10% veränderten, und Einstein hat diese Abweichung richtig vorausgesagt, ähnlich wie bei einigen subatomaren Phänomenen, an denen elektromagnetische Kräfte beteiligt sind. Er scheint intuitiv eine Lücke in den klassischen Formeln erfaßt zu haben, die er mit Hilfe der Lorentz-Transformation korrigieren konnte. Schließlich ist die Lorentz-Transformation im Elektromagnetismus zuhause.

Einstein sagt: «Die spezielle Relativitätstheorie ist aus der Maxwellschen Theorie auskristallisiert. Somit stützen alle Erfahrungstatsachen die Relativitätstheorie, die jene elektromagnetische Theorie stützen.» Allerdings nur unter Zutat der Zeitdehnung und Längenkontraktion, d. h. sie stützen die Relativitätstheorie nur, wenn man die Relativitätstheorie hinzufügt. Bei Maxwell stand nichts von ihr. Soweit die Relativitätstheorie wirklich in der Lehre vom Elektromagnetismus wurzelt, kann sie nicht zu Ergebnissen führen, die nicht schon in der vorrelativistischen Theorie von Lorentz enthalten sind (Dingle 1967). Die Relativitätstheorie und die Lorentz-Theorie haben dieselbe mathematische Struktur (Maxwell + Lorentz-Transformation), legen sie aber physikalisch verschieden aus. Die elektromagnetischen Experimente beweisen nur, daß Maxwell in gewissen Fällen tatsächlich durch die Lorentz-Transformation korrigiert werden muß.

Daß Einsteins Berechnung gestimmt hat, deutet darauf hin, daß die postulierten Zeit- und Längenveränderungen irgendwie ein Äquivalent der physikalischen Kräfte darstellen, die im klassischen Bild, d. h. in der Wirklichkeit auftreten. Mit dem Präfix «Als ob» versehen, haben sie, solange es keine bessere Erklärung gibt, einen gewissen gleichnishaften Wert; nur darf man sie nicht als real ansehen. Einstein zog eine solche Betrachtungsweise in Betracht, als er einmal sagte: «Ihr müßt doch zugeben, daß ich euch zumindest ein wertvolles heuristisches Hilfsmittel gebracht habe.» In Wirklichkeit wich er nie von seinen philosophischen Axiomen ab, die seinen Ruhm begründet hatten. Ein paar Kniffe zur Erklärung ausgefallener Experimente hätten das nie vermocht.

Eine Anwendung hat die relativistische Elektrodynamik auch in der Quantenelektrodynamik (seit Dirac 1930) gefunden, die versucht, die Feldbegriffe in die Quantentheorie zu übersetzen. Die Theorie, auf die hier nicht näher eingegangen werden kann, ist in einigen (nicht allen) Experimenten bestätigt worden, doch wird auf die logischen, begrifflichen und mathematischen Schwierigkeiten verwiesen, die mit ihr verbunden sind. Die Quantenelektrodynamik will Maxwells Feldgleichungen ersetzen; an die Stelle des Felds tritt Austausch, Erzeugung und Vernichtung von Teilchen. Diese Vorstellung ist mit der Relativitätstheorie im Grunde nicht vereinbar, jedoch wird eine Verbindung dadurch hergestellt, daß man die Vorgänge im Rahmen der vierdimensionalen relativistischen Welt stattfinden läßt und gelegentlich auch die Minkowski-Kausalität heranzieht. Als Beweis der relativistischen Raum- und Zeitänderung kann die Quantenelektrodynamik nicht aufgefaßt werden, weil diese Änderungen schon vorher hineingesteckt worden sind; es handelt sich höchstens wieder um ein heuristisches «Als ob».

12. Äquivalenz von Masse und Energie

Die spezielle Relativitätstheorie sagt, daß die Masse eines bewegten Körpers mit der Geschwindigkeit zunimmt. Bezeichnet man die Masse eines Körpers in ruhendem Zustand, in der Relativitätstheorie die Ruhe- oder Eigenmasse genannt, mit m_0, so ist die Masse in bewegtem Zustand bei der Geschwindigkeit v

$$m = \frac{m_0}{\sqrt{1 - v^2/c^2}} \qquad (19)$$

Den Impuls mv (Produkt aus Masse und Geschwindigkeit) definiert die relativistische Mechanik als

$$p = \frac{m_0 v}{\sqrt{1 - v^2/c^2}} \qquad (20)$$

Die Massenänderung ist in der Relativitätstheorie zunächst ein abstraktes Postulat aus dem Impulssatz. Der Satz von der Erhaltung des Impulses besagt, daß beim Zusammenstoß zweier Körper, beispielsweise zweier Kugeln, mit den Impulsen $m_1 v_1$ und $m_2 v_2$ wohl Impuls ausgetauscht wird, die Summe der Impulse jedoch konstant bleibt.

Das Relativitätsprinzip fordert: Wenn der Zusammenstoß der Kugeln von zwei relativ zueinander bewegten Systemen aus betrachtet wird, soll der Impulssatz $m_1 v_1 + m_2 v_2$ = const in beiden Systemen gelten. Nun müssen in diesem Fall die Geschwindigkeiten v_1 bzw. v_2 nach Lorentz transformiert werden; ein Blick auf die Transformationsformel zeigt, daß dem Impulssatz nicht mehr genügt wird. Transformiert man aber auch die Masse so, daß sie mit v zunimmt, so bleibt die Summe der Impulse in jedem System erhalten. Die ganze Betrachtung erfolgt unter der Annahme, daß die Zeit in beiden Systemen verschieden abläuft, der mystischen Grundannahme der Relativitätstheorie. Es gibt noch einige Varianten dieser Art der Ableitung.

Die Relativierung muß also auch auf die Masse erstreckt werden. Minkowski führte für seine vierdimensionale Welt den Kalkül der Vierervektoren ein. Die dynamischen Eigenschaften eines bewegten Objekts werden in einem vierdimensionalen raumzeitlichen Energie-Impuls-Vektor zusammengefaßt, der die Energie und den Impuls des Objekts enthält: p' = (p_x p_y p_z iE/c). Dieser Vektor unterliegt einem Erhaltungssatz, der die Erhaltungssätze für Impuls und Energie in sich vereinigt. Dem Satz von der Erhaltung dieses Energie-Impuls-Vektors kann nur genügt werden, wenn der Impuls nach Gl. 19 variiert und E = $m_0 c^2$ gesetzt wird. Die Abhängigkeit der Masse von der Geschwindigkeit wird aus der relativistischen Beziehung zwischen Raum und Zeit abgeleitet. Sie kann nicht direkt aus dem Minkowski-Diagramm abgelesen werden; sie folgt aus der Minkowski-Kinematik. Sie ist auch hier ein Postulat.

Der Impulssatz kann also in der relativistischen Welt nur durch Opferung des Satzes von der Erhaltung der Masse aufrechterhalten werden. Man könnte natürlich auch den Impulssatz opfern - oder die Relativitätstheorie. Einstein und Minkowski entschieden sich für die Opferung der Masse. Das Opfer wurde später durch die Annahme ausgeglichen, daß auch die Energie Masse hat. Es handelt sich nicht um die Entdeckung einer neuen physikalischen Eigenschaft der Materie, sondern um eine abstrakte theoretische Entscheidung mit dem Ziel, einen bestimmten physikalischen Grundsatz aufrechtzuerhalten.

Ein imaginäres Ballspiel

Es folgt das unvermeidliche Gedankenexperiment (Lewis und Tolman 1909): Zwei Systeme S und S', die sich gegeneinander mit der Geschwindigkeit v bewegen, begegnen einander. Im Augenblick des Vorüberkommens werfen die darin sitzenden Beobachter A und A' einander senkrecht zur Bewegungsrichtung zwei Kugeln gleicher Masse zu. Die Kugeln kollidieren und kehren über die vorher durchmessene Strecke zurück. Beiden Beobachtern erscheint die Geschwindigkeitsänderung der eigenen Kugel gleich. Jedoch schließt der Beobachter A, der sich als ruhend betrachtet, daß die Geschwindigkeitsänderung der zweiten Kugel von jener seiner eigenen Kugel verschieden ist, weil zwar die Längeneinheit transversal dieselbe, die Zeiteinheit aber in dem bewegten System länger ist. Unter Verwendung der Zeiteinheit seines eigenen Systems schließt der Beobachter A, daß die Geschwindigkeitsänderung der Kugel 2 nach der Kollision im Verhältnis $\sqrt{1-v^2/c^2}:1$ kleiner ist als die Geschwindigkeitsänderung der von ihm geworfenen Kugel 1. Bei gleicher Masse beider Kugeln würde der Satz von der Erhaltung des Impulses nicht mehr stimmen; der Beitrag von Kugel 2 zur Summe der Impulse wäre zu klein. Um die Gültigkeit des Impulssatzes zu wahren, muß A zu dem Schluß kommen, daß die Masse der Kugel 2 im Verhältnis $1:\sqrt{1-v^2/c^2}$ größer ist als die Masse seiner eigenen Kugel. Er folgert daraus, daß die Masse einer Körpers mit seiner Geschwindigkeit zunimmt. Für den Beobachter A' in S' gelten dieselben Überlegungen, nur sind die Zeiten und die Rollen der beiden Kugeln für ihn vertauscht.

Noch ist die Situation jene der Relativitätstheorie Nr. 1: es gibt zwei Beobachter, die Effekte sind gegenseitig und symmetrisch. Es wird nur von metrischen Effekten gesprochen, die sich aus subjektiven, auf speziellen Denkvorschriften beruhenden Eindrücken der Beobachter ergeben. Freilich wird angenommen, daß A und A' einander die Kugeln «im Augenblick des Vorüberkommens» gleichzeitig zuwerfen. Es besteht also zwischen A und A' eine apriorische Zeitbeziehung; der Zeitpunkt der Begegnung liegt in einer gemeinsamen Zeit, wie es beim Eisenbahnspiel mit dem Zusammentreffen von M und M' der Fall war. Die absolute Zeit ist wieder da. Das Gedankenexperiment, das die Abhängigkeit der Masse von der Geschwindigkeit beweisen soll, leidet am «Erbfehler» der Relativitätstheorie. Auch bei der eingangs genannten abstrakten Ableitung muß für das entscheidende Ereignis, die Kollision der beiden Kugeln, eine Gleichzeitigkeit angenommen werden, die nur in einer gemeinsamen, d. h. absoluten Zeit liegen kann.

Der Impulssatz selbst ist im Rahmen einer absoluten Zeit aufgestellt worden; der Fall einer Zeitverschiedenheit ist in ihm nicht vorgesehen. Seine Gültigkeit steht nur in der absoluten Zeit fest; ihre Ausdehnung auf variable Zeiten ist hypothetisch. Die Behauptung, daß die Zeitverschiedenheit der Systeme sogar die Masse von Körpern verändert, ist daher schwer auf den Impulssatz zu gründen.

Das Massentheorem geht von einer Zeitverschiedenheit aus, die dem Ausgangspunkt, der auf Zeitgleichheit beruht, widerspricht. Der Widerspruch ist uns aus früheren Beispielen bekannt. Logisch ist hier noch interessant, daß nicht nur eine scheinbare Beobachtung ernstgenommen, sondern aus ihr auf etwas geschlossen wird, was gar nicht beobachtet worden ist. Die Kugelbeobachtung beruht noch auf Lichtsignalen; die Masse wird nicht mehr mit Hilfe von Lichtsignalen festgestellt. Die Basis der Relativitätstheorie wird unauffällig verschoben.

Ontologisierung der Massenzunahme
Das Ergebnis des Gedankenexperiments wurde wieder ontologisiert. Es wurde behauptet, daß jede bewegte Masse eine Zunahme erfahre, die der Geschwindigkeit über den relativistischen Faktor proportional sei. Nun hatte im Jahre 1901 tatsächlich ein Experiment stattgefunden, das diese Hypothese zu rechtfertigen schien: der Kaufmannsche Versuch, der gezeigt hatte, daß Elektronen einer Ablenkung im magnetischen Feld mit zunehmender Geschwindigkeit einen zunehmenden Widerstand entgegensetzen, der als Zunahme ihrer Masse gedeutet werden kann. Der schon erwähnte Versuch betrifft nur den elektromagnetischen Fall.

Ein aus Radium stammender Elektronenstrahl (ß-Strahlen) wurde elektrischen und magnetischen Kräften ausgesetzt. Er wurde durch einen Kondensator geleitet, der selektiv auf Elektronen mit einer bestimmten Geschwindigkeit wirkte. Stellte man die elektrische Kraft eE so ein, daß sie die magnetische Kraft evH voll ausglich, so war die Geschwindigkeit der Elektronen v durch E/H bestimmt (E elektrisches, H magnetisches Feld, e Ladung des Elektrons). Der Kondensator ließ nur Elektronen mit der so eingestellten Geschwindigkeit durch. Die Geschwindigkeit der Elektronen wurde also nicht auf einer Meßstrecke ermittelt, sondern indirekt über die Kräfte im Kondensator. Verließen die Elektronen den Kondensator, so krümmte sich ihre Bahn im magnetischen Feld in charakteristischer Weise. Die Beziehung e/m bei v und damit die Masse m wurde aus dem Krümmungsradius r bestimmt. Die Bahn der Elektronen wurde aus der Einschlagstelle auf einer photographischen Platte rekonstruiert.

Der Versuch hat keine Ähnlichkeit mit den relativistischen Gedankenexperimenten. Keine Lichtsignale vermitteln Geschwindigkeitseindrücke, keine Elektronen kollidieren. Die Beziehung des Experiments zur Relativitätstheorie erscheint von vornherein nicht eindeutig. Sie beruht auf einer Interpretation der resultierenden Gleichung

$$evH = \frac{m_0}{\sqrt{1 - v^2/c^2}} \cdot v^2/r \qquad (21)$$

Diese Gleichung verifiziert nach relativistischer Ansicht das Theorem von der Massenzunahme mit der Geschwindigkeit. Dazu bemerkt Jammer (1964), daß die Gleichung auch geschrieben werden könnte:

$$ev\sqrt{1 - v^2/c^2}\,H = m_0 v^2/r \qquad (22)$$

Dann bliebe die Masse konstant. Die Massenveränderung erhellt also nicht zwingend aus dem Experiment, sondern ist Deutungssache. Es gibt noch verschiedene andere Deutungen ohne Massenveränderung (O'Rahilly 1965).

Die Auffassung als Massenänderung, obwohl nicht eigentlich direkt beweisbar, wird unter dem Einfluß Einsteins bevorzugt. Jammer 1964: «Das willkürliche Moment, das in der Begriffskonstruktion der Theorie zum Ausdruck kommt, erscheint wiederum in der Interpretation der empirischen Daten.» In der Tat hat Einstein einmal zu Heisenberg gesagt: «Die Theorie entscheidet darüber, was beobachtet werden kann.» Nach Jammer ist «Masse» in der Relativitätstheorie nichts anderes als das Ergebnis bestimmter Operationen, bei denen die Definitionen eng mit raumzeitlichen

Betrachtungen verknüpft sind. Nur dank diesen Verbindungen hängt das Ergebnis der Messungen von der Geschwindigkeit ab. Mit anderen Worten: die Bestätigung der Relativitätstheorie setzt die Relativitätstheorie voraus.

Als erstes Opfer der Ontologisierung fällt wieder die Gegenseitigkeit. Es gibt nur *ein* bewegtes Objekt, das von *einem* Beobachter betrachtet wird. In Wirklichkeit gibt es immer nur einen einzigen Beobachter; soweit ist der Ansatz richtig. Nur steht er im Gegensatz zur Relativitätstheorie Nr. 1, eigentlichen Relativitätstheorie, die wie das Gedankenexperiment *zwei* Beobachter verlangt. Die Sache erinnert an die Ontologisierung des «Uhrenparadoxons» und wir werden uns nicht wundern, hier den gleichen Irrtümern zu begegnen[15].

Nach der relativistischen Auffassung sieht der Beobachter eine Masse m_0, die sich mit der Geschwindigkeit v bewegt. Er steht zu diesem Objekt in Beziehung über die Lorentz-Transformation. Nach der Lorentz-Transformation erscheint ihm die Masse als $m_0/\sqrt{1-v^2/c^2}$. Das Objekt hat nach der experimentellen Messung in der Tat diese Masse. Also ist die Relativitätstheorie bestätigt.

Diese Argumentation enthält den Ontologisierungsfehler. Wenn die Massenveränderung real ist, so verdankt der Beobachter seinen Eindruck nicht mehr einer Lorentz-Transformation. Er sieht bereits eine reale Masse $m_0/\sqrt{1-v^2/c^2}$ und berichtet unverändert eine Masse $m_0/\sqrt{1-v^2/c^2}$ wie ein «klassischer» Beobachter. Seine Messung ist nicht relativistisch, das Ergebnis nicht aus der Relativitätstheorie ableitbar. Eine wirklich relativistische Messung wäre es, wenn er $m_0/\sqrt{1-v^2/c^2}$ nach Lorentz transformieren würde; dann käme aber etwas anderes heraus. Wenn er m_0 zum Ausgangspunkt seiner Berechnung macht, so hat er die Hypothese Einsteins über die Entstehung von $m_0/\sqrt{1-v^2/c^2}$ schon vorweggenommen; das Ergebnis kann sie daher nicht beweisen.

Zum «Sehen» der Ergebnisse: der Beobachter sieht oder wägt keine Masse direkt. Er sieht nur die Einschlagstellen auf der Platte und die Meßdaten aus dem Kondensator. Daraus berechnet er ohne weitere Transformation die Masse. Die Transformation beruht also nicht auf seinen Eindrücken, sondern hat, wie angenommen wird, als realer Prozeß schon vorher stattgefunden. Alles weitere siehe beim «Uhrenparadoxon».

---

15 Nach der ursprünglichen Relativitätstheorie dürfte die Massenzunahme des bewegten Objekts nur metrisch sein. Sie wäre «Fremdmasse» für den in einem anderen System ruhenden Beobachter. Davon ist keine Rede mehr; die Massenzunahme wird einfach als ontologisches Faktum beschrieben.

In der relativistischen Literatur kann man lesen, das Elektron trage eine Uhr mit seiner eigenen Zeit bei sich und richte sein Verhalten nach deren Gang ein. Diese Behauptung steht logisch auf derselben Stufe wie die Erzählung von dem Phantom bei dem elektrischen Experiment. Offenkundig ist hingegen, daß Beobachter und Elektron sich in einem gemeinsamen Raum mit gemeinsamer Zeit befinden, nicht anders als die Beobachter M und M' in der Eisenbahngeschichte.

Folgen der Ontologisierung
Das Postulat der realen Massenzunahme hat weitreichende Rückwirkungen auf die Relativitätstheorie selbst. Wenn jedes bewegte Objekt eine Massenzunahme erfährt, so wird z. B. die fliegende Rakete aus Kap. 7 nicht nur kürzer, sondern auch schwerer. Sie muß bei hoher Geschwindigkeit zum Stillstand kommen, vorausgesetzt, daß die Energiezufuhr unverändert bleibt. Ist schon die Frage der Ontologisierung der Längenkontraktion in der speziellen Relativitätstheorie ungeklärt, so gilt das noch mehr für die Ontologisierung der Massenzunahme.

Die relativistischen Autoren weichen dieser Frage aus. Sie würde das «Uhrenparadoxon», den tragenden Mythos der Relativitätstheorie, illusorisch machen. Denn die bewegte Uhr würde nicht nur langsamer gehen, sondern auch schwerer werden und alsbald stehen bleiben, weil die Feder die schwerer gewordenen Teile nicht mehr bewegen könnte. Von den Folgen der Massenzunahme für jenen grotesken Auswuchs des «Uhrenparadoxons», das «Zwillingsparadoxon», sprechen wir später.

Das Panorama der Widersprüche in der Relativitätstheorie wird immer bunter. Entweder werden alle postulierten Phänomene ontologisiert, dann hebt ein Effekt den anderen auf; oder es wird nur selektiv ontologisiert, nur ein bestimmter Effekt ist real, die anderen Effekte sind Scheinbilder - dann herrscht Willkür und zumindest für einen Teil der relativistischen Effekte muß zugegeben werden, daß es sich nur um Schein handelt. Wir haben schon wiederholt bemerkt, daß der Relativitätstheorie der Ausflug in die Wirklichkeit nicht gut bekommt.

Im experimentellen Fall muß ein physikalischer Prozeß postuliert werden der bei Beschleunigung die zusätzliche Masse schafft (und sie bei Verlangsamung wieder abschafft). Bloße metrische Eindrücke können keine Masse erzeugen. Zwei physikalische Mechanismen sind vorgeschlagen worden: ein elektromagnetischer Effekt, der eine scheinbare Masse erzeugt, und eine Materialisierung der kinetischen Energie des bewegten Objekts, die zu einer realen Masse führt. Es zeigt sich sogleich, daß beide Prozesse im

Rahmen der absoluten Zeit und des dreidimensionalen Raums gedacht werden können und keinerlei Annahmen über Zeitänderung, Lorentz-Transformation, Impulsrettung usw. erfordern. Das heißt: sie sind von der Relativitätstheorie unabhängig. Die Relativitätstheorie wird wie bei jeder Ontologisierung überflüssig.

Zur Vorgeschichte der Masse-Energie-Beziehung
Nach der klassischen elektromagnetischen Theorie ist der zunehmende Widerstand eines geladenen Teilchens gegen weitere Beschleunigung ein induktiver Effekt analog der Selbstinduktion, die auch als Trägheit des elektrischen Stroms bezeichnet wird. Thomson (1881) überlegte zu diesem Bremseffekt: Um eine bewegte geladene Kugel entsteht ein elektromagnetisches Feld von bestimmter Energie. Diese Energie muß von der Bewegung der Kugel geliefert werden. Die Bewegung der Kugel wird erschwert, ihre Trägheit nimmt zu, es ist, als wäre ihre Masse größer.

Die Energie des elektromagnetischen Feldes, die als scheinbare Massenzunahme fi erscheint, ist der Energieüberschuß über die elektrostatische Feldenergie der ruhenden Ladung. Wien (1900) berechnete sie auf

$$\mu = \frac{4}{3}\frac{S}{c^2} \qquad (23)$$

wo S die elektrostatische Feldenergie ist und c über die Maxwellschen Feldgleichungen hereinkommt. Daraus folgt

$$S = \tfrac{3}{4}\mu c^2 \qquad (24)$$

Hier taucht im Umriß schon die spätere Einsteinsche Formel E = mc² auf, wenn man E für S und m für µ setzt, doch ist noch ein Faktor ¾ vorhanden. Wien zeigte, daß die «elektromagnetische Masse» eine Funktion der Geschwindigkeit war, eine Vorstellung, die ebenfalls bald in die Relativitätstheorie einging. Die Funktion geht auch bei Wien über $1\sqrt{1-v^2/c^2}$. Einstein war um diese Zeit noch Student.

Da kam Kaufmanns Experiment, das zeigte, daß die Beziehung e/m mit der Geschwindigkeit v variiert. Aber Kaufmann unterschied anfangs noch zwischen einer «echten» und einer «scheinbaren» Masse des Elektrons. Die «echte» war die Masse, die es in Ruhe hatte (sie wurde 1911 von Millikan auf 9,11 · 10⁻²⁸ g bestimmt), die «scheinbare» ging auf den Trägheitseffekt zurück, der induktiver Natur war, aber den von Thomson und Nachfolgern entwickelten Massenaspekt hatte.

Noch war es, *als ob* die Masse des Elektrons zugenommen hätte. Die «elektromagnetische Masse» war eine Metapher für eine Trägheitserscheinung, obwohl man schon begann, ihr physikalische Eigenschaften zuzuschreiben wie einer wirklichen Masse. Nun begann man aber die Frage zu erörtern, ob es sich nicht doch um eine wirkliche Masse handelte. Die Fluidum-Theorie der Energie feierte Auferstehung. Man hatte bis ins 19. Jahrhundert hinein angenommen, daß Wärme und Elektrizität «Fluida» seien, sehr fein verteilte und mechanisch nicht spürbare Substanzen mit Masse. Bei der Wärme nannte man diese Substanz das «Kalorikum». Man kam später von diesen Gedanken ab.

Die Entdeckung der elektromagnetischen Wellen durch Hertz zeigte, daß Energie selbständig wandern konnte wie ein materieller Stoff, und es erhob sich die Frage, ob sie nicht doch ein Stoff sei. Um die Jahrhundertwende wurde der Lichtdruck entdeckt, der wieder die Frage nach dem Substanzcharakter des Lichts, einer elektromagnetischen Welle, aufwarf.

Im Jahre 1898 entwickelte der Wiener Physiker Mie eine allgemeine Theorie der Energieübertragung aus der Mechanik elastisch verformbarer Körper. Jede Energie ist ein Fluidum, lehrte er, das sich mit einer Stromdichte, die der Formel für elektromagnetische Energie entspricht, im Raum ausbreitet: «Alle Energieverschiebungen sind die Folgen wirklicher Energieströme.» Den Gedanken einer allgemeinen Trägheit der Energie lehnte Mie jedoch ab.

Poincaré kam 1900 hinsichtlich der elektromagnetischen Energie zu dem Schluß, daß sie ein theoretisches Fluidum *mit* Trägheit sei. Mit dem Lichtdruck mußte ein Rückstoß des die elektromagnetische Energie des Lichts absorbierenden Körpers verbunden sein, aus dem sich über den Impuls mv eine Masse oder Trägheit m der elektromagnetischen Strahlung

$$Em = E/c^2 \qquad (25)$$

berechnen ließ, m ist hier nur die Masse der einfallenden Strahlungsmenge. Eine Ähnlichkeit mit Einsteins Formel $E = mc^2$ tritt wieder hervor. Die Masse variiert mit dem Energieaustausch mit der Umgebung durch Strahlung. Um eine Beeinträchtigung des Impulssatzes zu vermeiden, wies Poincare der Strahlung einen Impuls zu.

In Wien berechnete Hasenöhrl (1904, 1905), daß elektromagnetische Energie E sich in einem leeren Kasten mit vollkommen reflektierenden

Wänden bei Bewegung des Kastens so verhält, als ob sie eine Masse proportional zu E hätte. In der ersten Arbeit kam Hasenöhrl (der im Ersten Weltkrieg fiel) zu der Formel E = 8/3 mc², in der zweiten zu E = 4/3 mc².

Elektromagnetische Theorie der Materie
Inzwischen war Abraham (1903) zu einer elektromagnetischen Dynamik des Elektrons gelangt, die auf dem von Poincaré eingeführten Begriff des elektromagnetischen Impulses fußte. Der Impuls ist gleich der Wienschen Größe für den elektromagnetischen Massenzuwachs μ (Gl.23) multipliziert mit der Geschwindigkeit des Elektrons v. Er ist eine reale Größe, während μ noch eine Scheingröße war. Die Grenze zwischen «scheinbar» und «real» beginnt zu verschwimmen.

Wiens Formel für die elektromagnetische Masse galt nur für kleinere Geschwindigkeiten. Bei hohen Geschwindigkeiten mußten Annahmen über die Form der Kugel und die Verteilung ihrer Ladung auf ihre Fläche hinzugefügt werden[16]. Abraham nahm eine starre Kugel mit gleichmäßiger Ladungsverteilung an; in diesem Fall galt Wiens Formel angenähert für alle Geschwindigkeiten. Die «wirkliche» Masse des Elektrons verschwand, auch in Ruhe war es nur eine «elektromagnetische Masse» von 4/3 E/c² ; es bestand aus reiner Energie, was immer man sich darunter vorstellen mochte. Diese Energie besaß Masse oder genauer gesagt Trägheit. Kaufmann schloß sich dieser Auffassung bald an, während Lorentz noch an einer kleinen «realen» Masse des Elektrons festhielt. Er verbesserte die Massenformel durch die Annahme, daß sich das Elektron bei der Bewegung abplatte. Die mit der Geschwindigkeit v bewegte Ladung zeigte nun eine Zunahme der elektromagnetischen Masse (= Trägheit) um den Faktor $1/\sqrt{1-v^2/c^2}$. Die wesentliche Aussage der Relativitätstheorie war vorweggenommen. Je nach der Richtung, in der die beschleunigenden Kräfte einwirkten, unterschied man eine «longitudinale» und eine «transversale» Masse. Jedes Teilchen hatte also zwei verschiedene Massen.

Die Äquivalenz von Masse und Energie beruht hier auf bestimmten Definitionen und Rechenoperationen, wobei unklare neue Begriffe ein-

---

[16] Thomson und einige Nachfolger bis Poincaré und Langevin (1913) berechneten, wie sich bei sehr hohen Geschwindigkeiten die elektrischen und magnetischen Felder der geladenen Kugel verändern und verformen. Es entsteht u.a. ein vom Magnetfeld induziertes zusätzliches elektrisches Feld. Diese Veränderungen erfordern Arbeit auf Kosten der antreibenden Kraft und beeinflussen die Wechselwirkung des Feldes der Kugel mit dem Feld, in dem sich die Kugel bewegt. Die Bremswirkung nimmt zu, bei Lichtgeschwindigkeit würde sie unendlich groß. Deshalb ist c die Grenzgeschwindigkeit.

geführt werden. Die traditionelle Definition der Masse als Substanzmenge wird ausgeschaltet. Es ist nicht so, wie oft behauptet wird, daß die elektromagnetischen Berechnungen den Substanzbegriff «überwunden» hätten; vielmehr mußte man ihn erst beseitigen, um zu der elektromagnetischen Auffassung zu gelangen, welcher der Substanzbegriff hindernd im Wege stand.

Aus der Theorie von Abraham wurde eine allgemeine Theorie der Masse auf elektromagnetischer Grundlage entwickelt; alle Materie bestand ja aus positiven und elektrischen Ladungen, und wenn deren Trägheitsverhalten elektrodynamisch zu deuten war, dann war die mechanische Trägheit und die ganze Mechanik letztlich elektromagnetisch erklärbar. Namhafte Gelehrte wie Wien und Poincaré neigten zu dieser Hypothese. Poincaré 1908: «Was wir Masse nennen, ist wohl nichts als eine Erscheinung, und die ganze Trägheit ist elektromagnetischen Ursprungs.» Vorübergehend wurde eine ganze Atomphysik auf der neuen Theorie aufgebaut. Die Bewegung flaute bald ab, denn es zeigte sich, daß Abrahams Theorie nur für Elektronen galt, nicht für die anderen Bausteine der Materie.

Die zeitweiligen Theorien über die «elektromagnetische Masse» hatten ungeachtet ihres im Grunde metaphorischen Charakters immerhin die Folge, daß man sich daran gewöhnte, die Masse als etwas anzusehen, das erschaffen und vernichtet werden kann, wobei man für die symbolische «elektromagnetische Masse» bald die konkrete Substanzmasse hypostasierte, deren Abschaffung erst die ganze Vorstellung ermöglicht hatte.

Die Theorie von Abraham hatte eine andere Abhängigkeit der Masse von der Geschwindigkeit ergeben als die bald folgende Einsteinsche, obwohl auch Abraham den Faktor $\sqrt{1-v^2/c^2}$ verwendete. Er kam zu der Wienschen Formel $E = \frac{3}{4} mc^2$, während Einstein $E = mc^2$ postulierte. Viele Versuche sind seither durchgeführt worden, um die Richtigkeit der relativistischen Formel an bewegten elektrischen Ladungen zu überprüfen. Bucherer wiederholte Kaufmanns Experiment im Jahre 1908, gelangte zu $E = mc^2$ und erklärte den Versuch als Bestätigung der Relativitätstheorie, die sich der Sache inzwischen bemächtigt hatte. Über den Ontologisierungsfehler und die logischen Widersprüche in der Relativitätstheorie machte er sich keine Gedanken. Daß die Relativitätstheorie ihrer Struktur nach keines experimentellen Beweises fähig ist, haben bis heute viele nicht erkannt.

Zahlreiche Autoren haben inzwischen berichtet, daß ihre Ergebnisse die Einsteinsche Formel bestätigt hätten. Aber auch die Kritik meldete sich zu Wort. Schon 1938 kritisierten Zahn und Spees die Experimentaltechnik

Bucherers, dessen Apparat für die Beurteilung von Geschwindigkeiten über 0,7 c nicht ausreichte. Faragó und Jánossy (1957) überprüften alle bisher durchgeführten Versuche und kamen zu dem Schluß, daß die Ergebnisse «die Gültigkeit der relativistischen Formel weit weniger stützen, als gewöhnlich angenommen wird».

Kinetische Energie wird Masse
Einstein kam, wie bereits erwähnt, im Jahre 1905 zu demselben Schluß wie Poincaré und postulierte, daß jede Energieänderung, nicht nur die elektromagnetische, mit einer Massenveränderung der Körper einhergehe. Höhere Geschwindigkeit bedeutete mehr kinetische Energie und daher mehr Masse. «Die Masse eines Körpers ist ein Maß für dessen Energieinhalt.»

Eine Erweiterung der elektromagnetischen Masse-Energie-Beziehung auf die gesamte Mechanik hatte schon Poincaré (1904) angedeutet, den Gedanken aber nicht näher ausgearbeitet. Solange die elektromagnetische Theorie der Materie große Mode war, schien es plausibel, elektromagnetische Phänomene auch auf die Mechanik zu übertragen. Mechanik und Elektromagnetismus schienen ja eins. Mit dem Erlöschen der elektromagnetischen Theorie der Materie lebte der Unterschied zwischen stofflicher und elektromagnetischer Masse wieder auf. Die Parallele wurde schwieriger, aber Mie hatte mit seiner Theorie von der Gleichheit aller Energieströme den Weg gewiesen. Einstein erwähnte ihn so wenig wie seine anderen Vorgänger.

Der Gedanke einer allgemeinen Veränderung der Masse eines Körpers durch Aufnahme oder Abgabe irgendwelcher Energie wurde nun mathematisch aus der Massentransformation entwickelt. Im Gegensatz zum elektromagnetischen Fall fehlte ein experimenteller Ausgangspunkt; man griff wieder zum Gedankenexperiment.

Die vereinigten Kugeln
Wir betrachten nochmals die zwei Kugeln aus S und S', die miteinander kollidieren (Born 1964, S. 240). Diesmal ist der Zusammenstoß unelastisch ; die Kugeln fliegen nicht wieder auseinander, sondern vereinigen sich zu einer Gesamtmasse M.

Hierzu muß neben S und S' noch ein drittes System S" halluziniert werden, in welchem beide Kugeln gleichzeitig die Geschwindigkeit Null erreichen. S" bewegt sich gegen S mit der Geschwindigkeit $\bar{u}$. Die Kugeln haben in S" entgegengesetzt gleiche Geschwindigkeiten $\pm\ \bar{u}$. Aus dem relativistischen Additionstheorem der Geschwindigkeiten folgt, daß ū in o, u (die Geschwindigkeit in S) in ū und o in -ū übergeht. Es ergibt sich eine Addition der einen Masse (bei ū) und der anderen Masse (bei —ū) zu 2 m (bei ū) = M bei der Geschwindigkeit o. Relativistisch formuliert ist

$$M_0 = \frac{2m_0}{\sqrt{1-\overline{u}^2/c^2}} \qquad (26)$$

Anders als in der klassischen Mechanik ist M_0, die «Ruhemasse» der vereinigten Kugeln, nicht gleich 2 m_0, denn ihre relativistische Zeit-, Massen- und Geschwindigkeitsverschiedenheit wirkt nach. Auflösung ergibt

$$M_0 = 2m_0(1+\tfrac{1}{2}\tfrac{\overline{u}^2}{c^2}) = 2m_0 + 2\cdot\tfrac{1}{2}m_0\overline{u^2}\cdot\tfrac{1}{c^2} \qquad (27)$$

Die kinetische Energie jeder Kugel ist E_{kin} = $(m_0/2)\overline{u}^2$. Die kombinierte Masse beider Kugeln geht um den Betrag ihrer kinetischen Energien, dividiert durch c^2, über die Ruhemasse 2 m_0 hinaus:

$$M_0 = 2m_0 + \frac{2E_{kin}}{c^2} \qquad (27a)$$

Die kinetische Energie ist in der relativistischen Masse enthalten und hat infolgedessen selbst Masse. Wenn sie sich beim Zusammenstoß in Wärme verwandelt, so ist auch diese ein Teil der Masse, denn die Wärme Q = 2 E_{kin} und es folgt

$$M_0 = 2m_0 + \frac{Q}{c^2} \qquad (27b)$$

Für eine einzelne bewegte Kugel folgt

$$m = m_0 + \frac{E_{kin}}{c^2} \qquad (28)$$

Verallgemeinert ergibt sich, daß die Zufuhr jeder Energie, ob kinetisch, thermisch, elektrisch oder chemisch, die Masse eines Körpers um E/c^2 vergrößert.

Aus Gl.28 folgt

$$E_{kin} = mc^2 - m_0c^2 \qquad (29)$$

Das kann auch $(m - m_0)c^2$ geschrieben werden. Wenn v/c klein ist, ent-

spricht die Formel der klassischen $E_{kin} = mv^2/2$
Wir nehmen nun an, daß der Körper ruht und $E_{kin} = 0$. Dann folgt

$$mc^2 = m_0c^2 = 0 \qquad (30)$$

oder: im Ruhezustand ist mc^2 gleich m_0c^2, und dieser Betrag ist laut Gl.29 energetischen Charakters. Auch ein ruhender Körper besteht also aus Energie. Im Bewegungsfall ergibt sich aus dieser «Ruheenergie» und der kinetischen Energie eine Gesamtenergie

$$E = E_{kin} + m_0c^2 = mc^2 = \frac{m_0c^2}{\sqrt{1-v^2/c^2}} \qquad (31)$$

Die Masse jedes Körpers kann als Energiebetrag ausgedrückt werden: $E = mc^2$, d. h. jede Energie ist einer Masse mal der Lichtgeschwindigkeit äquivalent und jede Masse $m = E/c^2$ ist einer Energiemenge, dividiert durch die Lichtgeschwindigkeit, äquivalent. Die Ableitung ist zunächst rein mathematisch und nicht physikalisch. mc^2 ist im Grunde nur ein mathematisch notwendiger Ausdruck. [Eine Ableitung aus der Beziehung zwischen Arbeit und kinetischer Energie (Rosser 1971, S. 182, Jammer 1964, S. 193) führt zu der Formel

$$E_{kin} = \frac{m_0c^2}{\sqrt{1-v^2/c^2}} + C \qquad (32)$$

aus der noch deutlicher hervorgeht, daß m_0c^2 nur ein mathematischer Begriff ist; denn bei $E_{kin} = 0$ muß C gleich $-m_0c^2$ sein. C ist aber nichts als die Integrationskonstante und hat keine physikalische Bedeutung.]

Sämtliche in den Gleichungen 25-32 dargestellten Vorgänge sind Fiktionen. Die Massenzunahme im Gedankenexperiment ist fiktiv; aus dieser fiktiven Voraussetzung wird durch eine bloße mathematische Umgruppierung der Faktoren die Folgerung ableitet, daß die Massenzunahme von der kinetischen Energie komme. Die Parallele ist fiktiv. Ehe man aus dieser Formel ein weltumstürzendes Gesetz macht, müßte man vor allen untersuchen, ob etwas derartiges physikalisch möglich ist. Die Mathematik kann keine physikalischen Vorgänge erfinden, sondern nur bestehende Vorgänge beschreiben. Für denjenigen, der Materie und Energie für zwei verschiedene Dinge hält, ist der Ansatz von vornherein unmöglich. Die Identität der beiden Dinge steckt als Voraussetzung in dem Ansatz, der sie beweisen soll.

Die Methode ist uns aus der Relativitätstheorie hinreichend bekannt. Mathematische Analogien zwischen Dingen, die nichts miteinander zu tun haben, lassen sich oft leicht herstellen und sagen physikalisch nichts aus. Die Relativitätstheorie neigt, wie schon erwähnt, dazu, mathematische Beziehungen ohne weiteres physikalischen gleichzusetzen.

Das Sensationelle an Einsteins These war, daß anscheinend Masse und Energie ineinander umwandelbar sind. Um der Formel einen physikalischen Sinn zu geben und sie auf wirkliche Vorgänge anwendbar zu machen, müssen qualitative Annahmen über das Wesen von Masse und Energie gemacht werden. Sie folgen nicht aus den mathematischen Formeln, sondern bedürfen experimenteller Bestätigung und der Angabe eines Mechanismus für die postulierte Umwandlung. Eine solche — wenn auch unbewiesene - Vorstellung wäre es beispielsweise, daß kinetische Energie ein feines Fluidum ist, das sich zu Masse kondensiert und bei Verlangsamung wieder verdunstet. Wir erwähnten schon, daß die Relativitätstheorie in diesem Fall überflüssig würde.

Selbst wenn es den Fluidum-Prozeß gäbe - wie soll aus ihm folgen, daß auch der ruhende Körper, der keine kinetische Energie besitzt, aus Energie besteht ? Eine mathematische Formel, die das beweist, setzt wieder voraus, was sie beweisen soll. Welche Energie soll das sein? Die «Massenenergie» der Relativitätstheorie ist nicht identisch mit der «inneren Energie» der Körper in der Thermodynamik, die großenteils in der Wärmebewegung der Atome besteht. Die Materie selbst soll in Energie umwandelbar sein, eine Energie, die unvergleichlich größer ist als alle anderen bisher bekannten Energien. Die Materie ist ein ungeheures Energiepotential eigener Art. Wir sprechen über diese Behauptung im nächsten Kapitel.

Relativitätstheorie und Energiesatz
Nach den Postulaten der Relativitätstheorie tritt an die Stelle der beiden gesonderten Erhaltungssätze für Masse und Energie ein kombinierter Erhaltungssatz für die Summe der Masse und Energie. Wenn zu der «Ruheenergie» noch irgendeine Energie U hinzutritt, so ist die Gesamtenergie, die bei allen Geschehnissen erhalten bleibt,

$$E = \frac{m_0 c^2}{1 - v^2/c^2} + U \qquad (33)$$

Manchmal werden Masse und Energie zu einer «Massergie» oder «Matergie» zusammengelegt, die sich der konkreten Vorstellung entzieht.

Freilich ist in der Relativitätstheorie die Energie eines Systems selbst relativ und ebenso vom Bezugssystem abhängig wie Länge, Masse oder Feld.

Bei einer Änderung des Bezugssystems errechnet ein Beobachter eine andere Energie. Wenn die Beobachtung ontologisiert wird, und das kann auf Grund der Gleichberechtigung aller Systeme ohne weiteres geschehen, so ist der Energiesatz aufgehoben. In dem beobachteten System kann durch bloße Änderung des Bezugssystems Energie geschaffen oder vernichtet werden. Ein absoluter Energiebetrag kann, außer im Zustand relativer Ruhe, für kein System festgelegt werden. Nur solange ein System von einem bestimmten Bezugssystem aus betrachtet wird, gilt der Energiesatz. Es ist wieder die Identifizierung von Messung und Sein.

Damit relativieren sich die Relativierungen der vorigen Abschnitte noch weiter. Die Konsequenzen des Relativitätsprinzips erstrecken sich über immer weitere Gebiete und lassen von der Existenz objektiver Gegenstände kaum noch etwas übrig.

Einstein sagt ausdrücklich (1918), daß die kinetische Energie eines bewegten Körpers durch Wechsel des Bezugssystems beliebig verändert und auch zum Verschwinden gebracht werden kann. Die Energie ist nach Einstein, wie fast alle physikalischen Größen, von dem verwendeten Koordinatensystem abhängig; alle Koordinatensysteme sind gleichberechtigt.

Man überlege sich als Beispiel den Fall, daß man im Auto neben einem zweiten Auto mit genau gleicher Geschwindigkeit einherfährt. Dann befindet sich das zweite Auto relativ zum ersten in Ruhe und hat die kinetische Energie Null. Nach der Relativitätstheorie ist diese Aussage gleichberechtigt mit der Aussage, daß das Auto in Bezug auf die Erde eine bestimmte Geschwindigkeit und somit eine bestimmte kinetische Energie hat. Der Realist wird sagen, daß es sich um zwei verschiedene Experimente unter verschiedenen Bedingungen handelt. Die Frage einer Gleichberechtigung der Ergebnisse entsteht nicht.

Relativität der Gesetze der Mechanik
Wir wollen noch zusammenfassen, wie die Relativitätstheorie die klassischen Gesetze der Mechanik modifiziert. Das 1. Gesetz der Mechanik, der Newtonsche Trägheitssatz, bleibt in der speziellen (nicht in der allgemeinen) Relativitätstheorie unverändert.

Das 2. Gesetz der Mechanik, das Kraftgesetz $K = mb$, wird in der schon geschilderten Weise abgeändert. Es lautet jetzt

$$K = \frac{m_0 b}{\sqrt{1 - v^2/c^2}} \tag{34}$$

oder vom Impuls her formuliert

$$K = \frac{d}{dt} \frac{m_0 v}{\sqrt{1-v^2/c^2}} \qquad (35)$$

Die relativistische Definition der Kraft als dp/dt ist nicht mehr gleich der Definition als Produkt aus Masse und Beschleunigung wie in der Newtonschen Physik. Es tritt der die Massenveränderung mit der Bewegung bezeichnende Ausdruck vdm/dt hinzu, den die klassische Mechanik nicht kennt.

Wenn die Geschwindigkeit v im Verhältnis zur Lichtgeschwindigkeit nicht groß ist, bleibt die klassische Mechanik praktisch unverändert in Geltung. Bei im Vergleich zu c hohen Geschwindigkeiten steigt aber die Masse des bewegten Körpers so an, daß unverhältnismäßig stärkere Kräfte zur weiteren Beschleunigung erforderlich sind. Bei Lichtgeschwindigkeit wäre die Masse der kinetischen Energie des Körpers unendlich groß, sodaß eine unendliche Energie erforderlich wäre, um diese Geschwindigkeit zu erreichen. Kein Körper kann daher die Lichtgeschwindigkeit c voll erreichen (wenn er auch bis knapp in ihre Nähe kommen kann) oder gar überschreiten. Die Lichtgeschwindigkeit ist eine Grenzgeschwindigkeit wie im Additionstheorem (S. 69). Nur das Licht selbst erreicht die volle Lichtgeschwindigkeit. Sonst gilt die Grenze für jede Übertragung von Energie oder Masse. Bewegungen, die keine Masse oder Energie übertragen, können auch mit höherer als Lichtgeschwindigkeit stattfinden; ein Beispiel ist die Phasengeschwindigkeit elektromagnetischer Wellen. Für geladene Teilchen, bei denen allein die Probe gemacht werden kann, ist der (übrigens von Poincaré 1904 vorausgesagte) Satz, soviel man sehen kann, bestätigt.

Das 3. Gesetz der Mechanik, das Gesetz von Aktion und Reaktion, wird von der Relativitätstheorie aufgehoben. Die Reaktionskraft wird beim Übergang zu einem anderen Bezugssystem ungleich der Aktionskraft. Das 3. Gesetz fällt nicht unter die Naturgesetze, die nach der Transformation generell unverändert bleiben, d. h. die Relativitätstheorie hebt hier das Relativitätsprinzip auf. Eigenartig berührt es, daß ein so tausendfach bewährtes Gesetz, auf dem alles Arbeiten, Fahren und Fliegen bis zum Raketenflug beruht, kein fundamentales Naturgesetz mehr sein soll, während aus den Ergebnissen imaginärer Experimente fundamentale Aussagen abgeleitet werden. Zwar hat schon Lorentz das Reaktionsgesetz angezweifelt, es ist aber außerhalb der relativistischen Gedankenexperimente kein wirklicher Fall bekannt, in dem das Gesetz nicht gelten würde.

Die Aufhebung des Reaktionsgesetzes trägt einen neuen Widerspruch in die Relativitätstheorie hinein. Auf dem Reaktionsgesetz beruht der Impulssatz, von dem die relativistische Massenveränderung abgeleitet wird. Wieder stößt die Theorie ihre eigenen Grundlagen um.

Die Modifizierung der physikalischen Grundgesetze beruht nicht auf der Entdeckung irgendwelcher neuer Tatsachen, sondern erfolgt lediglich, um die Gesetze der Mechanik mit den Postulaten der Relativitätstheorie in Einklang zu bringen. Newton hatte seine Gesetze immerhin aus Tatsachen abgeleitet.

13. Gegenseitige Umwandlung von Masse und Energie

Bei den Experimenten mit bewegten Ladungen, die oft als Beweis für die Relativitätstheorie angeführt werden, tritt Einsteins Theorie vom Massencharakter der kinetischen Energie in Gegensatz zu der elektromagnetischen Theorie, von der er ja selbst ausgegangen ist. Die beiden Modellvorstellungen schließen einander aus. Sie können nicht gleichzeitig gelten. Denn sonst müßte der Effekt doppelt auftreten. Gilt die Massenwirkung der kinetischen Energie, so muß der induktive Bremseffekt gestrichen werden. Das heißt gesicherte elektromagnetische Gesetze mißachten. Wenn aber der elektromagnetische Trägheitseffekt gilt, kann die kinetische Energie des Teilchens keine Masse haben.

Man hat sich um der Relativitätstheorie willen für Einsteins Hypothese entschieden. Sie kann auf alle Arten bewegter Ladungen angewendet werden, während die elektromagnetische Theorie gewisse Annahmen über Gestalt der Objekte und Ladungsverteilung erfordert. Heuristisch ist Einstein im Vorteil. Ob physikalisch, ist eine andere Frage.

Beide Thesen können nur an geladenen Teilchen überprüft werden, die elektromagnetisch beschleunigt werden; ungeladene Objekte lassen sich nicht auf die notwendigen enormen Geschwindigkeiten beschleunigen. Das relativistische Postulat der Ausdehnung der Massenzunahme auf ungeladene bewegte Objekte entzieht sich also dem Beweis.

Die Formulierung der Masse-Energie-Beziehung wird als die Hauptleistung der Relativitätstheorie gewertet. Aber für die elektromagnetischen Phänomene war sie schon vor Einstein bekannt, auch die kinetische Verallgemeinerung war schon von Poincaré und Langevin gefordert worden. Einstein hat die Formel $E = mc^2$ in die Relativitätstheorie eingebaut, aber nicht entdeckt. Es ist unrichtig, wenn Lehrbücher gewohnheitsmäßig von der «relativistischen» Massenzunahme von Elektronen sprechen, wobei jeder an Einstein, nicht aber an Kaufmann denkt.

Bedeutung der Massenzunahme geladener Teilchen
Der von Kaufmann entdeckte Widerstand einer bewegten elektrischen Ladung gegen weitere Beschleunigung, wie immer er zustandekommen mag, ist ein sehr wichtiges Faktum. Er muß bei der Konstruktion der Teilchenbeschleuniger berücksichtigt werden, die der Erforschung der Elementarteilchen dienen. Die Teilchen müssen in einem bestimmten Rhythmus elektrisch angestoßen werden, um sich zu beschleunigen. Infolge der anscheinend zunehmenden Masse kommen sie aber bei Geschwindigkeiten, die im Größenbereich der Lichtgeschwindigkeit liegen, nicht im richtigen Augenblick an der Stelle vorbei, wo sie angestoßen werden sollen. Sie sind nicht mehr «in Phase». Man kann sich mit Frequenzmodulation helfen, d. h. die Frequenz des stoßenden Felds bis zu einem Viertel senken, sodaß der Verspätung des Teilchens Rechnung getragen wird, oder das magnetische Feld, das im Beschleuniger mit dem elektrischen zusammenwirkt, laufend stärker machen. Damit gelingt es, Elektronen auf 99,6% der Lichtgeschwindigkeit zu beschleunigen (Deutsches Elektronen-Synchrotron DESY, Hamburg).

Einige Beispiele für die anscheinende Massenzunahme geladener Teilchen: Ein Elektron wird bei 5 000 Volt Spannung auf 42 000 km/sek beschleunigt. Seine Masse nimmt auf 1,01 m_0 zu. Noch ist der Effekt gering. Erst in den höchsten Geschwindigkeitsbereichen wächst m stark an, dagegen v kaum noch. Ein Elektron erreicht 0,996 c schon bei 5,11 MeV Energiezufuhr nach einer Strecke von nur 34 cm. (1 MeV = 1 Million Elektronvolt, 1 eV = die Arbeit, die ein Elektron beim Durchqueren der Potentialdifferenz 1 Volt leistet.) Das 1830 mal schwerere Proton benötigt 9380 MeV Energiezufuhr bei 1,5 Mill. V/m, um 93% c zu erreichen.

Die Deutung des Vorgangs auf Grund der kinetischen Energie ist die folgende. Der «Ruhemasse» der Teilchen wird ein Energieäquivalent nach E = mc² zugeordnet. Es beträgt beim Elektron 0,511, beim Proton 938, beim Alpha-Teilchen 3733 MeV. Als «Ruheenergie» E_0 geht es in die Gleichung für die Geschwindigkeit

$$v = c\sqrt{1 - \left(\frac{E_0}{E_0 + E_{kin}}\right)^2} \qquad (36)$$

ein, die elektromagnetisch ganz anders aussieht. Es zeigt sich, daß v schnell anwächst, solange E_{kin} klein gegen E_0 (in traditioneller Bezeichnung die

Masse des Teilchens) ist. Bei sehr hoher Geschwindigkeit (hoch im Vergleich zur Lichtgeschwindigkeit) wächst aber E_{kin} so stark an, daß es E_0 weit übertrifft. Nun nimmt die Masse mit weiterer Beschleunigung schnell zu, die Geschwindigkeit nur noch wenig. Bei $E_{kin} = 10\ E_0$ wird $v = 0{,}996\ c$. Die beschleunigende Kraft muß entsprechend erhöht werden.

Obwohl die «kinetische» Masse realer aussieht als die elektromagnetische, ist sie in Wirklichkeit ebenso metaphorisch. Direkt ist ihre Existenz nicht nachweisbar; die Behauptung, hier sei «Energie in Masse umgewandelt» worden, enthält mehr, als beobachtet werden kann.

Mie deutete das Verhalten der bewegten geladenen Teilchen im Sinne seiner älteren Theorie dahin, daß die Bewegung der Teilchen einen Energiestrom entgegengesetzter Richtung erzeuge, der ihren Impuls vermindere. Die Annahme einer Massenveränderung wurde unnötig. Mies Erklärung kam der Selbstinduktionstheorie nahe. Sie war als Deutung genau so brauchbar wie die Einsteinsche, fand aber keinen solchen Widerhall und ist heute fast vergessen. Selbst ein Prophet Einsteins wie Born (Berner Rede 1955) rügte es, daß man die Eigenenergie bzw. das Eigenfeld des Elektrons ad acta gelegt habe, und sagte eine Wiederkunft voraus. Er tadelte die Tendenz der heutigen Physik, diesem Problem auszuweichen.

Kinetische Energie kann, auch wenn sie Masse haben sollte, nicht gewogen werden, weil man nur ruhende Körper wägen kann. Aber auch wenn sie gewogen werden könnte, würde sich ihre Masse der Geringfügigkeit halber der Beobachtung entziehen. Ein Auto von 1000 kg Gewicht würde bei 60 km/h nur eine Massenzunahme um 2 Milliardstelgramm erfahren, die mit keinem Mittel erfaßbar wäre. Die Geringfügigkeit des Massenäquivalents macht auch bei den anderen Energiearten, wenn man sie als Fluida auffassen will, eine Feststellung ihrer Masse unmöglich. Es gibt keine Waagen, die einen Gewichtsunterschied zwischen geladenen und ungeladenen oder zwischen warmen und kalten Körpern anzeigen könnten, weil es sich um Trillionstelgramm und weniger handeln würde. Auch daß chemische Energie Masse hat, kann nicht durch Wägung vor und nach einer chemischen Reaktion nachgewiesen werden.[17] Schon Lavoisier fand nur unveränderte Massen und formulierte darauf das Gesetz von der Erhaltung der Masse. Die Relativitätstheoretiker versichern, mit genügend

---

[17] Wenn kinetische Energie Masse hat, muß auch die potentielle Energie Masse haben. Ein hochgehobener Stein müßte schwerer sein als ein auf dem Boden liegender, denn er hat in einem Schwerefeld potentielle Energie. Auch das wäre erst noch zu beweisen.

empfindlichen Waagen könnte man die Massenveränderung feststellen - der Beweis bleibt abzuwarten[18].

Masse und Energie bei Kernprozessen
Bei der Atomkernspaltung sind die freigesetzten Energien groß genug, um eine quantitative Beziehung zur Masse erfaßbar zu machen. Die Massenveränderung wird indirekt berechnet; der Stoff wandelt sich in einen oder mehrere andere Stoffe um, deren Atomgewichte aus der Chemie bekannt sind, und die Differenz zwischen diesen Atomgewichten und dem Atomgewicht der ursprünglichen Substanz wird als Massenverlust bezeichnet. (Bei Kernen werden die Atomgewichte «Massenzahlen» genannt. Die Massenzahl ist die Summe der Protonen und Neutronen, die den Kern aufbauen.)

Vorweg sei bemerkt, daß es zu weit geht, der Relativitätstheorie das Verdienst an der Gewinnung von Energie durch Kernspaltung zuzuschreiben, wie das manchmal geschieht. Einstein hat zwar Längenkontraktion eines bewegten Stabes und Nachgehen einer bewegten Uhr vorausgesagt, aber niemals die Gewinnung von Energie aus Atomkernen. Mit dieser Frage hat er sich nicht beschäftigt, außer daß er 1939 in Amerika, von anderen veranlaßt, den Präsidenten Roosevelt auf die Möglichkeit einer Atombombe aufmerksam machte. (Vgl. hierzu S. 101.) Einstein hatte Deutschland Ende 1932 unter dem zunehmenden Druck des Nationalsozialismus verlassen und sich nach Amerika gewandt. Die wüste Hetze, die das nationalsozialistische Regime später gegen ihn betrieb, war durch die Rassenideologie bedingt und hatte keine Beziehung zum Inhalt seiner Gedanken.

Die Kernspaltung ist das Ergebnis empirischer Forschung, die unabhängig von der Relativitätstheorie vor sich ging. Rutherford, dem die erste Kernumwandlung gelang, stand der Relativitätstheorie ablehnend gegenüber. Wien sagte einmal zu ihm: «Die Angelsachsen verstehen die Relativitätstheorie einfach nicht.» Rutherford erwiderte: «Nein, dazu sind sie zu vernünftig.»

Bei der Kernspaltung ist die Masse der Spaltstücke laut chemischer Be-

---

[18] Das Gewicht von 1 g Wasser würde bei Temperaturerhöhung von 0° auf 1oo° nur um $5 \cdot 10^{-12}$ g zunehmen. Bei der chemischen Vereinigung von Wasserstoff und Sauerstoff zu Wasser würde nach der geschilderten Auffassung die Gesamtmasse nur um ein Fünfmilliardstel, bei anderen Reaktionen nur um ein Zehnmilliardstel abnehmen (Langevin 1913).

rechnung etwas kleiner als die Masse der nichtgespaltenen Kerne. Die freigesetzte Energie ist der weggegangenen Masse ungefähr nach der Formel $E = mc^2$ äquivalent. Man sagt, Masse habe sich in Energie umgewandelt. Der Vorgang ist nicht ganz so einfach, wie er klingt.

Ein bekanntes Beispiel ist die Umwandlung von Lithium in Helium durch Beschuß mit Protonen (Cockroft und Walton 1932) nach der Kernreaktionsgleichung

$$Li^7 + H^1 \to He^4$$

Massen: 7,0104   1,0072   2 x 4,0011

Die resultierenden zwei Heliumkerne (= Alphateilchen) haben gegenüber den Ausgangsstoffen zusammen eine um 0,0154 Einheiten geringere Masse, die nach $E = mc^2$ einer Energie von $14,3 \cdot 10^6$ Elektronvolt äquivalent ist. Die kinetische Energie der Kerne betrug $17,2 \cdot 10^6$ Elektronvolt, was innerhalb einer Fehlergrenze von 23% der Voraussage entspricht. Der Versuch wurde in der Nebelkammer beobachtet; die darauf beruhende Schätzung der kinetischen Energie ist nicht sehr genau, wie überhaupt die kinetische Energie von Teilchen schwer genau zu bestimmen ist.

Über die Frage, ob kinetische Energie Masse habe, sagt der Versuch nichts aus; er stellt nur die ungefähre Äquivalenz der verlorenen Masse mit der gewonnenen Energie fest. Welche Art Masse bei der Reaktion verlorengegangen ist, weiß man nicht. Kernbindungsenergie mit Masse? Man kennt ihre Natur nicht. Das wäre auch nur eine Umwandlung einer Energieform in die andere. Die Äquivalenz wäre nicht weiter verwunderlich. Oder sind die Bausteine kleiner geworden?

Die unmittelbare Ursache der Aussendung der Heliumkerne ist die elektrische Abstoßung zwischen positiven Ladungen. Das gilt auch für die Vorgänge im Atomkraftwerk, wo Urankerne zwecks Energiegewinnung gespalten werden. Die 92 Bausteine des Urankerns sind etwas labil aneinander gebunden, die Abstoßung zwischen ihren vielen Protonen wird nur mit Mühe von bindenden Kräften, insbesondere einer Art Oberflächenspannung, welche die Teilchen zusammenhält, kompensiert. Spontaner Zerfall ist zwar selten, aber der Einschuß eines Neutrons genügt, um dieses labile System in heftige Schwingungen zu versetzen. Es schaukelt sich aus dem Widerstreit seiner inneren Energien heraus in einen verformten Zustand auf, in dem es in zwei oder mehr Bruchstücke zerfällt. Dabei werden entlang der Spaltungslinie die bindenden Kräfte überwunden und die elektrischen Abstoßungskräfte treten in Aktion. Die Zahl der Teilchen mit Masse hat nach der Explosion nicht abgenommen und es ist so unklar wie bei dem vorigen Versuch, was hier eigentlich als Masse weggegangen ist.

Die Ableitung der Masse-Energie-Umwandlung aus der Relativitätstheorie über den Impulssatz ist recht gekünstelt, wie wir gesehen haben. Sie sollte die Übertragung dieses Gedankens aus dem Elektromagnetismus, wo es sich nicht um wirkliche Massen handelt, in den Bereich substantieller Massen rechtfertigen. Sie setzt voraus, was sie beweisen soll, und schon aus diesem Grunde ist ein Zusammenhang der Kernprozesse mit der Relativitätstheorie zweifelhaft. Man muß hier noch nicht einmal auf den Ontologisierungsfehler zurückgreifen, der einen solchen Zusammenhang grundsätzlich sperrt. Die Kernprozesse haben mit der Relativitätstheorie nur die Äquivalenzformel gemeinsam, die jedoch schon vor der Relativitätstheorie empirisch bekannt war und keinen notwendigen Zusammenhang mit der Relativitätstheorie und ihren Postulaten repräsentiert. Die Kernprozesse haben keine Ähnlichkeit mit den relativistischen Gedankenexperimenten, deren Wirklichkeitsferne auch hier zutagetritt. Sie ähneln auch nicht dem Experiment von Kaufmann. Die nuklearen Masse-Energie-Prozesse sind ein Phänomen *sui generis*. Sie finden in der normalen dreidimensionalen Welt mit absoluter Zeit statt und können in dieser Welt verstanden werden. Sie sagen nicht das geringste über eine vierdimensionale Welt, über Längenkontraktion, Zeitdehnung, «Uhrenparadoxon» usw. aus.

Einstein und das Atom
Einstein hat bei der Aufstellung der Relativitätstheorie nicht an atomare Vorgänge gedacht. Zu der Zeit, da er seine Ideen konzipierte, wurde die Existenz der Atome noch bezweifelt. Mach, den Einstein als seinen Lehrer ansah, bestritt sie entschieden. Auch der damals führende Chemiker Ostwald schrieb, daß der Begriff des Atoms «längst im Staub der Bibliotheken modern» werde, wenn man erkannt haben werde, daß die Welt nur aus Energie besteht. Das Zeitklima war also dem Atombegriff nicht günstig und man versteht, daß dieser in der Relativitätstheorie keine Rolle spielt. Einsteins spätere Theorien sind mit einer atomistischen Physik grundsätzlich nicht vereinbar.

Langevin (1913), der die Formel $E = mc^2$ gleichzeitig mit Einstein gefunden hatte, setzte sie als erster in Beziehung zur Kernphysik. Er ging von der Beziehung zwischen Massenverlust und Energieabgabe bei radioaktiven Kernumwandlungen aus. Diese war von Einstein, Planck und anderen frühzeitig bemerkt, aber nicht weiter verfolgt worden. Da man damals irrigerweise vermutete, daß die Kernkräfte elektromagnetischer Natur seien, lag es nahe, die Formel über die Strahlungsgröße E/c^2 hier anzuwenden. So entdeckte Langevin 1911 den Massendefekt, die Massenabnahme der Kernbausteine beim Zusammentritt zu Atomkernen unter Weggang von Energie. Er erkannte auch sofort in diesem Vorgang die Quelle der Sonnenenergie (Vereinigung von Wasserstoffkernen zu Heliumkernen). Noch hundertmal größere Energien müßte man, sagte er, durch die Zerstörung von Atomen und Umwandlung ihrer Masse in Energie gewinnen können, doch sah er noch keinen Weg dazu. Die Spaltungsenergie ist zwar inzwischen nutzbar gemacht worden, aber bisher viel kleiner geblieben als die Fusionsenergie. Einstein äußerte sich zu diesen Fragen nicht.

Dennoch wurde 32 Jahre später die Kernspaltung wegen der Formel $E = mc^2$ mit seinem Namen verknüpft. Wie schon erwähnt, hat diese Formel eine lange Vorgeschichte. Abgesehen von Langevin hatten schon Poincaré, Wien, Abraham und Hasenöhrl diese oder eine ähnliche Formel vor Einstein gefunden. Schon 1846 hatte W. Weber die in 1 mm³ Wasser gebundene potentielle Spannung nach der Formel $E = mc^2$ berechnet. Wenn diese Energie freigesetzt werden könnte, fand er, so käme es zu einer Explosion, die der Wirkung der größten Kanone der damaligen Zeit gleich wäre (Trumpp 1965). Die erste Andeutung der Formel geht bis auf Lagrange (1788) zurück. Deutete man sie früher elektrisch oder elektromagnetisch, so wird sie jetzt mit den Kernkräften verbunden.

Ungeachtet der Ahnung Langevins (1913) ist es aber nicht etwa so, daß die Entdecker der Kernspaltung von der Formel $E = mc^2$ zu ihren Forschungen angeregt worden wären oder überhaupt nach einer Energiequelle gesucht hätten. In der grundlegenden Arbeit von Hahn und Straßmann (1939) kommt die Formel nicht vor, die Energiefrage wurde zunächst nicht erörtert. Nur die kernchemische Umwandlung des Urans in andere Elemente interessierte. Als erste machten gleich darauf Lise Meitner und O. Frisch, die durch die nationalsozialistische Rassenpolitik von Deutschland nach Schweden vertrieben worden waren, auf die energetische Seite der Uranspaltung aufmerksam. Bald fragten sich die Forscher in vielen Ländern, ob die Uranspaltung nicht zu einer Kettenreaktion ausgebaut werden könnte, wodurch einerseits eine Atombombe, anderseits die technische Nutzung der Kernenergie möglich würde. In Amerika stellten u. a. Szilard und Wigner solche Überlegungen an. Diese ebenfalls vom nationalsozialistischen Regime aus Deutschland vertriebenen Forscher bewogen Einstein, im Sommer 1939 einen Brief an den Präsidenten Roosevelt zu schreiben, in dem er auf die Atombombenfrage hinwies.

Der Brief wurde von den genannten Forschern verfaßt und von Einstein nur unterschrieben. In seine abstrakten Theorien vertieft, hatte Einstein die Kernforschung nicht verfolgt. Bei der Erwähnung der Kettenreaktion sagte er: «Daran habe ich gar nicht gedacht.» Später wiederholte er: «Ich habe tatsächlich nicht vorausgesehen, daß die Atomenergie noch zu meinen Zeiten freigesetzt würde. Ich dachte, das sei nur in der Theorie möglich.» Schon im März 1939 hatten Fermi und andere Forscher die Behörden in Washington über die Möglichkeit einer Atombombe informiert, die um diese Zeit auch schon in England diskutiert wurde. Vannevar Bush, der zuständige leitende Beamte, sagte später: «Der Zug war längst abgefahren, ehe Einsteins Brief abgesandt wurde.» Die Forscher benutzten Einsteins Namen als Vorspann. Roosevelt setzte in der Tat eine Kommission ein, die jedoch nur langsam arbeitete, obwohl Einstein sich noch zweimal zu Mahnbriefen bewegen ließ. Erst 1941 wurde die Produktion der Atombombe ernsthaft aufgenommen, nachdem die Engländer über die Fortschritte ihrer Forschungen nach Washington berichtet und die Aufnahme der Produktion in Amerika angeregt hatten, weil ihre Mittel dazu nicht ausreichten.

Einstein, seit jeher überzeugter Pazifist, der seinen Namen öfter für linksgerichtete Organisationen, hinter denen mehr oder minder getarnt die Kommunisten standen, hergegeben hatte, bereute später seine Haltung: «Ich habe einen großen Fehler begangen, als ich den Brief an Roosevelt unterschrieb, der die Herstellung von Atombomben empfahl. Doch gab es eine gewisse Rechtfertigung, weil die Gefahr bestand, daß die Deutschen sie früher machen würden.» Diese Möglichkeit bestand nicht, da Hitler die Bedeutung der Atombombe nicht begriff und ihre Herstellung ablehnte; er sagte, sie würde ihn nur interessieren, wenn sie in einem halben Jahr geliefert werden könnte, und er wollte lieber mit der «jüdischen Kernphysik» nichts zu tun haben. Das konnte Einstein allerdings nicht wissen. Gegen Ende 1944 wollte er gegen die Verwendung der Bombe auftreten, doch verhinderten das seine Kollegen. An der technischen Entwicklung der Bombe beteiligte er sich nicht; die Behörden in Washington verboten im Hinblick auf Einsteins bekannte Gesinnung sogar, ihn über die Arbeiten näher zu informieren (Clark 1976). Nach dem Abwurf der ersten Atombombe über Hiroschima betonte Einstein nochmals: «Ich habe überhaupt nicht daran gearbeitet.»

Von der energetischen Seite der Angelegenheit wurde im Hinblick auf den inzwischen ausgebrochenen Krieg nicht mehr öffentlich gesprochen. In den geheimen Berichten der Engländer 1941 und der ersten Veröffentlichung der Amerikaner 1946 wurde die Formel $E = mc^2$ als «Einstein-Formel» erwähnt. Es war aber in diesem Zusammenhang eigentlich Langevins Formel. Einstein lehnte es später auch ab, ein Verdienst an der Entwicklung von Kernkraftwerken gehabt zu haben.

Die Gültigkeit der Formel $E = mc^2$ ist auch auf dem Gebiet der Kernenergie eine beschränkte; sie ermangelt der ihr zugeschriebenen Totalität. Jahrzehntelang ist unter Billigung Einsteins die Behauptung verbreitet worden, daß nach dieser Formel jedes Gramm einer beliebigen Substanz eine Energie von 25 Millionen Kilowattstunden enthalte und damit eine unerschöpfliche Energiequelle für die Menschheit gegeben sei. In Wirklichkeit läßt sich durch Kernprozesse nur etwa ein Tausendstel dieser Energie gewinnen, und auch dies nur bei einigen besonderen spaltbaren Atomarten. Alles übrige bleibt Masse und ist nicht umwandelbar.

Man hat die Masse in eine «aktive» und eine «passive» Komponente zu teilen versucht. Die «passive» überwiegt fast ganz. Davon hatte Einstein nichts gesagt. Neue Worte ändern nichts daran, daß eine Totalumwandlung von Materie in Energie unmöglich ist. Die Umwandlungen finden nur auf subatomarer Stufe statt, und wir wissen nicht sicher, ob es sich hier wirklich um eine Umwandlung von Materie in Energie handelt. Die Formel, die man «eine der größten Entdeckungen des 20. Jahrhunderts» (Whittaker 1953) und die «berühmteste mathematische Formel der Wissenschaft» (Cahn 1955) genannt hat, hat praktisch nur einen engen Geltungsbereich.

Der Massendefekt als Umwandlungsgrenze
Die bei der Kernspaltung freigesetzte Energie hat eine enge Beziehung zum Massendefekt. Treten mehrere Kernbausteine (Protonen, Neutronen) zu einem Kern zusammen, so ist die Masse dieses Kerns etwas kleiner als die Masse der addierten freien Bausteine. Die Differenz ist beim Zusammentritt der Bausteine als Energie nach $E=mc^2$ weggegangen. Das ist Langevins Massendefekt. Er wird durch das Energieäquivalent 1 Masseneinheit = 981 MeV ausgedrückt. Die Massendefekte der einzelnen Kerne, je Kernbaustein gerechnet, sind verschieden; bei den leichteren Elementen sind die Unterschiede groß, bei den schwereren geringer, aber merklich und für die gewinnbare Kernenergie maßgebend. Der Massendefekt ist ein Maß der Kernbindungsenergie.

Würde man beispielsweise 2 Kerne mit der Massenzahl 120 schrittweise aus ihren Bausteinen aufbauen, so würde als Massendefekt die Energie 2040 MeV frei. Baut man dagegen einen Kern 238 (Uran) auf, so werden nur 1808 MeV frei, weil der Massendefekt des Urans je Baustein geringer ist. Bei Spaltung dieses Kerns in 2 Teile muß die Differenz von 232 MeV freiwerden, weil das System sozusagen den größeren Massendefekt der Folgekerne nachholt. Der tatsächliche Energiegewinn ist kleiner, weil die Spaltung nicht symmetrisch erfolgt. Er beläuft sich auf 207 MeV = 0,211 Masseneinheiten je Urankern. Das ist rund ein Tausendstel der Masse des Kerns. Mehr ist grundsätzlich nicht möglich, denn die freiwerdende Energie ist mit dem naturgegebenen Massendefekt verknüpft; keine technische Verbesserung kann die Ausbeute über diese Grenze hinaus erhöhen. Eine Modellvorstellung über den Umwandlungsvorgang wäre erst möglich, wenn man wüßte, was bei der Entstehung des Massendefekts als Masse weggeht.

Was den Spaltprozeß betrifft, könnte man theoretisch die Spaltprodukte weiter spalten und sie schließlich in ihre Einzelbausteine (Protonen und Neutronen) zerlegen. Aber das brächte keinen Energiegewinn mehr; vielmehr müßten ungeheure Energiemengen für diese weiteren Spaltungen aufgewendet werden, weil die kleineren Kerne weit stabiler sind als der große, von inneren Spannungen erfüllte Urankern. Schließlich hätte man eine Anzahl Protonen und Neutronen vor sich, die ihre Defektmasse zurückbekommen hätten und eine etwas größere Masse bilden würden, als sie im Kern vorhanden war. Die ursprüngliche Masse bliebe jedenfalls erhalten. Das Gesagte scheint nicht auszureichen, um daraus ein Prinzip der allgemeinen Äquivalenz oder gar Identität aller Masse und aller Energie abzuleiten.

Entstehen und Vergehen von Teilchen

Nur wenn die Kernbausteine völlig in Energie umgewandelt werden könnten, wäre die allgemeine Geltung der Masse-Energie-Beziehung erwiesen, ebenso wenn solche Teilchen aus Energie erschaffen werden könnten. Das ist aber wieder nur in sehr begrenztem Umfang möglich und die betreffenden Vorgänge sind undurchsichtig.

Wenn ein positives Elektron einem negativen begegnet (Elektron-Positron-Paar), zerstrahlen beide Teilchen in Gammastrahlung. Umgekehrt kann ein solches Paar aus Gammastrahlen erzeugt werden. Die Teilchenmassen sind der Strahlenenergie nach $E = mc^2$ äquivalent. Wir wissen immer noch nicht, woraus ein Elektron eigentlich besteht; die oft zu lesende Ausdehnung des sehr speziellen Vorgangs auf «Umwandlung von Materie in Energie» ist unfundiert. Es handelt sich um eine Teilchen-Antiteilchen-Reaktion, die immer zur Vernichtung beider Teilchen führt. In welche «Masse» sich die Energie umwandelt, ist nicht klar. Nach dem Löchermodell von Dirac (1930) handelt es sich nur um Energieänderungen eines einzigen Elektrons, die den Eindruck von Paarerzeugung oder -

Vernichtung hervorrufen. Zerstrahlung erfolgt auch bei der Begegnung eines Protons mit einem Antiproton. Diese Vorgänge sind sehr selten und müssen künstlich herbeigeführt werden. Bei Kollisionen von Teilchen ohne Anti-Charakter kommt es nicht zur Zerstrahlung. Übrigens zerstrahlt auch das Elektron-Positron-Paar nicht immer; bei sehr hoher Energie bildet sich ein Schwarm neuer Teilchen. Für alle Vorgänge ist die Mitwirkung von Atomen notwendig. Ein Zusammenhang mit der Relativitätstheorie ist nicht ersichtlich.

Die Mitwirkung von Atomen, meist Schwermetallatomen, ist auch bei der «Erschaffung» von Elementarteilchen in Beschleunigern erforderlich, die ebenfalls als Beweis für die Relativitätstheorie zitiert wird. In Beschleunigungsanlagen lassen sich durch den Aufprall hochenergetischer Teilchen auf Zielatome viele Typen sehr kurzlebiger Mesonen und ähnlicher Teilchen erzeugen (Existenzdauer 10^{-24} bis 10^{-8} Sekunden), denen man Masse zuordnet. Diese Massen haben aber wenig mit dem gemein, was man sonst unter diesem Ausdruck versteht. Ihre Natur ist unbekannt. Sie zerfallen sofort über Zwischenstufen in Elektronen, in manchen Fällen in Protonen und Neutronen, wobei große Energiemengen abgegeben werden.

Diese Vorgänge werden vielfach als Materialisation kinetischer Energie nach $E = mc^2$ gedeutet. Den Zielatomen wird dabei nur eine passive Rolle zugeschrieben; sie sollen nur die Aufgabe haben, überschüssigen Impuls aufzunehmen und elektromagnetische oder nukleare Felder für die Reaktion zur Verfügung zu stellen. Was wirklich in den Atomen vorgeht, ist nicht beobachtbar. Die verworrene Situation auf dem Gebiet der Elementarteilchen macht ein Urteil zur Zeit unmöglich, aber ob nun tatsächlich eine Kondensation kinetischer Energie stattfindet oder die neuen Teilchen vielleicht nur aus den Zielatomen herausgeschlagen werden, ist doch wieder kein notwendiger Zusammenhang mit der Relativitätstheorie zu sehen. Auch aus diesen Vorgängen kann keine Bestätigung von vierdimensionaler Welt, Zeitdehnung, Längenkontraktion, «Uhrenparadoxon» usw. gefolgert werden. Die Prozesse können empirisch im Rahmen der gegebenen dreidimensionalen Welt und absoluten Zeit verstanden werden. Sie würden die Fluidum-Theorie der Energie stützen.

Relativierung der Temperatur
Einstein zog aus der Relativierung von Energie und Masse noch eine Folgerung: auch die Temperatur wird mit der Bewegung relativiert. Die Temperatur eines ruhenden Körpers erscheint einem bewegten Beobachter niedriger, als wenn sie mit einem relativ zum Körper ruhenden Ther-

mometer gemessen wird (Einstein 1907). Angenommen, daß T_0 die «Ruhetemperatur» ist, so entspricht die Temperatur in Bewegung nach Einstein der Formel $T=\sqrt{1-v^2/c^2}\,T_0$. Ott (1963) berechnete das Umgekehrte: das Objekt würde wärmer erscheinen, die Formel wäre $T= T_0/\sqrt{1-v^2/c^2}$. Andere neuere Autoren, die sich mit relativistischer Thermodynamik beschäftigten, kamen zu dem Schluß, daß sich die Temperatur nicht ändern würde: $T = T_0$.

14. Experimentelle Beweise für die spezielle Relativitätstheorie

Für die relativistische Längenkontraktion gibt es keinen experimentellen Beweis. Nie ist eine Verkürzung eines bewegten Objekts beobachtet worden.

Bis 1971 sind keine Versuche über das Nachgehen bewegter Uhren vorgenommen worden. Die Astronauten haben nichts über ein Nachgehen ihrer Uhren beim Raketenflug berichtet. Nach neueren Versuchen mit Atomuhren im Flugzeug (S. 151 ff.) wurde über eine Bestätigung des Effekts berichtet, doch zeigt nähere Betrachtung, daß die Grundlagen zweifelhaft sind.

Eine Verlangsamung von Vorgängen in anderen schnell bewegten Systemen ist nie beobachtet, wohl aber in einige Versuche auf subatomarem Niveau hineingedeutet worden.

Direkte Messungen zwischen schnell bewegten Systemen sind nie vorgenommen worden.

Wenn Einstein sagt, die absolute Zeit und der absolute Raum seien unbeobachtbare Größen, so gilt dasselbe gewiß für seine Zeitdehnung und Längenkontraktion.

Das «langlebige» Meson

Das meistzitierte Beispiel für die Zeitdehnung ist das «langlebige» Meson. Das μ-Meson ist ein geladenes Teilchen, das in Ruhe beobachtet nur $2{,}2 \cdot 10^{-6}$ Sekunden existiert. Dann zerfällt es in Elektronen und Neutrinos. Man glaubt, daß diese Mesonen in 20 bis 30 km Höhe über der Erde durch Kernreaktionen atmosphärischer Atome mit kosmischen Strahlen entstehen. Etwa 10% der Mesonen erreichen die Erdoberfläche. Selbst wenn sie mit annähernd Lichtgeschwindigkeit fliegen, müssen sie mindestens $30 \cdot 2{,}2 \cdot 10^{-6}$ Sekunden gebraucht haben, um zur Erde zu gelangen. Ihre «Lebensdauer» ist also durch die Bewegung auf ein Vielfaches verlängert worden, bleibt allerdings in der Größenordnung von Millionstelsekunden.

Den Anhängern der Relativitätstheorie offenbart sich hier die Zeitdehnung. Infolge der hohen Geschwindigkeit erscheinen die Zerfallsvorgänge einem auf der Erde ruhenden Beobachter um den Faktor $\sqrt{1-v^2/c^2}$ verlangsamt, was sogleich dahin ontologisiert wird, daß das Meson wirklich langsamer zerfällt. Als Grund wird angegeben, daß im bewegten Meson «die Zeit langsamer verläuft».

Die Zeitdehnung findet nur relativ zum Erdbeobachter statt, der durch die Ontologisierung eigentlich überflüssig wird. Hingegen erscheint jetzt (Rosser 1971, S. 122) ein zweiter, imaginärer Beobachter, der im Meson mitfliegt. In seinem Bezugssystem ist das Meson in Ruhe. Er beobachtet keine Zeitdehnung, dafür aber eine Lorentz-Kontraktion der relativ zum Meson bewegten Erdatmosphäre um den Faktor $\sqrt{1-v^2/c^2}$. Um diese auf einen kleinen Bruchteil verkürzte Strecke zu durchfliegen, braucht das Meson keine Lebensverlängerung: es kommt mit seiner normalen Lebensdauer aus.

Es werden also zwei verschiedene, gleichzeitig stattfindende Vorgänge postuliert, die beide mit der Relativitätstheorie begründet werden. Vorgang 2 ist schwerer zu ontologisieren, aber nach dem Relativitätsprinzip gleichberechtigt. Er läuft darauf hinaus, daß ein «Einstein-Männchen» auf dem Meson reitet und die Wirklichkeit sich nach seinen angeblichen metrischen Eindrücken richtet. Aus 20 km macht das Männchen mit dem relativistischen Zauberstab bloße 0,66 km.

Diese metrischen Spiele bieten, abgesehen von ihrer zwei Wirklichkeiten voraussetzenden Dualität, keine kausale Erklärung der «Langlebigkeit» des Mesons. Solange die Struktur und der Zerfallsmechanismus des Teilchens unbekannt sind, muß eine physikalische Erklärung vertagt werden. Bezüglich der «Zeitdehnung» ist zu bemerken, daß die Lebensverlängerung aus der Zeitdehnung gefolgert wird und die Zeitdehnung aus der Lebensverlängerung.

Aus der Relativitätstheorie folgt bei näherer Betrachtung (S. 47), daß bei Annäherung eines bewegten Objekts eine Zeitraffung erfolgt und keine Zeitdehnung; die Zeitdehnung tritt nur ein, wenn das Objekt sich entfernt. Das Meson müßte also schneller, nicht langsamer zerfallen. Wenn man mit Einstein unerlaubterweise diesen Effekt vernachlässigt und eine Zeitdehnung auch bei Annäherung postuliert, so liegt im Fall des realen Vorgangs der Ontologisierungsfehler vor und das Ergebnis kann nicht aus der Relativitätstheorie abgeleitet werden. An Widersprüchen ist in diesem Beispiel kein Mangel.

Schließlich ist es fraglich, ob die «Lebensverlängerung» des Mesons überhaupt stattfindet. Rossi (1940) untersuchte die Verteilung der Mesonen in verschiedenen Höhen bis 3000 m und stellte fest, daß sie nicht der Theorie der Lebensverlängerung durch Zeitdehnung entsprach. Die meisten Mesonen haben nur eine Reichweite von 400 m und müssen daher in großer Erdnähe entstehen, wahrscheinlich durch Sekundärprozesse. Schnelle Mesonen scheinen tatsächlich etwas länger zu existieren als langsamere, aber nicht durch eine «Zeitdehnung», sondern dadurch, daß sie schwerer von anderen Teilchen eingefangen werden.

Es ist nach diesen Untersuchungen zu bezweifeln, daß die auf der Erde gefundenen Mesonen tatsächlich in großer Höhe entstanden sind. Wahrscheinlich beruht die ganze Mesonengeschichte auf einem Irrtum.

Hingegen ist in Teilchenbeschleunigern beobachtet worden, daß andere Mesonen bei sehr hoher Geschwindigkeit tatsächlich bis zu 26 Millionstelsekunden länger existieren als in Ruhe. Statt gleich «Zeitdehnung» zu rufen, sollte man besser nach physikalischen Ursachen für die Verlangsamung des Zerfalls suchen.

Der transversale Doppler-Effekt
Als weiterer Beweis für die Zeitdehnung wird der transversale Doppler-Effekt genannt. Er ließ sich aus der relativistischen Auffassung des normalen Doppler-Effekts voraussagen, wie wir schon erwähnt haben. Wasserstoffionen werden elektrisch und magnetisch auf 1400 km/sek beschleunigt. Einige nehmen Elektronen auf und werden zu angeregten Wasserstoffatomen. Diese Atome senden eine Strahlung aus, die rechtwinklig zur Bewegungsrichtung beobachtet eine Doppler-Verschiebung ihrer Frequenz um $1{,}36 \cdot 10^{-15}$ zeigt. Das schwierige Experiment wurde 1939 von Ives und Stilwell durchgeführt.

Die Verschiebung entsprach der Lorentz-Transformation. Da diese die Zeitdehnung enthält, wurde das Ergebnis als deren Bestätigung erklärt, d. h. die Zeitdehnung wurde hineingesteckt und wieder herausgeholt. Es wurde behauptet, die Verschiebung zeige eine tatsächliche Verlangsamung der Atomschwingungen an, aus denen die Strahlen stammen, und daraus wurde sogleich auf eine Verlangsamung des Ganges bewegter Uhren geschlossen. Das war mehr, als beobachtet worden war; außerdem ist der Weg von der atomaren Strahlenemission zum Gang einer mechanischen Uhr weiter, als primitive Schlüsse vermuten lassen. Die relativistische Deutung enthält den Ontologisierungsfehler, außerdem widerspricht es dem Wesen des Doppler-Effekts, ihn auf eine Verlangsamung der Wellenaussendung zurückzuführen. Es ist, als wollte man den tiefer werdenden Ton der davonfahrenden Polizeisirene damit erklären, daß der Fahrer die Sirene auf langsamere Schwingungen gestellt habe.

Würden sich die Atomschwingungen wirklich verlangsamen, so läge kein Doppler-Effekt vor, sondern ein physikalischer Vorgang, dessen Begründung man nicht in einer metaphysischen Veränderung des Zeitablaufs in den bewegten Atomen suchen müßte, sondern in physikalischen Faktoren, die in der absoluten Zeit wirken wie alle anderen physikalischen Faktoren. Mit der Relativitätstheorie hätte das trotz ziffernmäßiger Übereinstimmung des mathematischen Faktors nichts zu tun. Anders als sonst bei Doppler-Versuchen wurde außer der frontal ausgesandten Strahlung auch die seitliche, letztere mit Hilfe eines Spiegels, in das Spektroskop geleitet. Erst dadurch wurde die beobachtete Verschiebung einer Spektrallinie um 0,005 mm erzielt. Auch nichtrelativistische Deutungen sind vorgeschlagen worden.

Mössbauer-Effekt am rotierenden Strahler
Ist am Rand einer rotierenden Scheibe ein radioaktiver Gammastrahler und in der Mitte ein Strahlenempfänger angebracht, so läßt sich mit Hilfe des Mössbauer-Effekts am Empfänger eine Frequenzverringerung um den Faktor $\sqrt{1-v^2/c^2}$ feststellen, verglichen mit einem an der gleichen Stelle angebrachten, ruhenden Gammastrahler. Die Frequenzverminderung liegt in der Größenordnung von 10^{-15}. Stehen Sender und Empfänger an den beiden Enden eines Durchmessers an der Peripherie, sind sie also gleich bewegt, bleibt der Effekt aus. Statt einer Scheibe wird auch ein rotierender Arm mit Strahler verwendet.

Einstein hat das Scheibenexperiment schon 1916 als Gedankenexperiment beschrieben. Steht eine Uhr in der Mitte, die andere an der Peripherie, sagte er, so würde der die periphere Uhr auf dem Weg über Lichtsignale beobachtende, in der Mitte ruhende Experimentator ein Nachgehen der äußeren Uhr gegen die innere feststellen. «Da er sich nicht entschließen kann, die Lichtgeschwindigkeit von der Zeit abhängig zu machen, wird er seine Beobachtung dahin deuten, daß die Uhr an der Peripherie ‹wirklich› langsamer geht als die Uhr in der Mitte.»

Der Beobachter denkt wie immer nach Vorschrift. Einstein hat hier den fragwürdigen, subjektiven Charakter des Ontologisierungsvorgangs und überhaupt der relativistischen Erkenntnisgewinnung deutlich charakterisiert, findet ihn aber ganz in Ordnung. Wie schon beim linearen «Uhrenparadoxon» widerspricht die Ontologisierung der Eindrücke der ursprünglichen Relativitätstheorie, weit entfernt davon, sie zu bestätigen. Außerdem wird der Rotationseffekt vernachlässigt. Die Uhr bewegt sich nicht geradlinig und gleichförmig; sie ist kein Inertialsystem. Sie führt eine rotierende, beschleunigte Bewegung aus. Einstein setzt sich darüber hinweg; bald wird er in der allgemeinen Relativitätstheorie die Rotation zum zentralen Faktor desselben Gedankenexperiments machen.

Nach der speziellen Relativitätstheorie sendet der rotierende Strahler eine niedrigere Frequenz aus, weil er relativ zum Empfänger bewegt ist. Mit dieser Auffassung konkurriert die allgemeine Relativitätstheorie (vgl. III. Abschnitt), nach der es sich um einen rotationsbedingten Gravitationseffekt bei der Aussendung handelt. In beiden Fällen werden Strahler und Empfänger mit Einsteins zwei Uhren verglichen, an denen sich die Zeitdehnung auf der Scheibe zeige. Vom Ontologisierungsfelder abgesehen, fehlt einem Vergleich mit einer Uhr jede physikalische Grundlage. Die komplizierten Strahlungs- und Absorptionsprozesse radioaktiven Materials, um die es sich hier handelt, sind für die Gamma-Emission spezifisch und haben nichts mit der Funktionsweise einer von einer Feder angetriebenen Uhr gemein. Der Vorgang ist auch als transversaler Doppler-Effekt gedeutet worden, was ähnliche Probleme aufwirft wie die auf S. 108 besprochenen. Wieder tritt der besondere Charakter der Gamma-Aussendung hinzu.

Der Vorgang ist noch nicht endgültig geklärt, aber die Relativitätstheoretiker haben sich beeilt, ihn für ihre Theorie, sogar ihre beiden (einander widersprechenden) Theorien zu reklamieren, die hier alternativ angewendet werden, nicht additiv wie bei den später zu besprechenden Atomuhrenversuchen. Die Zeitdehnung muß wie in den anderen Fällen als Voraussetzung postuliert werden, um wieder herauszukommen.

Die Beweise sind mager. Die «Zeitdehnung» versteckt sich in winzigen, schwer zugänglichen und mehrdeutigen Effekten. Es wimmelt von logischen Widersprüchen. Man hätte bei einer mit solchen Ansprüchen auftretenden Theorie massivere und eindeutigere Beweise erwartet. Diese werden in der scheinbaren Massenzunahme bewegter geladener Teilchen und in den noch unklaren Masse-Energie-Prozessen gesehen, doch sind diese von der Relativitätstheorie unabhängig.

III. ALLGEMEINE RELATIVITÄTSTHEORIE

15. *Äquivalenz von Trägheit und Schwerkraft*

Die spezielle Relativitätstheorie ermöglicht es nach Meinung ihres Urhebers, die Naturgesetze in allen gleichförmig und geradlinig bewegten Systemen mathematisch gleichartig darzustellen. Die allgemeine Relativitätstheorie soll dasselbe für beschleunigte Systeme tun. Dazu gehören auch rotierende Systeme, denn jeder Punkt auf einer Drehbahn ändert unablässig seine Richtung, was in der Physik dasselbe ist wie Beschleunigung. Einstein hat es mit diesem Unterschied freilich von Anfang an nicht sehr genau genommen.

Von der Beschleunigung führt nach Einstein ein Weg zur Schwerkraft, von der Schwerkraft zur Trägheit. Schwere und träge Masse von Körpern sind gleich[19]. Das hatte schon Newton gesagt, ohne besondere Konsequenzen daraus zu ziehen. Einstein schloss daraus auf eine Wesensverwandtschaft von Schwerkraft und Trägheit. Darauf gründete er ein neues Äquivalenzprinzip mit weitreichenden Konsequenzen. Er skizzierte die allgemeine Relativitätstheorie schon bald nach der speziellen (Einstein 1907) und arbeitete sie bis 1915 vollständig aus.

Die «Männer im Lift»
Einstein versucht diese Folgerung mit dem Gedankenexperiment von den «Männern im Lift» zu begründen. Ein nach allen Seiten abgeschlossener, fensterloser Lift fällt frei in einem phantasierten Schacht kosmischer Dimensionen. Die Insassen lassen einen Apfel fallen. Er bleibt in der Luft schweben, weil er ebenso schnell fällt wie der Lift und den Boden nicht erreichen kann. Wird er horizontal angestoßen, bewegt er sich geradlinig und gleichförmig zur Wand. Anscheinend gilt das Trägheitsgesetz, der Lift scheint ein Inertialsystem, sagen sich die Männer im Lift, die wie alle Figuren Einsteins ausgebildete Physiker sind, aber ihr Wissen nur selektiv gebrauchen dürfen. Sie haben keine Verbindung zur Außenwelt und können nicht durch Beobachtung ihrer Umwelt feststellen, daß sie sich in freiem

---

[19] Die Begriffe der trägen und der schweren Masse sind logisch voneinander unabhängig. Die beiden Massen sind proportional; durch geeignete Wahl der Einheiten können sie numerisch gleich gemacht werden.

Fall befinden. Sie können ebensogut annehmen, daß sie schwerelos im freien Raum schweben. Infolge der Beschränkung ihrer Informations- und Aktionsmöglichkeiten können sie mit keinem Experiment im Lift einen Unterschied zwischen Beschleunigungs- und Trägheitseffekten feststellen. Daher sind Gravitation und Trägheit äquivalent.

Nun wird angenommen, der verschlossene Lift sause mit einer der Gravitation entsprechenden Beschleunigung aufwärts und erreiche wirklich einen schwerelosen Raum. Heute nimmt man als Beispiel meist eine Rakete. Die Männer wissen instruktionsgemäß wieder nicht, was geschieht. Sie dürfen nicht hinausschauen und selbst ihre Antriebsrakete - bei Einstein sind es noch mystische Seile, die den Lift zum Himmel emporziehen - muß so leise arbeiten, daß sie nichts von ihr merken. Die Voraussetzungen des Gedankenexperiments sind wieder einmal sehr weitgehend. Nun lassen die Männer den Apfel los. Er bleibt schwerelos im Raum stehen, doch die beschleunigten Liftwände, ebenso wie die Männer, bewegen sich an ihm vorüber nach oben; daher scheint der Apfel trotz mangelnder Schwerkraft zu Boden zu fallen. Seine Fallbeschleunigung ist die gleiche wie die Aufstiegsbeschleunigung des Lifts. Wird er waagrecht geworfen, so fällt er in einer krummen Linie, einer Parabel, zu Boden. Die Männer folgern, daß der Lift sich in einem Schwerefeld befindet; anscheinend ruht er auf der Erde. Es besteht wieder keine Möglichkeit, durch ein Experiment im Inneren zu entscheiden, ob eine beschleunigte Aufwärtsbewegung oder ein Ruhen in einem Schwerefeld vorliegt.

Jetzt wird der Lift auf eine scheibenförmige, im freien Raum schwerelos schwebende, rotierende Raumstation montiert. Auf ihn wirkt eine nach außen ziehende Kraft, die einem äußeren Beobachter als Zentrifugalkraft erscheinen würde, während die Männer im verschlossenen Lift nicht wissen, daß ihr Behälter sich dreht, und eine Gravitation in seitlicher Richtung vermuten. Der Apfel «fällt» seitwärts. Der Lift scheint in einem lateralen Schwerefeld zu ruhen. Es ist unmöglich, zwischen Beschleunigung durch eine Kraft und Gravitationsbeschleunigung zu unterscheiden. Jeder durch eine Beschleunigung oder Bremsung, oder durch einen Richtungswechsel, hervorgerufene Trägheitseffekt kann auch als Veränderung eines Schwerefelds aufgefaßt werden.

Im Bezugssystem «Lift» und im Bezugssystem «Umwelt» erscheint derselbe Vorgang verschieden. Es können verschiedene Bezugssysteme gewählt werden, die alle gleichberechtigt sind. Der eine Vorgang ist nicht «wirklicher» oder «wahrer» als der andere. Freilich ist das Relativitätsprinzip wieder künstlich abgesichert: dürften die Männer hinaussehen, so würden sie die Erde mit ihrem Koordinatensystem als Bezugssystem wählen, wie es die Raumfahrer heute in der Tat machen. Täten sie es nicht, könnte es sehr gefährlich werden. Es scheint manchmal seine Gründe zu haben, wenn man ein bestimmtes Bezugssystem bevorzugt.

Die Analogie Beschleunigung - Gravitation - Trägheit wird in der allgemeinen Relativitätstheorie das Äquivalenzprinzip genannt, nicht zu verwechseln mit dem Äquivalenzprinzip der speziellen Theorie, das die Äquivalenz von Masse und Energie postuliert. Dieses Prinzip hat weitreichende Folgen. Beschleunigungen können nach Einstein als Äquivalente einer Gravitation in umgekehrter Richtung behandelt werden und Gravitationseffekte als Trägheitseffekte. Die Gravitation rückt in den Mittelpunkt der Theorie, die sich zugleich von der speziellen Theorie entfernt, ja in Gegensatz zu ihr tritt. Bei einer «Verallgemeinerung» der speziellen Theorie würde man erwarten, daß Einstein analoge Formeln zur Umrechnung metrischer Eindrücke bei beschleunigter Bewegung bringt. Das tut er aber nicht. Vielmehr verlegt er den Ursprung der relativistischen Zeit- und Raumerscheinungen in die Gravitation, weil diese einer Beschleunigung äquivalent ist.

Trägheitsbahnen sind in der speziellen Relativitätstheorie gemäß dem 1. Newtonschen Gesetz gerade Linien. Bahnen im Gravitationsfeld sind aber gekrümmt. Ist die Gravitation von der Trägheit nicht zu unterscheiden, was Einstein für eine begrüßenswerte Vereinfachung hält, so sind auch die Trägheitsbahnen gekrümmt. Sie sind in der allgemeinen Relativitätstheorie nicht mehr die Geraden Newtons, sondern umfassen auch Wurfparabeln und Keplerellipsen. In der Nähe von Massen müssen alle Trägheitsbahnen gekrümmt sein. Die Gerade ist ein Sonderfall, eine Trägheitsbahn im gravitationsfreien Raum. Die Deutung der Krümmung einer Bahn im Gravitationsfeld erfordert nicht mehr die Annahme einer besonderen Schwerkraft; die Wurfparabel im beschleunigten Lift existiert ja ohne eine solche und die Fallparabel im Schwerefeld wird ihr gleichgesetzt.

Sturz der speziellen Relativitätstheorie

Wird das auf die geschilderte Weise zustandegekommene Äquivalenzprinzip akzeptiert, so sprengt es, wie Einstein zugibt, die Grundlagen der speziellen Relativitätstheorie. Mit der geraden Linie verschwindet das Inertialsystem, ja sogar der gerade Lichtstrahl, der Organisator der Einstein-Minkowski-Welt und primäre Pfeiler der speziellen Relativitätstheorie. Auch der Lichtstrahl muß sich in der Nähe von Massen und in beschleunigten

Systemen krümmen; hat die Lift-Rakete ein Löchlein, durch das Licht hereinkommt, so nimmt dieser Lichtstrahl bei hoher Beschleunigung der Rakete die Gestalt einer Parabel an. Das hat zwar noch niemand gesehen und wird vermutlich nie jemand sehen, aber aus der Hypothese der Krümmung des Lichtstrahls im beschleunigten Lift folgert Einstein: «Hieraus ist zu schließen, daß sich Lichtstrahlen in Gravitationsfeldern im allgemeinen krummlinig fortpflanzen.»

Eine Krümmung des Lichtstrahls, fährt Einstein fort, kann nur eintreten, wenn sich die Ausbreitungsgeschwindigkeit des Lichts mit dem Ort ändert. Die Lichtgeschwindigkeit ist also nicht mehr konstant. Damit geht der Ausgangspunkt der speziellen Relativitätstheorie verloren. Die Nichtgleichzeitigkeit von Ereignissen für zwei verschieden bewegte Beobachter, die Zeitdehnung, die Längenkontraktion, alles ist um das Axiom c = const herumgeschrieben. Die Minkowski-Welt, die auf geraden Linien und Inertialsystemen ruht, wird unhaltbar. Das Licht kann je nach der Stärke eines Gravitationsfeldes jede beliebige Geschwindigkeit annehmen; dasselbe gilt für alle bewegten materiellen Körper. Die Lichtgeschwindigkeit ist keine Grenzgeschwindigkeit mehr, die eleganten mathematischen Formeln dafür sind hinfällig.

Einstein fragt nun selbst, ob die spezielle Relativitätstheorie «zu Fall gebracht» sei. Man möchte das eigentlich annehmen, aber Einstein weiß Rat: sie muß nur eingeschränkt werden, in begrenzten Bereichen gilt sie weiter. Dazu gehören alle gravitationsfreien Bereiche, in denen sie zum Grenzfall der allgemeinen Theorie wird. Freilich sind solche Bereiche schwer zu finden. Nur infinitesimale Bereiche lassen sich unter Zuhilfenahme eines geeignet gewählten Bezugssystems so konstruieren, daß sie gravitationsfrei sind. Sie lassen sich nicht addieren. In begrenzten größeren Bereichen gilt die spezielle Relativitätstheorie nur noch angenähert. Das ist alles, was von der Theorie, die eben noch die Welt erschütterte, übriggeblieben ist.

Einstein behält jedoch zwei Konstruktionen der speziellen Theorie, die Zeitdehnung und Längenkontraktion, weiter bei und baut sie in die allgemeine Theorie ein. Ohne diese beiden nun in der Luft hängenden Thesen gäbe es keine Relativitätstheorie mehr. Um sie zu retten, werden die Effekte statt Lichtsignalen nun der Gravitation zugeschrieben, wodurch sich ihr Charakter vollständig wandelt. Sie sind jetzt von Haus aus ontologische Fakten und entstehen nicht mehr durch Verarbeitung metrischer Eindrücke nach einer bestimmten Vorschrift. Das Merkwürdige ist aber, wie wir gleich sehen werden, daß Einstein diese Effekte gleichzeitig aus der speziellen und der allgemeinen Relativitätstheorie entstehen läßt, obwohl die spezielle Theorie soeben verstorben ist und sich auf keinen Fall mit der allgemeinen verträgt.

Die «Bezugsmolluske»

Wenn die Gravitation in den Mittelpunkt rückt, muß die Welt umkonstruiert werden. Im Gravitationsfeld gibt es keine von geradlinigen Koordinaten x, y, z, t begrenzten Systeme, keine starren Körper mit euklidischer Geometrie, festen Maßstäben und Uhren. Alles schwankt. Daher müssen, sagt Einstein, nichtstarre Bezugskörper verwendet werden, «die nicht nur als Ganzes beliebig bewegt sind, sondern auch während ihrer Bewegung beliebige Gestaltänderungen erleiden». Die Bezugskörper sind wandelbare Gaußsche Koordinatensysteme aus krummen Linien. Dabei müssen sich immer die gleichen Naturgesetze ergeben: «Alle Gaußschen Koordinatensysteme sind für die Formulierung der allgemeinen Naturgesetze prinzipiell gleichwertig.»

Jedes seiner Gaußschen Koordinatensysteme nennt Einstein eine «Bezugsmolluske», weil es sich molluskenhaft wandeln kann. Einstein: «Jeder Punkt der Molluske wird als Raumpunkt behandelt . . . Das allgemeine Relativitätsprinzip fordert, daß alle diese Mollusken mit gleichem Rechte und gleichem Erfolge bei der Formulierung der allgemeinen Naturgesetze als Bezugskörper verwendet werden können; die Gesetze sollen von der Moluskenwahl völlig unabhängig sein.»

Wie soll in einer solchen «Molluske» die Zeit bestimmt werden? Einstein setzt seine Konstruktion fort: «Zur Definition der Zeit dienen Uhren von beliebigem, noch so unregelmäßigem Ganggesetz, welche man sich an je einem Punkte des nichtstarren Bezugskörpers befestigt zu denken hat, und welche nur die eine Bedingung erfüllen, daß die gleichzeitig wahrnehmbaren Angaben örtlich benachbarter Uhren unendlich wenig voneinander abweichen.» Der Bezugskörper kann beliebig groß sein, z. B. ein Sternensystem. Riesige Räume können ganz von Uhren erfüllt sein. Einsteins Uhrenkomplex erreicht einen neuen Höhepunkt.

Doch halt: Einstein spricht von «gleichzeitigen» Ablesungen der Uhren. Was heißt hier «gleichzeitig»? In der speziellen Relativitätstheorie bedeutete es gleichen Zeigerstand synchronisierter Uhren. Hier wird aber vorgeschrieben, daß sämtliche Uhren ungleichen Zeigerstand haben. Es gibt also keine Gleichzeitigkeit nach Einsteins ursprünglicher Definition. «Gleichzeitig» kann sich nur auf eine absolute Zeit beziehen, die nun schon zum viertenmal in der Relativitätstheorie durch die Hintertür wieder hereinkommt. An einem für alle gleichen Punkt dieser absoluten Zeit werden offenbar die Uhren abgelesen. Trotzdem eine Zeitfeststellung nur unter dieser Bedingung möglich ist, wird die allgemeine Relativierung der Zeit beibehalten; sie ist von Punkt zu Punkt anders.

Ein Nebenprodukt dieser Änderung ist es, daß mit den prinzipiell nichtsynchronen Uhren die für die spezielle Relativitätstheorie fundamentalen Messungen nicht mehr durchgeführt werden können und damit auch alle daraus gefolgerten Prinzipien fallen. Nur auf dem Grabe der speziellen Relativitätstheorie kann die uhrenreiche Molluske wohnen.

Von den logischen Widersprüchen abgesehen, wird es klar (Nordenson 1969), daß die allgemeine Relativitätstheorie keine Methode zur Zeitbestimmung besitzt. Was die «Bezugsmolluske» betrifft, ist immer schwerer eine Beziehung zur Wirklichkeit zu erkennen. Jedoch Cassirer (1921): «Der gedachte Inbegriff aller dieser Mollusken genügt erst wahrhaft der Forderung einer eindeutigen Beschreibung des Naturgeschehens.»

Längenkontraktion und Zeitdehnung durch Gravitation
Einstein schildert ein neues Gedankenexperiment. Eine runde Scheibe (System S') rotiert relativ zu einem ruhenden System S. Auf der Scheibe sitzt ein Mann. Sowohl in der Mitte als auch am Rand der Scheibe sind Uhren angebracht. Die rotierende Bewegung wird nun als eine beschleunigte behandelt; relativ zu S' besteht ein Beschleunigungsfeld, das nach dem Äquivalenzprinzip einem Gravitationsfeld gleichzusetzen ist. Relativ zu S besteht dieses Gravitationsfeld nicht.

Der Mann auf der Scheibe empfindet eine ihn nach außen ziehende Kraft. Der Beobachter in S sagt: es ist die Zentrifugalkraft, also eine Trägheitskraft. Der Mann auf der Scheibe sagt: Meine Scheibe ruht. Er sieht keinen Anlaß, eine Zentrifugalkraft anzunehmen. Nach dem Relativitätsprinzip ist er berechtigt, seine Scheibe als ruhend anzusehen. Seine Informationsmöglichkeiten sind wieder beschränkt. Es ist ihm verboten, hinauszusehen und sich über den Bewegungszustand gegenüber einem anderen Objekt zu orientieren. Nur der Beobachter in S darf das. Der Mann auf der Scheibe deutet die ihn nach außen ziehende Kraft als Gravitation wie die Männer im rotierenden Lift. Zwar fällt ihm auf, daß Unterschiede gegenüber einem wirklichen Gravitationsfeld bestehen, «aber da er an die allgemeine Relativitätstheorie glaubt», sagt Einstein, hofft er auf ein neues Gravitationsgesetz, das alles erklären wird. Einstein gibt also zu, daß der Glaube an die Relativitätstheorie die Voraussetzung und nicht das Ergebnis seiner Gedankenexperimente ist.

Hinsichtlich des Uhrenganges tritt zunächst die spezielle Relativitätstheorie in Aktion. Eigentlich gilt sie nur noch für infinitesimale Räume und der Raum zwischen S und S' ist keineswegs infinitesimal. Aber Einstein erklärt ihn *ad hoc* für gravitationsfrei, weil das Beschleunigungs- bzw. Gravitationsfeld von S' in S nicht wahrnehmbar ist. Ein Gravitationsfeld müßte wahrnehmbar und gegenseitig sein. Das Beschleunigungsfeld, von Einstein in Analogie zum Gravitationsfeld konstruiert, entbehrt dieser Eigenschaft und man möchte daraus schließen, daß es nicht mit einem Gravitationsfeld identifiziert werden kann. Auf diese Frage geht Einstein nicht mehr ein, sondern verfügt, daß die spezielle Relativitätstheorie von S her noch angewendet werden kann.

Der Beobachter in S stellt fest, daß die äußere Uhr in S' nachgeht, weil sie gegen S bewegt ist, während die zentrale Uhr auf der Scheibe S' nicht nachgeht, denn sie ruht gegen S. (Jeder Unterschied zwischen gleichförmig-geradliniger und rotierender Bewegung ist vergessen.) Einstein sagt zu der Feststellung des Beobachters in S: «Dasselbe müßte offenbar auch der Mann auf der Scheibe konstatieren.» Der Mann auf der Scheibe sieht gleichfalls eine Verlangsamung der peripheren Uhr und findet: das Gravitationsfeld ist die Ursache der Verlangsamung. Es erscheint eine neue Theorie der Uhrenverlangsamung bzw. «Zeitdehnung».

Einstein verkündet im Ton eines Naturgesetzes: «Auf unserer Kreisscheibe und allgemein in einem Gravitationsfeld wird also eine Uhr rascher oder langsamer gehen je nach der Stelle, an der die Uhr (ruhend) angeordnet ist.» Von außen nach innen wird der Verlangsamungseffekt geringer, weil nach der speziellen Theorie die Lineargeschwindigkeit der Uhr nach innen abnimmt bzw. nach der allgemeinen Theorie die mit einer von außen kommenden Gravitation gleichgesetzte Zentrifugalkraft nach innen schwächer wird.

Einstein erklärt, daß ein von einer ruhenden Masse ausgehendes Gravitationsfeld denselben Effekt auf eine Uhr hätte. Ein Mechanismus für diese Wirkung wird nicht angegeben. Die Folgerung beruht auf der Äquivalenz von Beschleunigung und Gravitation, die ihrerseits auf nichts beruht, als daß den Phantomen im Lift ein schwachsinniges Verhalten vorgeschrieben wird. Wer es ablehnt, mit Scheuklappen zu experimentieren, und ordnungsgemäß alle in Betracht kommenden Faktoren untersucht, wird sehr wohl bemerken, daß es einen Unterschied zwischen Gravitation und Beschleunigung aus anderen Ursachen gibt.

Die Äquivalenz von Gravitation und Trägheit bzw. Beschleunigung beruht auf einer rein kinematischen Betrachtung. Die Kinematik sieht nur die

Bewegungsphänomene, während die Dynamik die beteiligten Objekte und Kräfte berücksichtigt. Kant hat (Ripke-Kühn 1920) den Unterschied zwischen «Phoronomischem» (Kinematischem) und Dynamischem hervorgehoben. Äquivalenz und Vertauschbarkeit der genannten Vorgänge können nur durch eine rein phoronomische Betrachtung Zustandekommen. Einsteins Äquivalenz stammt nicht aus der dynamischen Erfahrung; den Männern im Lift ist ja verboten, alle möglichen Erfahrungen zu sammeln[20].

Festzuhalten bleibt: es gibt jetzt zwei verschiedene Ursachen der Veränderung des Uhrengangs, die nach Einstein mit einer Veränderung des Zeitablaufs identisch ist, nämlich a) die Bewegung, b) die Gravitation. In der Nähe größerer Massen verläuft die Zeit langsamer. In größerer Entfernung von der das Gravitationsfeld verursachenden Masse verläuft sie schneller. Je größer die Entfernung, desto höher ist das Gravitationspotential, denn es muß Arbeit geleistet werden, um das Objekt gegen die Gravitation zu heben (Rosser 1971, S. 443). Mit steigendem Gravitationspotential geht nach Einstein (1907) jede Uhr schneller und alle Vorgänge beschleunigen sich. Einen physikalischen Grund gibt Einstein nicht an.

Das Gedankenexperiment wird fortgesetzt. Der in S ruhende Beobachter sieht zu, wie der Mann auf der rotierenden Scheibe S' den Umfang der Scheibe in kleinen Abschnitten mit einem kurzen Maßstab mißt. Er legt den Stab tangential an der Peripherie an und addiert die gemessenen kleinen Strecken. Der Methode liegt die Vorstellung zugrunde, daß ein Kreis angenähert ein Polygon mit sehr vielen kleinen Kanten ist, deren jede mit einem geraden Maßstab gemessen werden kann. Die Verwendung eines am Kreisumfang anliegenden Meßbands ist dem Mann auf der Scheibe verboten.

Nach Einstein erscheint dem Beobachter in S der Maßstab infolge der Bewegung um den Faktor $\sqrt{1-v^2/c^2}$ verkürzt, wie es die spezielle Relativitätstheorie verlangt. Der Maßstab muß daher öfter angelegt werden als auf einer ruhenden Scheibe, ehe der ganze Umfang ausgemessen ist. Der Umfang erscheint größer als in Ruhe. Er entspricht nicht mehr der euklidischen Formel π d, wo d der Durchmesser ist. (Der Durchmesser bleibt unverändert, weil er mit einem radial angelegten Maßstab gemessen wird,

---

[20] Nach MØller (1952) haben die durch Beschleunigung entstehenden imaginären Gravitationsfelder sogar Fernwirkungen auf andere Objekte. Ein Beweis dafür fehlt, doch ist die Behauptung dahin ausgesponnen worden, daß eine genügend starke Rückwärtsbeschleunigung einer Rakete im Weltraum eine Beschleunigung des Ganges aller Uhren auf der Erde und ein schnelleres Altern aller Menschen bewirken würde!

der sich nicht verkürzt; seine Längsachse liegt ja nicht in der Bewegungsrichtung.)

Auch der Mann auf der Scheibe bemerkt die Maßstabverkürzung und die Abweichung von der euklidischen Geometrie. Er folgert: die Maßstabverkürzung kommt von der Gravitation. Die Gravitation bzw. die ihr äquivalente Zentrifugalbeschleunigung übernimmt die Funktion der Bewegung bei der Längenkontraktion, die der Mann auf der Scheibe, der während der Messung relativ zu dem vermessenen Kantenstück ruht, nach der speziellen Relativitätstheorie nicht wahrnehmen könnte. In Gravitationsfeldern wird die Welt nichteuklidisch. Einstein hält sein Gedankenexperiment für einen ausreichenden Beweis einer so weitgehenden These.

Einsteins Zusammenfassung

Einstein faßt zusammen: Das Gebiet um das System S besitzt relativ zu S kein Gravitationsfeld. Es ist ein «Galileisches Gebiet». Das Verhalten von Maßstäben, Uhren und bewegten Massenpunkten in einem solchen Gebiet wird von der speziellen Relativitätstheorie bestimmt. Einstein: «Nun beziehen wir dieses Gebiet auf ein beliebiges Gaußsches Koordinatensystem bzw. eine ‹Molluske› als Bezugskörper S'. In Bezug auf S' besteht dann ein Gravitationsfeld G (besonderer Art) ... Durch bloße Umrechnung erfährt man dann das Verhalten von Maßstäben und Uhren sowie von frei beweglichen materiellen Punkten in Bezug auf S'. Dieses Verhalten interpretiert man als das Verhalten von Maßstäben, Uhren, materiellen Punkten unter der Wirkung des Gravitationsfeldes G. Man führt hierauf die Hypothese ein, daß die Einwirkung des Gravitationsfeldes auf Maßstäbe, Uhren und freie bewegliche Punkte auch dann nach denselben Gesetzen vor sich gehe, wenn sich das herrschende Gravitationsfeld nicht durch bloße Koordinatentransformation aus dem Galileischen Spezialfall ableiten läßt.»

Deutlicher konnte Einstein seine Methode, eine spekulative Hypothese auf die andere zu türmen, nicht illustrieren. Das Ganze ist ein Tagtraum; von Experiment und Beobachtung ist nicht die Rede. Wir wollen nun versuchen, die inneren Widersprüche dieser Argumentation zu ordnen. Einige haben wir schon angeführt, aus den anderen, die kaum noch zu zählen sind, greifen wir die wichtigsten heraus.

Widersprüche des Scheibenexperiments
Eine logische Analyse enthüllt bei diesem Gedankenexperiment schwerwiegende Widersprüche.
1. Ein Widerspruch zur speziellen Relativitätstheorie ergibt sich aus der Ontologisierung der Längenkontraktion. Einstein hat sie früher strikt abgelehnt und als einen Fehler von Lorentz bezeichnet.
2. Er läßt den Mann auf der Scheibe ausdrücklich dasselbe konstatieren, was der Beobachter in S sieht. Das widerspricht der speziellen Relativitätstheorie.
3. Im Widerspruch zur speziellen Relativitätstheorie werden nicht zwei gleichartige Systeme miteinander in Beziehung gebracht, sondern zwei Systeme verschiedenen Charakters ohne Gegenseitigkeit.
4. Bei der Beschreibung der metrischen Eindrücke des Beobachters in S hat Einstein vergessen, daß nach der speziellen Relativitätstheorie, die er hier anwendet, bei der Verkürzung des Maßstabs auch die mit diesem gemessene Polygonkante sich verkürzt, weil sie sich parallel mit ihm bewegt. Der verkürzte Maßstab muß also nach dem metrischen Eindruck von S her nicht öfter angelegt werden.
5. Einstein behandelt die Effekte der speziellen und der allgemeinen Relativitätstheorie als alternativ oder komplementär. Jeder Beobachter sieht nur die eine Seite der Sache, der Mann auf der Scheibe nur den gravitationellen, der äußere Beobachter nur den kinematischen Effekt. Die Wirklichkeit hat unter diesen Umständen einen Januskopf, von dem man immer nur eine Seite sieht. Im Ontologisierungsfall müssen sich die Effekte freilich beiderseits addieren; dann ist aber die relativistische Situation aufgehoben, es existiert eine gemeinsame Wirklichkeit. Bei den neueren Uhrenversuchen (S. 151 f.) hat man sich für die additive Behandlung entschieden, sich damit aber von Einsteins ursprünglicher Theorie entfernt.

Experimente zum Äquivalenzprinzip
Ein weiteres Gedankenexperiment: Eine sehr lange stabförmige Rakete trägt an jedem Ende eine Lichtsignaluhr. Die Uhren sind synchronisiert. Die Rakete bewegt sich mit der konstanten Beschleunigung g in einem gravitationsfreien Raum. Der vordere Beobachter A und der hintere Beobachter B tauschen Lichtsignale aus. Während die Signale zum hinteren Empfänger B - sein Ende ist bei senkrechtem Aufstieg das untere - unterwegs sind, hat sich B's Geschwindigkeit infolge der Beschleunigung erhöht. Er nimmt daher die Signale mit einem Doppler-Effekt (dem gewöhnlichen) wahr. Die Frequenz *der* eintreffenden Lichtwellen ist gestiegen; sie ist spektral in

Richtung auf Blau verschoben («Blauverschiebung»). Umgekehrt nimmt der obere Beobachter A die Signale der unteren Uhr B, die ihm wegen der Beschleunigung nachlaufen müssen, mit einer Dopplerverschiebung zur geringeren Frequenz hin wahr; die Frequenz ist spektral in Richtung auf Rot verschoben («Rotverschiebung»).

Nach Einstein (1907) können alle Systeme, die Spektrallinien aussenden, als Uhren aufgefaßt werden. Die Uhr mit den Spektrallinien niedrigerer Frequenz «geht» langsamer, die Uhr mit der Linie höherer Frequenz schneller. Es handelt sich nicht um den zeitlichen Abstand einzelner, von einer mechanischen Uhr gesteuerter Signalpulse wie beim «Uhrenparadoxon» der speziellen Relativitätstheorie, sondern um die Schwingungen des Leuchtelektrons in den Atomen der Lichtquelle. Pulse sind hier nicht nötig, die Lichtsendung kann kontinuierlich erfolgen. Der «Gang» der Uhr wird anders definiert.

Auch hier wird jedoch geboten, den optischen Eindruck unverarbeitet zu akzeptieren. Die Beobachter dürfen nicht den Doppler-Effekt «klassisch» bewerten und aus ihm den in Wirklichkeit gleichen Gang der Uhren berechnen, sondern sie haben gemäß der relativistischen Deutung des Doppler-Effekts (S. 72) anzunehmen, daß die Verschiebung der Frequenzen aus einem verschiedenen Gang der Uhren folgt, der von der Verschiedenheit der Zeit im Sender- und Empfängersystem kommt. Die obere Uhr geht schneller, die untere langsamer.

Ist die Beschleunigung g ziffernmäßig identisch mit der umgekehrten Fallbeschleunigung auf der Erde, ergibt sich rechnerisch eine Beziehung zur Gravitation. Die untere Uhr befindet sich auf einem niedrigeren, die obere auf einem höheren Gravitationspotential. Setzt man φ für das Gravitationspotential gh, wo h der vertikale Abstand der beiden Uhren ist, so geht die obere Uhr um den Faktor $1 + \varphi/c^2$ schneller. Die untere, die sich an einem Punkt befindet, wo das Schwerefeld stärker ist, geht langsamer. Einstein erweitert die Aussage ohne nähere Erklärung auch auf mechanische Uhren und folgert: In einem Schwerefeld gehen die Uhren langsamer. Mit abnehmender Stärke des Schwerefelds gehen sie schneller. Das Gravitationspotential ist das Maß des Unterschieds.

Nun tritt das Äquivalenzprinzip in Aktion. Eine Uhr, die in einem Gravitationsfeld ruht, wird sich nach diesem Prinzip verhalten, als sei sie in einem gravitationsfreien Raum beschleunigt. Das Äquivalenzprinzip sagt voraus, daß eine auf einem höheren Gravitationspotential befindliche Uhr schneller, eine tiefer befindliche aber langsamer gehen wird. Versuche mit

Atomstrahlern und Atomuhren haben Ergebnisse erbracht, die in der Tat eine solche Deutung zulassen.

Als Grund genügt Einstein die mathematische Parallelität mit einem fingierten Versuch ganz anderer Art, in dessen Deutung sein Prinzip der örtlichen Zeitverschiedenheit steckt. Die Basis scheint für eine so weitgehende Behauptung etwas schmal. Es stört Einstein auch nicht, daß im Raketenfall die Beschleunigung wirklich vorhanden ist, während die Uhr im Schwerefeld stillsteht.

Der praktische Physiker kann jedoch nicht umhin, nach einem physikalischen Mechanismus zu fragen. Zwei Erklärungen kommen in Betracht, nämlich eine Gravitationswirkung entweder auf die Strahlen oder auf die Atome bzw. Uhren. Über die Deutungsversuche sprechen wir später. Die physikalische Deutung fürchtet der orthodoxe Relativist wie der Teufel das Weihwasser, denn sie macht die Relativitätstheorie mit ihrer Zeitmetaphysik überflüssig. Die physikalische Deutung läßt den Vorgang in der absoluten Zeit im dreidimensionalen Raum stattfinden. Das Äquivalenzprinzip Einsteins ist nur für jemanden akzeptabel, der die dahinterstehende Zeitphilosophie akzeptiert, von der seltsamen logischen Ableitung ganz abgesehen. In der Tat hat Einstein (1907), noch ehe er an das geschilderte Gedankenexperiment dachte, seine Voraussage rein mathematisch aus seinen Prämissen, dem Relativitätsprinzip mit seinem Zeitpostulat, entwickelt. Mit dem realen Experiment werden jedoch, wie immer, auch «klassische» Ursachen in der absoluten Zeit denkbar.

Selbst in die relativistische Deutung schleicht sich über die Brücke zur Gravitation wieder die absolute Zeit ein. Der Begriff des Gravitationspotentials ist nämlich der Theorie Einsteins fremd (Born 1964, S. 304), denn er setzt die Schwerkraft Newtons voraus, die in der allgemeinen Relativitätstheorie abgeschafft ist (S. 128). Die Newtonschen Begriffe und Gesetze fußen aber auf der absoluten Zeit. Stellt Einstein also, um Anschluß an die Realität zu finden, eine Beziehung zur klassischen Gravitation her, so führt er auch die verworfene absolute Zeit wieder ein.

16. Die krumme Welt

Die Geometrie einer Welt gekrümmter Licht- und Trägheitsbahnen ist ihrer Natur nach nichteuklidisch, mag Einsteins Versuch einer «experimentellen» Ableitung dieser Tatsache aus der Scheibengeschichte auch ungeschickt gewesen sein. Beispielsweise ist die Winkelsumme eines Dreiecks aus krummen Linien nicht 180° wie in der euklidischen Geometrie. Einstein knüpft an die zweidimensionale Geometrie gekrümmter Flächen von Gauß an, wie sie z. B. auf die Oberfläche einer Kugel angewandt wird. Gauß hatte allerdings gesagt: «Es leidet keinen Zweifel, daß die Unmöglichkeit von Dreiecken, deren Winkelsumme 180° Grad übersteigt, sich auf das allerstrengste beweisen läßt.» (Werke Bd. 8, S. 186, 174, 190.) Vogtherr (1928) folgert daraus, daß sich nach Gauß die Unmöglichkeit der allgemeinen Relativitätstheorie auf das allerstrengste beweisen läßt. Man kann freilich fragen, ob krummseitige Dreiecke auf Kugelflächen noch Dreiecke sind; man kann sie auch als dreidimensionale Raumgebilde auffassen. Doch folgen wir weiter Gauß und Einstein.

Die Gaußschen Koordinaten

Ein Koordinatensystem aus geraden Linien kann nicht zur Charakterisierung einer Kugelfläche dienen. Gauß überzog die Fläche mit einem willkürlichen Netz krummer Linien, den Gaußschen Koordinaten. Diese Koordinaten haben keine physikalische Bedeutung, stellen weder Richtungen noch Zeitabläufe dar, sondern schaffen nur ein Ordnungsschema. Zu diesem Zweck werden sie fortlaufend mit x_1, x_2, x_3 usw. numeriert. Sie müssen nur gleichförmig gekrümmt sein und die ganze Fläche bedecken. Mit Hilfe dieses Systems kann man jeden Punkt auf der Fläche charakterisieren. Man könnte hierzu Seitenlängen und Winkel verwenden, doch zog Gauß es vor, aus den Verhältnissen der Seiten unter Hinzunahme von Hilfsgrößen bestimmte Verhältniszahlen a, b und c zu berechnen, die er g_{11}, g_{12} und g_{22} nannte. (Spr. g eins-eins, eins-zwei, zwei-zwei.) Die Position eines Punktes wird durch seinen Abstand von einem Bezugspunkt, z. B. einer Ecke einer Netzmasche, bestimmt, also durch eine Länge. Die Verhältniszahlen geben das Verhältnis der Gaußschen Koordinaten zu den wirklichen Längen an und bleiben bei Bewegung des Punktes unverändert. Der Abstand s des Punktes vom Bezugspunkt ergibt sich aus

$$s^2 = g_{11} + 2g_{12} + g_{22} \tag{37}$$

wobei den einzelnen g noch kleine Ergänzungswerte hinzuzufügen sind. Diese können hier vernachlässigt werden.

Die 3 g heißen metrische Koeffizienten, während s^2 die Metrik der Fläche genannt wird. Bei Übergang zu einem anderen Netz kann mit Hilfe von Transformationsformeln umgerechnet werden. Die g-Werte bestimmen auch das Maß der Krümmung einer Fläche. Die kürzeste Verbindung zweier Punkte auf einer gekrümmten Fläche ist die geodätische Linie.

Einstein überträgt diese Methode auf seine vierdimensionale Raumzeitwelt, die nun gekrümmt ist. Es ist die Minkowski-Welt, die nichteuklidisch aus den Ruinen der speziellen Relativitätstheorie aufersteht. Einstein legt 4 Gaußsche Koordinaten x_1, x_2, x_3 und x_4 fest. Sie sind willkürlich. Jedem Punkt dieses «vierdimensionalen raumzeitlichen Kontinuums» (d. h. jedem «Ereignis») werden 4 Zahlen x_1 . . . zugeordnet (Koordinaten). Sie haben «nicht die geringste physikalische Bedeutung», betont Einstein, bedeuten weder eine Richtung noch eine Zeit, sondern bezwecken nur, die Punkte des Kontinuums in Gaußscher Weise zu numerieren. Mit den Koordinaten der speziellen Relativitätstheorie haben sie nichts zu tun.

Einstein: «Jede physikalische Beschreibung löst sich in eine Anzahl von Angaben auf, deren jede sich auf die Raum-Zeit-Koinzidenz zweier Ereignisse A und B bezieht. Im Gaußschen Koordinatensystem drückt sich jede solche Annahme in der Übereinstimmung ihrer 4 Koordinaten aus.» Die Zeitwerte bestimmt man nach dem Koinzidenzprinzip durch die Begegnung eines bewegten materiellen Punktes mit Uhren, zusammen mit der Begegnung der Uhrzeiger mit bestimmten Punkten auf dem Zifferblatt. Längenmessungen beruhen auf der Begegnung eines Punktes mit einem Punkt auf dem Maßstab. Beim Übergang von einem System zum anderen werden alle Werte transformiert; sie sind «kovariant». Einstein: «Der Anspruch auf allgemeine Kovarianz bei Übergang von einem System zum anderen nimmt Raum und Zeit die letzte Spur physikalischer Gegenständlichkeit.» Alle Koordinatensysteme $x_1 - x_4$ sind gleichberechtigt. Darin besteht das allgemeine Relativitätsprinzip.

Einstein hat den «Anschauungsraum» und das Zeiterlebnis verlassen und einen rein mathematischen Raumzeitbegriff an ihre Stelle gesetzt. Der «Raum» des Mathematikers ist nicht der gewöhnliche, unmittelbar erlebbare Raum. Er ist nichts als ein System von Koordinaten; es können mehr als 3 oder 4, es können sogar beliebig viele sein. Riemann und andere Erfinder imaginärer Geometrien haben die verschiedensten «Räume» dieser Art konstruiert und sie «mehrdimensionale Mannigfaltigkeiten» genannt. Aus diesen Quellen schöpft Einstein. Er wechselt seine

Raummodelle mehrmals, um sie seinen Hypothesen anzupassen. Dazu gehören die «Räume» von Levi-Cività (1901) und von Weyl (1913). Einstein behauptet, seine Geometrie sei nicht imaginär, sondern real. Sie geht von dem aus, was für Einstein das physikalische Urphänomen ist, von der raumzeitlichen Koinzidenz, dem «Ereignis», dem «Weltpunkt».

Diese Auffassung wurzelt wieder im Positivismus und in der Welt der Messungen. (Einstein zieht es vor, sich einen «Phänomenalisten» zu nennen.) Die Koinzidenz setzt freilich einen kategorialen Rahmen von Raum und Zeit voraus. Einstein vermeidet hier eine genaue Definition. Er ist sich der Unklarheit bewußt: «Sobald wir beliebig bewegte Koordinatensysteme zulassen, kommen wir in Konflikt mit der physikalischen Interpretation von Raum und Zeit, zu der die spezielle Relativitätstheorie geführt hat.» Weiter sagt er: «In der allgemeinen Relativitätstheorie können Raum- und Zeitgrößen nicht so definiert werden, daß räumliche Koordinatendifferenzen unmittelbar mit einem Einheitsmaßstab, zeitliche Differenzen mit einer Normaluhr gemessen werden können.»

Wann und wo findet also die «Koinzidenz» statt? Wie kann man dieses wann und wo feststellen? Die Zeit ist im Gegensatz zur speziellen Theorie nicht mehr einfach das, was man an der Uhr abliest. Was ist sie denn? Wir erfahren es nicht. Das Ganze ist nebelhaft, eine mathematische Konstruktion ohne physikalischen Inhalt.

Das «Urphänomen» der allgemeinen Relativitätstheorie kann letztlich nur im Rahmen der absoluten Zeit und des absoluten Raums stattfinden, so wie das «Urphänomen» der speziellen Theorie, die Bewegung, sich nur im absoluten Raum und in der absoluten Zeit abspielt (S. 49). Schon bei der «gleichzeitigen» Ablesung der unzähligen Uhren der «Molluske» schimmerte die absolute Zeit durch. Sie bleibt unentrinnbar.

Raumkrümmung und Gravitation

Einstein behauptet von dem umgebauten, gekrümmten Minkowski-System wie vorher von dem geradlinigen, daß es die wirkliche Welt, die Wahrheit hinter unserer Anschauungswelt der drei Dimensionen und der gesonderten Zeit sei. Diese unsere Welt ist die eigentlich imaginäre, dagegen die imaginäre Welt die reale. Von ihr nehmen wir nur einen dreidimensionalen Querschnitt, eine Projektion wahr, in der es gerade Linien gibt. Die wirkliche, vierdimensionale Raumzeit ist gekrümmt. Im leeren Raum ist die Krümmung gering; über kurze Strecken kann man annähernd von geraden Linien sprechen, ähnlich wie auf kurzen Strecken eines gekrümmten

Erdmeridians. In einem Gravitationsfeld, d. h. in der Nähe materieller Massen, ist die Raumkrümmung stärker.

Die Raumkrümmung manifestiert sich darin, daß sich ein Körper im Raum nur auf einer gekrümmten Linie bewegen kann, ähnlich wie auf der Oberfläche einer Kugel. Auf der Kugel kann man freilich die Krümmung durch Vergleich mit einer Geraden erkennen. Im krummen Raum ist das nicht mehr möglich, denn es gibt keine geraden Linien.

Die Raumkrümmung ist nicht vorstellbar, sondern nur mathematisch erfaßbar. Sie wird in Anlehnung an Riemann analog zur Gaußschen Flächenkrümmung berechnet; man geht dabei von der Winkelsumme eines Dreiecks in dem gegebenen Raumabschnitt aus. Die Raumkrümmung K beträgt

$$K = (\Sigma - \pi)/F \tag{38}$$

wo Σ die Winkelsumme und F die Dreiecksfläche bedeutet.

Dem Einwand, daß ein krummer Raum nicht vorstellbar ist, begegnet Einstein in gewohnter Weise mit einem Gedankenexperiment. Er sagt, man solle sich zweidimensionale Wesen denken, die auf einer Fläche leben und sich eine dritte Dimension nicht vorstellen können. Mit Hilfe der Methoden von Gauß, Riemann und Einstein könnten sie schließlich doch eine dritte Dimension berechnen. Genau so gehe es uns dreidimensionalen Wesen mit der vierten Dimension. Die Logik ist wenig überzeugend; weder gibt es die zweidimensionalen Flächenwesen noch wäre, wenn es sie gäbe, damit bewiesen, daß wir analoge dimensionsdefiziente Wesen sind. Im übrigen überrascht es wenig, daß sich das Gleichnis von den zweidimensionalen Wesen schon bei Poincaré findet.

Einstein stellt nun für seine vierdimensionale krumme Raumzeitwelt ein System von 10 g auf gegenüber den bloßen 3 g von Gauß. In jedem von einem Gravitationsfeld freien Raumabschnitt gilt

$$\begin{aligned} g_{11} &= g_{22} = g_{33} = 1 \\ g_{44} &= -c^2 \\ g_{12} &= g_{13} = g_{14} = g_{23} = g_{24} = g_{34} = 0 \end{aligned} \tag{39}$$

Die wieder «eins-zwei», «drei-vier» usw. zu sprechenden Indexziffern stellen Beziehungen der vier Gaußschen Koordinaten untereinander dar. Wo die g-Werte von Gl. 39 abweichen, liegt ein Gravitationsfeld, ein stärker gekrümmter Raum vor. Das ist in einer massenerfüllten Welt meistens der Fall, doch kann man im Gedankenexperiment durch geeignete Wahl eines Bezugssystems annähernd gravitationsfreie Raumabschnitte schaffen.

Ebenso können durch Wahl eines entsprechenden Bezugssystems neue Schwerefelder geschaffen, bestehende modifiziert werden. Wo Einstein die spezielle Theorie, deren Erbe das ist, noch brauchen kann, läßt er sie fortleben, obwohl doch ihre Voraussetzungen mit der allgemeinen Theorie unvereinbar sind und sie nur noch in infinitesimalen Bereichen gelten soll.

Bei Einstein geht jetzt alles durcheinander. Eben noch hat er reale Gravitationsfelder für die Ursache der Uhrenverlangsamung usw. erklärt; jetzt heißt es plötzlich, daß sich diese Felder doch wieder nur im Bewußtsein seines Beobachters bilden und mit seinem Bewegungszustand wechseln. Der Beobachter kann auch die Raumkrümmung, die eben noch von der naturgegebenen Verteilung realer Materie im Raum abhing, durch Wahl eines anderen Bezugssystems abändern. Also regiert immer noch die spezielle Theorie und der Bewegungszustand des Beobachters ist dem Gravitationseffekt übergeordnet. Die Widersprüche nehmen zu und Einsteins Wirklichkeitsbegriff wird immer unverständlicher. Denn nach der speziellen Relativitätstheorie sind die Felder aller Bezugssysteme gleich «wirklich». Die Verflechtung der Physik mit einer subjektivistischen, impressionistischen Erkenntnistheorie führt zu immer größerer Verwirrung.

Das Verhältnis zwischen spezieller und allgemeiner Relativitätstheorie beschäftigt die Anhänger Einsteins noch heute. Offenkundig gibt es trotz der «gekrümmten Raumzeit» überall Systeme mit gleichförmiger und geradliniger Bewegung, die man Inertialsysteme nennen kann. Sie sind keineswegs von infinitesimalen Dimensionen - hier ist Einstein zu korrigieren. Er verwendet sie ja selbst über solche Dimensionen hinaus. Wer an die spezielle Relativitätstheorie glaubt, sieht für sie noch einen großen Geltungsbereich, wenn sie auch zweifellos mit den Postulaten der allgemeinen Theorie kollidiert und zu seltsamen Additionseffekten führt. Eine der Kollisionen besteht darin, daß die Begriffe der Trägheit und der Beschleunigung getrennt bleiben. Jedoch läßt sich die spezielle Theorie entgegen der Anschauung Einsteins auch auf beschleunigte Bewegungen anwenden (Süssmann 1965). Sie ist nicht notwendigerweise an Inertialsysteme gebunden und läßt sich mit entsprechenden Umrechnungen auch auf krumme und beschleunigte Koordinatensysteme x_1... anwenden. Der komplizierte Umweg über die «Männer im Lift» und das Äquivalenzprinzip könnte dann entfallen.

In der Tat stößt die allgemeine Relativitätstheorie auch unter den Einstein-Anhängern auf zunehmende Kritik. Manche versuchen einige der von ihr beanspruchten Phänomene auf die spezielle Theorie zurückzuführen (Schiff 1959). In dieser Richtung bewegen sich auch die Gedanken der

«Neo-Lorentzianer» (Kap. 21), die unter vielen Verbeugungen vor Einstein faktisch zu Lorentz und Poincaré zurückstreben (Prokhovnik 1967). Der oft zu lesenden Meinung, die allgemeine Relativitätstheorie sei zwar umstritten, aber die spezielle Relativitätstheorie sei gesicherte Wissenschaft, können wir allerdings nach dem im II. Abschnitt Gesagten nicht zustimmen.

Gravitation und Raumgeometrie
Die 10 g-Koeffizienten der Raumkrümmung definieren die Metrik, die Einheiten der Längen und Zeiten, die in den betreffenden Bereichen gelten sollen. Sie definieren also auch die Maßstabverkürzung und die Zeitdehnung, die aus dem Gravitationsfeld, immer noch ohne Angabe eines verständlichen Mechanismus, folgen sollen. Der gekrümmte Raum ist eigentlich eine gekrümmte Raumzeit. Die Zeit ist, für sich betrachtet, ebenfalls gekrümmt. Eine krumme Zeit ist schwer vorstellbar; es ist eine Zeit, die mit mathematischen Ausdrücken für Krümmungen behandelt wird.

Die 10 g beschreiben das Gravitationsfeld, das nur ein anderer Ausdruck für das metrische Feld ist. Die Gravitation wird eine Folge der Geometrie.

In der klassischen Gravitationstheorie zieht eine besondere Kraft, die «Schwerkraft», die Körper an. Sie verlassen den Zustand der Trägheitsbewegung, in dem sich alle nicht an der Bewegung gehinderten und nicht unter der Wirkung von Kräften stehenden Körper befinden, und beschleunigen sich unter der Kraftwirkung des Schwerefelds. In der allgemeinen Relativitätstheorie gibt es nur Trägheitsbewegung, weil Trägheit, Gravitation und Beschleunigung nach dem Äquivalenzprinzip dasselbe sind. In Trägheitsbewegung folgen die Körper der Raumkrümmung. Kommen sie in ein Gravitationsfeld, d. h. einen Bereich stärkerer Raumkrümmung, so folgen sie den Bahnen dieser Krümmung wie einem Geleise. Eine «Kraft», die sie anzieht, ist dazu nicht erforderlich. Die Geometrie bestimmt ihre Bewegung, deren Antrieb allein aus der Trägheit kommt. Nur geometrische Mittel übertragen die Effekte der Massen. Es ergibt sich eine «Geometrodynamik».

Das metrische Feld wird zum Führungs- oder Trägheitsfeld. Die Bewegung der Körper orientiert sich an einer naturgegebenen Struktur von Raum und Zeit, die sowohl die Metrik als auch die Mechanik bestimmt. Die «Raumzeit» ist nicht mehr der Schauplatz von Bewegungen, sondern steuert sie.

Trägheitsbewegung und freier Fall werden identisch. Die Fallbahn der Körper ist die geodätische Linie. Die Annahme eines Kraftfelds für die

Gravitation ist eine Fiktion, die auf der euklidischen Geometrie beruht; in der nichteuklidischen wird sie überflüssig. Übrigens hat Clifford, der englische Übersetzer Riemanns, schon 1875 eine Theorie der Raumkrümmung und ihres Einflusses auf die Bewegung von Körpern aufgestellt, die vieles von der allgemeinen Relativitätstheorie vorwegnahm. Einsteins Freund Solovine (1956) berichtet, daß er Clifford im Jahre 1903 gemeinsam mit Einstein las. Einstein nannte Clifford nicht.

Auch die Planetenbewegung, die klassisch als Kombination von Gravitation und Trägheit aufgefaßt wird, ist nach der allgemeinen Relativitätstheorie nur noch eine Trägheitsbewegung auf einer geodätischen Weltlinie. Der Planet schlängelt sich spiralförmig um die mit der Zeitachse identische Weltlinie der Sonne. Die klassische Keplerellipse ist die dreidimensionale Projektion davon.

Eine beschleunigte Bewegung ist beim Fall nur dann erkennbar, wenn entlang der ganzen Strecke zahlreiche Beobachter verteilt sind, deren jeder nur in seinem eigenen Bereich mißt und die Zeit an seiner eigenen Uhr abliest. Ein einzelner Beobachter wird von seinem Standpunkt nur anfangs eine Beschleunigung, dann eine Verlangsamung feststellen. Wenn die kinetische Energie des Körpers sehr groß geworden ist, verzerrt sie die Zeitmetrik und die gemessene Geschwindigkeit nimmt ab. Allgemein gesprochen ist eine Beschleunigung eine Abweichung der raumzeitlichen Bahn vom geodätischen Verlauf. Im gekrümmten Minkowski-System werden «raumartige» und «zeitartige» geodätische Linien unterschieden. Eine Trägheitsbahn ist eine «zeitartige» Geodätische.

Man versuche nicht, sich diese Dinge in der gewohnten dreidimensionalen Welt vorzustellen. Sie gehören einem vierdimensionalen System an. Nach Einsteins Meinung wurzelt seine Geometrie ebenso in der Erfahrung, wie die euklidische Geometrie in den Erfahrungen der babylonischen und ägyptischen Baumeister wurzelte. Für Einstein ist die Bahn der Körper im Gravitationsfeld die erfahrungsmäßige Basis der Raumzeitstruktur. Allerdings entsteht diese «Erfahrung» erst, wenn sie durch die Brille der Relativitätstheorie betrachtet wird.

Energie und Impuls als Quellen der Weltkrümmung
Einstein führt sein geometrisches Programm mit einem ungeheuren mathematischen Apparat durch. Die Metrik der Raumstruktur hängt von der Massen- und Energieverteilung ab. Wo die Raumstruktur anders ist, wird

auch anders gemessen. Da die Dinge das sind, was gemessen wird, werden auch die Dinge anders. Die gleitende Metrik der Raumstruktur sichert die Relativität der Zeit und der Längen, die früher Sache der Bewegung von Inertialsystemen war[21]. Diese wird bei Bedarf jedoch noch ergänzend herangezogen, obwohl sie nicht mehr in dieses System paßt. Nach dem Primat der Metrik beherrscht immer noch die Messung das Sein.

Das «Linienelement» ds^2, das den raumzeitlichen Abstand zweier benachbarter Punkte der vierdimensionalen Welt beschreibt, beruht auf der Kombination einer komplizierten mathematischen Größe, des metrischen Tensors, mit dem gegebenen Gaußschen Koordinatensystem. (Tensoren sind höhere Größen der Vektorrechnung.) Die Verteilung der Massen, von denen die Gravitation ausgeht, läßt sich nach der weitergeltenden Formel $E = mc^2$ auch als Verteilung von Energie und Impuls beschreiben. Die Massendichte wird in einem abgewandelten Minkowskischen Energie-Impuls-Tensor oder Materie-Tensor dargestellt, der die äquivalente Energie-, Energiestrom- und Impulsstromdichte enthält, insgesamt 10 Komponenten. Ein Beschleunigungsfeld enthält 40 Komponenten eines «affinen Weltzusammenhangs». Dazu kommen die 10 Komponenten des metrischen Fundamentaltensors. Bei Änderung des Bezugssystems müssen alle diese Größen transformiert werden. Aus all dem wird ein Tensorfeld mit 10 Komponenten gewonnen, das die Krümmung der Welt beschreibt.

Die Einsteinschen Feldgleichungen verbinden Krümmung und Energieverteilung der Welt. Energie und Impuls als Repräsentanten der Masse sind letztlich die Quellen der Weltkrümmung und der Gravitation. Die Krümmungswerte sind den Energie-Impuls-Werten proportional. Der Proportionalitätsfaktor entspricht der Newtonschen Gravitationskonstante.

Das «wachsende Weltall»

Die Raumzeitkrümmung kann positiv (Winkelsumme des Dreiecks kleiner als 180°) oder negativ (Winkelsumme größer als 180°) sein. Die Raumzeit ist im großen inhomogen, asymmetrisch und ungleichförmig gekrümmt. Die negative Krümmung führt zu einem «sphärischen» Raum, der in sich zurückläuft wie eine Kugelfläche. Der sphärische Raum verhält sich zum euklidischen wie eine Kugelfläche zu einer unendlichen Ebene. Daraus

---

[21] Hochgesang (1965) sieht hier einen grundsätzlichen Widerspruch. Um die Metrik eines Orts zu bestimmen, muß man die Gravitationskräfte kennen. Um die Gravitationskräfte zu bestimmen, braucht man aber schon die Metrik.

entsteht die Idee eines zwar unbegrenzten, aber endlichen Weltraums mit einem Weltradius $R = \sqrt{K^{-1}}$, der zur Zeit 800 Milliarden Lichtjahre beträgt. Außerhalb dieses Radius ist nichts, weder Raum noch Zeit. Doch kann die Raumzeit in dieses Nichts hineinwachsen. Der Weltradius ist im Zunehmen, wie aus der Fluchtbewegung der auseinanderstrebenden Gestirne und der damit zusammenhängenden Doppler-Rotverschiebung zu ersehen ist. Dem Astronomen klassischer Prägung erscheint sie als ein Auseinanderfliegen im unendlichen dreidimensionalen Raum, während Einstein darin ein Wachsen der Raumzeit sieht, ein «wachsendes Weltall», das die Sternmassen sozusagen mitnimmt. Das Ganze soll mit einem «Urknall» vor 13-20 Milliarden Jahren begonnen haben; die damals in einem winzigen Punkt des Weltalls konzentrierte Materie fliegt, klassisch betrachtet, seit dieser Explosion auseinander. Nach Einstein wächst seither der vorher winzige Raum. Laut Einstein ist aber ein solcher Raum nicht stabil; eines Tages wird er wieder kontrahieren und auf sein früheres winziges Volumen zurückschrumpfen. Dann beginnt das Ganze von neuem (das «pulsierende Weltall»).

Die «Urknall»-Hypothese wird zunehmend bezweifelt, weil sie kernchemisch nicht mit der Verteilung der Elemente im Weltall vereinbar ist. Wir sind jedenfalls in mythische Regionen gelangt. Die allgemeine Relativitätstheorie läßt auch andere Modelle zu, sowohl endliche als auch unendliche, offene wie auch geschlossene. Einsteins Gleichungen decken sich nicht mit der Verteilung der Materie im Weltall. Die Zahl der Weltmodelle ist bereits groß, die Übereinstimmung mit der Erfahrung gering.

Bei Abständen, die klein gegen den Weltradius sind, und das sind gewiß auch die meisten astronomischen Entfernungen, kann die sphärische Geometrie nicht von der euklidischen unterschieden werden. Deshalb ist eine Bestätigung der Raumkrümmung durch die Astronomie schwierig. Auch könnte jede festgestellte Krümmung als eine solche im geraden Raum ausgelegt werden. Nach Meinung vieler Kritiker setzt die nichteuklidische Geometrie die euklidische voraus.

Kehren wir zu Einsteins Gravitationstheorie zurück. Durch die Beziehung zwischen Massendichte und Raumkrümmung kann die Masse als Länge ausgedrückt werden: $M = L^3/T^2$. Es ergibt sich 1 Gramm = 1,86·10^{-27} cm. Die Masse tritt als Länge auf. Die allgemeine Relativitätstheorie sagt beispielsweise: Die Sonne hat eine Masse von 1,47 Kilometern, die Erde nur eine solche von 5 Millimetern. Die Methode hat sich nicht eingebürgert.

In ihren praktischen Ergebnissen unterscheidet sich die Einsteinsche Gravitationstheorie nicht nennenswert von der Newtonschen. Nur bei sehr starken Feldern und bei annähernd mit Lichtgeschwindigkeit bewegten Körpern ergeben sich Abweichungen. Einstein ist nun zu einer Gruppe von Differentialgleichungen gelangt, die in allen wie immer bewegten Systemen gelten. Die Gesetze der Physik können, obwohl sie dem klassischen Physiker sehr verändert vorkommen, in allen Bezugssystemen mathematisch gleich ausgedrückt werden. Das mathematische Ideal ist erreicht. Der Preis war hoch.

Gravitationswellen

Die allgemeine Relativitätstheorie postuliert die Existenz von Gravitationswellen, welche die Welt durchwandern wie Radiowellen. Ändert sich irgendwo im Weltall eine Masse und damit eine Energieverteilung, beispielsweise durch eine stellare Explosion, so ändert sich auch das zugehörige Gravitationsfeld. Die überschüssig gewordene Gravitation verschwindet nicht, sondern zieht in Wellen mit Lichtgeschwindigkeit in den Weltraum hinaus. Im Hinblick auf die bewegte Vorgeschichte der Himmelskörper wandern viele solche Gravitationswellen in der Welt herum. Sie sind sehr schwer feststellbar und aus dem gleichen Grunde langlebig, denn sie sind schwer absorbierbar. Nur äußerst kleine Teilchen mit einem Wirkungsquerschnitt von 10^{-60} cm könnten sie auffangen, und solche Teilchen sind schwer zu finden. Von Zeit zu Zeit wird gemeldet, daß Gravitationswellen irgendwo entdeckt worden seien; dann pflegt ein Gegenbericht zu folgen, daß sich die Entdeckung nicht habe bestätigen lassen.

Folgerungen aus der allgemeinen Relativität

Das 1. Newtonsche Gesetz, der Trägheitssatz, von dem die spezielle Relativitätstheorie über das Inertialsystem ihren Ausgang nahm, wird von der allgemeinen Relativitätstheorie abgeändert. Seine Bedingung, daß die Trägheitsbedingung geradlinig und gleichförmig ist, während Abweichungen einer Kraft bedürfen, kommt in Wegfall. In der stark modifizierten Form, die auch krumme und im klassischen Sinn beschleunigte Trägheitsbewegungen zuläßt, gilt das Gesetz weiter. Man fragt sich freilich, was dann noch von ihm übrig ist.

Die Relativität der Gravitation hat merkwürdige Folgen. So erscheint in der Relativitätstheorie (Born 1964) das ptolemäische System der Planeten mit dem kopernikanischen gleichberechtigt. Freilich zeigt jedes Planetarium, daß das System des Kopernikus vorzuziehen ist. Dafür gibt es gute Gründe (Fock 1955). In der Wirklichkeit pflegt die Gleichberechtigung der Systeme aufzuhören.

Schwieriger wird die Betrachtung einer Eisenbahnkatastrophe, bei der ein Zug gegen ein Hindernis fährt. Nach der üblichen Auffassung bewegt sich der Zug relativ zu dem ruhenden Bezugssystem der Erde und erleidet beim Auffahren eine negative Beschleunigung, d. h. eine Bremsung. Nach Einstein ist aber ein mit dem Zug verbundenes Bezugssystem gleichberechtigt. Von diesem aus betrachtet, wird nicht der Zug von dem Hindernis aufgehalten, sondern die ganze Welt macht relativ zu dem Zug einen Ruck; es tritt ein starkes Gravitationsfeld auf. Beschleunigung und Gravitation können ja nach dem Äquivalenzprinzip nicht unterschieden werden. Die ganze Welt fällt frei in diesem Gravitationsfeld in Richtung der bisherigen Zugsbewegung und es passiert ihr weiter nichts; nur der Zug wird durch das Hindernis am freien Fall gehindert und zerstört. Das Gravitationsfeld verschwindet wieder. Die Aussagen «Die Welt ruht, der Zug wird gebremst» und «Der Zug ruht, die Welt wird gebremst» sind nach der allgemeinen Relativitätstheorie gleichberechtigt, ebenso wie beim Anfahren des Zugs die Aussagen «Der Zug fährt an, die Erde ruht» und «Der Zug ruht, die Erde setzt sich in Bewegung». (Einstein 1918, S. 701, Born 1964, S. 297.) Der Grund dieser unsinnigen Behauptung liegt wieder in der rein kinematischen Betrachtung, die nicht zwischen Schein und Wirklichkeit unterscheidet. Die dynamische Betrachtung dagegen geht von den realen Dingen und Kräften aus. Der Lokomotivführer bedient offenkundig seine Maschine und nicht die Erde, die er ja mit seinen Handgriffen nicht in Bewegung setzen könnte. Diese operative Definition lehnt Einstein als «naiven» Ausdruck des «gesunden Verstandes» ab; die mathematisch-kinematische Auffassung sei die einzig richtige. (Den «gesunden Verstand» schreiben alle Relativisten bezeichnenderweise in Anführungszeichen.)

Was ist noch relativ?

Es ist die Frage aufgeworfen worden, wie weit die allgemeine Relativitätstheorie eigentlich noch eine Relativitätstheorie ist. Streift man die logisch unhaltbare Verbindung mit der speziellen Theorie ab, so bleibt von der Relativität nur noch die Gleichberechtigung der verschiedenen «Bezugsmollusken» übrig. Aber da die Grundlage der Weltstruktur nun die Verteilung der Materie in der Welt ist, ist die Willkür in der Wahl der Bezugsysteme eingeschränkt. Die Verteilung ist ja naturgegeben und objektiv. Zwar beeinflußt sie Raum und Zeit, aber in einer lokal vorgegebenen Weise. Daß Raum und Zeit einmal so und einmal so sind, geht nicht mehr auf den Bewegungszustand eines Beobachters zurück, sondern auf die Verteilung der Sternmassen im Weltall. Raum und Zeit wechseln mit dem Ort nach einem allgemeinen Gesetz, ähnlich wie die Gravitation mit der Masse wechselt und auf dem Mond nur ein Sechstel der Erdgravitation beträgt, aber doch überall dieselbe Gravitation ist. Die Materie ist die präsidierende «Bezugsmolluske», im Grunde ein absolutes Bezugssystem[22]. Auf welche Weise die Materie bzw. die Gravitation den Gang von Uhren und die Länge von Maßstäben beeinflussen soll, bleibt unerörtert, wie es ja auch in der speziellen Relativitätstheorie unerörtert geblieben ist, auf welche Art die Bewegung diese Phänomene beeinflussen soll. Im übrigen ist die Lage dieselbe wie in der speziellen Theorie: gesetzt den Fall, Uhren und Maßstäbe würden irgendwie von der Gravitation beeinflußt, was würde das über die wirkliche Zeit und den wirklichen Raum aussagen?

Die Materie beeinflußt Raum und Zeit, aber Raum und Zeit beeinflussen ihrerseits die Materie. Sie liefern ihr die Geleise für ihre Bewegung, freilich nicht autonom, sondern unter der Wirkung anderer Materie. Eigentlich sind Raum und Zeit, auch als «Raumzeit», nur noch Überträger von Effekten zwischen Materie. Die Materie ist die einzige Kategorie. Sie existiert nicht in Raum und Zeit, sondern macht sich Raum und Zeit. Die bisher eher antimaterialistische Relativitätstheorie wird plötzlich supermaterialistisch. Man weiß trotz aller mathematischen Exaktheit nicht mehr, was man sich unter dem ganzen noch vorstellen soll. Gleich wird sich der Charakter der Materie in der «Allgemeinen Feldtheorie» Einsteins wieder wandeln.

Die «fernen Massen»

Den Gedanken der dominierenden Stellung der Massenverteilung im Weltall hat Einstein von Mach übernommen. Mach versuchte die Trägheitserscheinungen auf die Wirkung «ferner Massen» zurückzuführen. Er meinte, dass Materie nur gegen andere Materie träge sein kann, nicht gegen einen unerfaßbaren absoluten Raum. Unter der Wirkung der «fernen Massen», mit denen die Gestirne gemeint sind, verstand Mach keine gravitationelle Anziehung im üblichen Sinne, sondern die Zentrifugalkraft.

---

[22] Einstein gestattet zwar, dieses System durch Wechsel des Bezugssystems zu relativieren (S. 127), aber dann bricht die allgemeine Relativitätstheorie zugunsten der speziellen zusammen, die eben zugunsten der allgemeinen zusammengebrochen war.

Nach Mach treten Fliehkräfte, d. h. Trägheitskräfte, deshalb auf, weil sich der Fixsternhimmel gegen die Erde dreht.

Nach dem Machschen Relativitätsprinzip ist die Annahme, daß sich die Erde dreht, während die Fixsterne stillstehen, gleichberechtigt mit der Annahme, daß die Erde stillsteht und die Fixsterne sich um sie drehen. Nach klassischer Auffassung gibt es ein Mittel, zwischen beiden Annahmen zu unterscheiden: auf einer stillstehenden Erde würde man keine Fliehkräfte empfinden, die Erde würde sich nicht an den Polen abplatten und sich nicht unter dem Foucaultschen Pendel wegdrehen, das man in jedem wissenschaftlichen Museum sehen kann. Mach wandte ein, daß diese Behauptung über die Erfahrung hinausgehe. Die Erscheinungen würden vielleicht auch auf einer stillstehenden Erde auftreten, und zwar als Folge der Zentrifugalkraft des rotierenden Fixsternhimmels. Mach nahm hier eine Fernwirkung an, die allerdings wieder über die Erfahrung hinausgeht. Da die Zentrifugalkraft mit der Entfernung zunimmt, könnten sich auch über kosmische Entfernungen merkliche Wirkungen ergeben.

Die Überprüfung dieser Behauptung ist schwierig, weil die Effekte naher und ferner Massen sich überlagern und in Erdnähe die Gravitation der Sonne weit überwiegt. Versuche, eine Anisotropie der Trägheit je nach der Lage zu den Gestirnen festzustellen, sind negativ verlaufen. Dagegen konnten einmal (Thirring 1921) an einem im Inneren einer rotierenden luftleeren Hohlkugel angebrachten Körper geringe fliehkraftähnliche Effekte festgestellt werden.

Mach lehnte Einsteins Relativitätstheorie heftig ab[23]. Obwohl er den absoluten Raum verwarf, lagen die Beziehungen zwischen den Gestirnen und der Erde für ihn im Rahmen einer evidenten Bewegung von Materie gegen Materie, was seinen Ansprüchen genügte. Die physikalischrealistische Auffassung Machs erfordert keine Relativitätstheorie Einsteinschen Typs, sondern bleibt in der gegebenen Welt. Wenn Einstein die Machsche Vorstellung übernahm - er nannte sie in einem Brief an Mach «genial» -, so trug er in seine eigene Theorie einen Fremdkörper hinein. Die Widersprüche, die daraus folgen mußten, haben wir schon angedeutet.

---

[23] Er erklärte sie nur für «ein geistreiches Aperçu in der Geschichte der Wissenschaft». Mach kam nicht mehr dazu, die angekündigte Kritik vom physikalischen, erkenntnistheoretischen und sinnesphysiologischen Standpunkt niederzuschreiben.

17. Das Geheimnis des Alten: Einheitliche Feldtheorie

Einstein suchte sein mathematisch-physikalisches Weltbild noch weiter zu vereinheitlichen. Die allgemeine Relativitätstheorie besteht in zwei Grundgesetzen: 1) Festsetzung des Krümmungstensors durch den Materietensor, hierdurch Bestimmung der Bewegung der Körper. 2) Bewegung der Materie auf den geodätischen Linien der Raumzeit. Alle Erhaltungssätze der Physik (Energie, Masse, Impuls) folgen nach Einstein als Selbstverständlichkeiten aus diesen Grundgesetzen.

Aus dem ursprünglichen Bestreben, eine Physik aus nur relativen Bewegungen abzuleiten, ist etwas anderes geworden: der Versuch, eine Welt zu konstruieren, in der alle Naturgesetze einfach aus der Geometrie folgen, sozusagen auf einer Massen-Raum-Zeit-Karte der Welt abgelesen werden können. Die Konstruktion ist so erfolgt, daß die Erhaltungssätze, die eigentlich Erfahrungssätze sind, gewahrt blieben. Zum Schluß versagte die Methode.

Alles ist «Feld»

Bei der Entwicklung der allgemeinen Relativitätstheorie zur allgemeinen Feldtheorie tritt bei Einstein das «Feld» an die Stelle des Raums. In der speziellen Theorie war es nur in der Form der bekannten elektrischen und magnetischen Felder aufgetreten, in der allgemeinen Theorie als umfassendes Gravitationsfeld mit ihm äquivalenten Beschleunigungs- und Trägheits«feldern», letztlich als «metrisches» Feld mit allbestimmenden Eigenschaften. Aber noch waren die materiellen Körper vom Raum bzw. der Raumzeit verschieden. Nun wendet sich Einstein gegen die Annahme vom «Raum als Behälter», in den man alles hineinstellen oder aus dem man alles herausnehmen kann, ohne daß er sich ändert. Schon Riemann hatte dem Raum eine Struktur zugeschrieben, die von Körpern und Kräften bestimmt werde. Für ein Feld gilt dasselbe: ein magnetisches oder elektrisches Feld bleibt nicht unverändert, wenn man magnetische oder elektrische Objekte hineinstellt oder herausnimmt. (Die Verwerfung des «Raums als Behälter» stammt von Leibniz).

Raum, Zeit, Feld und Körper müssen vereinheitlicht werden. Einstein (1916) erklärt, die Begriffe «Raum», «Zeit» und «Objekt» seien aus dem vorwissenschaftlichen Denken übernommen worden. Der herkömmliche Raum- und Zeitbegriff beruht nach Einstein auf primitiven Erfahrungen, an deren Stelle die wissenschaftliche Erkenntnis treten müsse. (Bei den

Figuren seiner Gedankenexperimente besteht Einstein jedoch auf einem ausgesprochen primitiven Verhalten.) Das Zeiterlebnis ist eine vereinfachte Gedächtnisfunktion, die von einem Teil des Geschehens absieht. Weder Raum noch Zeit haben eine von der Materie unabhängige Existenz.

Körperliche Objekte sind nach der allgemeinen Relativitätstheorie primär. Raum ist das, was sich zwischen den Körpern befindet; wo die Körper aufhören, hört auch der Raum auf. Deshalb ist die Grenze der expandierenden Sternmassen auch die Grenze des Raums. Dagegen können sich verschiedene Räume durchdringen. Wenn in einer großen Schachtel eine kleine Schachtel bewegt wird, so wandert sie nicht in einem mit der großen Schachtel gemeinsamen Raum, sondern der zu ihr gehörende Raum durchdringt den anderen. Unendlich viele Räume können ineinander verschachtelt und gegeneinander bewegt sein.

Ungeachtet ihres primären Charakters existieren auch die körperlichen Objekte nicht in der traditionellen Form. Sie sind selbst «Felder». Der von Maxwell stammende Feldbegriff erfährt hier seine äußerste Ausprägung. Der Körper als Feld ist eine Verallgemeinerung des Gravitationsfeldes. Es gibt keinen leeren Raum ohne Feld. Hingegen gibt es, wie die Radiowellen beweisen, auch Feld ohne Materie. Der Feldbegriff tritt an die Stelle des älteren «mechanischen» Weltbilds. (In der Elektrodynamik hat er das notwendigerweise längst getan; die Frage ist nur, ob er es auch in der Mechanik kann. Schon einmal ist eine «elektromagnetische Mechanik» gescheitert.)

Das Feld wird zum Fundamentalbegriff der Physik. Die Körper sind nichts als besonders starke Felder. Materie ist nur verdichteter Raum (= starkes Feld) und leerer Raum ist hochverdünnte Materie (= schwaches Feld). Das läßt sich alles in mathematischen Feldgleichungen darstellen, die noch etwas an ihr Maxwellsches Vorbild erinnern. Einstein wendet oft die klassischen physikalischen Begriffe an, gibt ihnen aber eine andere Bedeutung.

Wenn überall Raum ist, so ist überall Feld, jedenfalls soweit der Raum bzw. die Raumzeit reicht. Die Raumzeit findet endlich eine Definition: sie ist Feld. Daher erweitert Einstein seine Feldgleichungen immer mehr. Zunächst eliminiert er das 2. Gesetz über die geodätischen Bahnen, weil es schon in den Feldgleichungen des 1. Gesetzes der allgemeinen Relativitätstheorie enthalten ist. Weiter berechnet er, daß ein Körper ein Feld erzeugt, das auf ihn zurückwirkt und seine Weltlinie beeinflußt. Das war im ursprünglichen Minkowski-Diagramm nicht vorgesehen. In immer neuen Feldgleichungen sucht Einstein den Dualismus zwischen Materie und

Gravitation zu überwinden, bis die Materie eine Eigenschaft des Felds, ja selbst ein Feld wird. Stoff ist Feld und Feld ist Stoff.

Massenbegriff und Feldtheorie
Die «Massen» sind zwar in den Mittelpunkt der allgemeinen Relativitätstheorie gerückt, bleiben aber im Grunde Undefiniert. Die Masse im klassischen Sinne und noch im Sinne der speziellen Relativitätstheorie ist der allgemeinen Relativitätstheorie fremd und mit der Feldtheorie nicht vereinbar. Der Begriff wird nur eingeführt, um inmitten des rein mathematischen Folgerns einen Zusammenhang mit der Realität anzudeuten.

Soweit man eine Massendefinition erkennen kann, wird das Verhältnis, in dem die Metrik vom euklidischen Charakter des Raums abweicht, als Masse interpretiert. Aber was «Masse» oder «Materie» eigentlich ist, bleibt unklar. Die Energie wird ihr nach der speziellen Theorie zugerechnet, an die Stelle der Newtonschen Masse tritt ein Energietensor. Er verschwindet nicht, wenn Materie fehlt. Ein Feld genügt. Daher muß jede Energie in einem Kraftfeld auch gravitierende Masse haben (Jammer 1964). Der Massencharakter der Energie wird hier wieder anders, aber immer noch rein mathematisch, abgeleitet als früher.

Die Massenberechnung in der allgemeinen Relativitätstheorie bleibt schwierig. Es sind seither zahlreiche Modifikationen vorgeschlagen worden. In der «Geometrodynamik» ist die Masse (und auch die Ladung) nur ein Aspekt der geometrischen Raumstruktur. Die Berechnungen bleiben allerdings für praktisch vorkommende Massen unbefriedigend.

Die letzte Phase
Schließlich versuchte Einstein in der Einheitlichen Feldtheorie, seinem letzten Werk, den Dualismus zwischen Gravitation und Elektromagnetismus zu beseitigen. Auch das elektromagnetische Feld sollte einfach aus der Weltgeometrie folgen. Hierzu mußte der Raum nochmals umkonstruiert werden; es war ein Abgehen von der Riemannschen Raumkrümmung notwendig. Diesem letzten Versuch Einsteins, eine einheitliche Formel für die Welt zu finden, war kein Erfolg beschieden. Die aufgestellten Gleichungen widersprachen der Erfahrung. In altgewohnter Weise gingen (1948) die «Vier Gleichungen», die niemand verstand, als Sensation durch die Weltpresse; noch einmal zog der Name Einstein. Dann wurde es still um die Gleichungen.

In einem Brief an Born klagte Einstein: «Es ist mir nicht gelungen, dem Geheimnis des Alten auf die Spur zu kommen.» Er hatte es ja als seine Aufgabe erklärt, die «göttlichen Gesetze der Welt» zu erforschen. Den «Alten» stellte er sich anscheinend als Mathematiker vor. Der religiöse Zug in Einsteins Denken tritt immer deutlicher hervor. Seine Welt wird von göttlichen Gesetzen regiert; die aufkommende Quantenmechanik, die mit Zufall und Wahrscheinlichkeit rechnet, lehnte er aus weltanschaulichen Gründen ab. «Gott würfelt nicht», erklärte er immer wieder. Er versuchte vergeblich, seine Feldtheorie auf die von der Quantentheorie behandelten Elementarteilchen auszudehnen, um auch auf dieser Stufe ein deterministisches System zu finden. In diesem Zusammenhang ist es interessant, daß auch Newton mehr theologische als physikalische Schriften hinterließ und seine Theorien religiös zu fundieren versuchte. Von seinen theologischen Werken veröffentlichte er wenig, denn er neigte zu einer damals in England verketzerten Sekte unitarischer Richtung. Ein Freund von ihm wurde wegen Zugehörigkeit zu dieser Sekte von seinem Lehrstuhl in Cambridge entfernt. Und Newton war schließlich Beamter. (Er war Direktor der Münzstätte.)

In der letzten Zeit seines Lebens war Einstein in Princeton bei New York etwas isoliert. Nicht nur minderten die Mißerfolge seiner letzten Theorien sein Ansehen; er zog vor allem im Kampf gegen die Quantentheorie den kürzeren, mochte man auch versuchen, die Relativitätstheorie irgendwie mit ihr zu verknüpfen. Die Diskrepanzen zwischen diesen beiden Theorien sind fast noch größer als die zwischen den beiden Relativitätstheorien Einsteins. Wir müssen es uns versagen, auf dieses Thema hier näher einzugehen[24].

---

[24] Nur soviel sei bemerkt, daß Einstein später selbst den schwierigsten Punkt der allgemeinen Feldtheorie im Begreifen der atomistischen Struktur der Materie und der Energie sah. Er hielt eine Vereinigung der Quanten- und der Relativitätstheorie für unmöglich. In einem Vortrag in Amerika zählte er die inneren Widersprüche auf, die er in der Quantentheorie gefunden haben wollte. (Die Widersprüche in der Relativitätstheorie sah er weniger scharf.) Dennoch hat sich eine relativistische Quantenmechanik entwickelt, die einige (wenn auch keineswegs allumfassende) Erfolge aufzuweisen hat und mit einer nichtrelativistischen konkurriert. Ihre heuristischen Formeln machen Annahmen über Raum und Zeit, können aber so wenig wie die früher erwähnten Gelegenheitstreffer aus dem Gebiet des Elektromagnetismus die Richtigkeit der gesamten Relativitätstheorie und ihres Begriffsapparats beweisen. Sie können wieder als mathematische Kunstgriffe aufgefaßt werden, hinter denen noch ungeklärte Prozesse stehen. Über die Realität einer Änderung von Raum und Zeit kann auch hier experimentell nicht entschieden werden, weil alle Experimente bereits in Raum und Zeit

Auch die neuere Quantentheorie hat eine eigene Philosophie hervorgebracht, die so radikale Ansprüche stellt wie die relativistische; aber sie hat einen physikalischen Inhalt, der (entgegen der Meinung ihrer eigenen Vertreter) von dieser Philosophie unabhängig ist. Mit der indeterministischen Philosophie Heisenbergs und dessen Behauptung, daß eine vom Beobachter unabhängige Außenwelt nicht existiere, konnte sich Einstein nie befreunden. Er behauptete, strenger Realist zu sein, obwohl man das seinen Theorien nicht ansieht.

Auch seinem alten Freund Born entfremdete sich Einstein wegen der Quantentheorie. Born war ja einer der Urheber der Quantenmechanik und hielt nichts von Einsteins Versuchen, die Quantentheorie zu einem Sonderfall der allgemeinen Feldgleichungen zu machen. Er meinte, daß die Quantentheorie sich mehr an Einsteins ursprüngliche Ansichten halte, als Einstein selbst es in seinen späteren Theorien tat. Von Einsteins physikalischen Ansichten bleibt im Grunde nur seine Ablehnung des «Äthers» weithin anerkannt. Gelegentlich hat er aber vorgeschlagen, seinen plastischen, fast stofflichen Raum «Äther» zu nennen. Auch unter den modernsten Physikern liebäugeln manche noch mit einem modifizierten «Äther». Die Relativitätstheorie rühmt sich, mit dem «Äther» eine immer komplizierter gewordene, nicht mehr begreifbare Vorstellung aus der Welt geschafft zu haben. Man kann aber kaum behaupten, daß Einsteins Raum-Äther weniger kompliziert sei. Auch Einsteins frühere Erklärung, Raum und Zeit hätten «die letzte Spur physikalischer Gegenständlichkeit verloren», wird von seinen späteren Theorien nicht bestätigt. Soviel physikalische Gegenständlichkeit haben Raum und Zeit nie zuvor besessen. Sie üben Wirkungen aus und erleiden Wirkungen; sie reagieren mit der Umgebung[25].

---

stattfinden. Dazu wären nach Larmor (1939) Apparate notwendig, die außerhalb von Raum und Zeit funktionieren.

[25] Es ist die «Raumzeit», die stofflich-ätherartig aufgefaßt wird. Die Erscheinungen sind Raumzeitformen. «Wir sehen das Licht heute als reine Raumzeitform an.» (Süssmann 1965.) «Die Materie ist eine Form der Raumzeit.» (Jacoby 1925.) In der speziellen Relativitätstheorie Nr. 1 ging es um die Messung von Raum und Zeit; in der speziellen Relativitätstheorie Nr. 2 wurden Raum und Zeit zu ontologischen physikalischen Faktoren; in der allgemeinen Relativitätstheorie und allgemeinen Feldtheorie wird ihre Kombination, die «Raumzeit», zum Stoff der Welt.

18. Experimentelle Beweise für die allgemeine Relativitätstheorie

Die für die allgemeine Relativitätstheorie angeführten experimentellen Beweise sind im Gegensatz zu jenen für die spezielle Theorie nicht mit einem Ontologisierungsfehler behaftet. Die Aussagen sind von vornherein ontologisch. Die vorliegenden Beweise sind jedoch sämtlich indirekt und von Deutungen abhängig.

Für die Raumkrümmung gibt es keinen direkten Beweis.

Eine Längenkontraktion unter Gravitationswirkung ist nie beobachtet worden.

Das «Uhrenparadoxon» verschiebt sich in der allgemeinen Relativitätstheorie zum Vorgehen der fliegenden Uhr wegen des höheren Gravitationspotentials. Die Astronauten haben nichts von einem Vorgehen der Uhren im schwerelosen Raum und auf dem Mond berichtet. Neuere Versuche mit Atomuhren (S. 151 ff.) deuten auf eine Bestätigung der gravitationellen Voraussage Einsteins hin, allerdings nur in Bezug auf gewisse atomare Vorgänge.

Ablenkung des Lichtstrahls durch die Sonne

Einstein sagte eine von der Raumkrümmung in der Nähe von Massen - klassisch von der Gravitation - herrührende Ablenkung eines von einem Stern kommenden Lichtstrahls am Sonnenrand um 1,75" voraus. Im Jahre 1919 ergaben zwei an verschiedenen Orten durchgeführte Beobachtungen einer Sonnenfinsternis - nur bei einer solchen ist der Effekt wahrnehmbar - tatsächlich eine Ablenkung, in dem einen Fall 1,60", in dem anderen 1,98". Diese Beobachtung begründete Einsteins Weltruhm. Er erhielt darauf den Nobelpreis, jedoch wie schon erwähnt nicht für die Relativitätstheorie, sondern für die Lichtquantentheorie. Entgegen dem Brauch hielt er seinen Nobelvortrag nicht über das Thema, für das er den Preis erhalten hatte, sondern über die Relativitätstheorie. Die Nobelstiftung legte Wert auf die Feststellung, daß die Preisverleihung keine Zustimmung zur Relativitätstheorie bedeute.

Die Beobachtung der Ablenkung des Lichtstrahls am Sonnenrand ist seither an 4 weiteren Sonnenfinsternissen, insgesamt in 11 Beobachtungen geprüft worden. Die Werte schwanken erheblich; der Mittelwert ist umstritten. Trümpler (1955) berechnet einen Mittelwert von genau 1,75". Fünf Werte liegen nahe daran, einer beträgt genau 1,75", die übrigen streuen. Die statistische Signifikanz entspricht nicht strengen Anforderungen. Finlay-

Freundlich (1955), der selbst eine der Finsternisse beobachtete, fand einen Mittelwert von 2,2 und erklärte, die anderen Berechnungen seien von dem Willen beeinflußt, Einstein zu bestätigen. Als 1972 eine kosmische Radioquelle nahe an der Sonne vorbeikam, wurde die Ablenkung radioastronomisch gemessen. Die Messung ergab nur 1,57".

Die Ablenkung des Lichts durch Gravitation sagt nichts über Raumkrümmung aus; sie kann auch im Rahmen der herkömmlichen Gravitationstheorie gedeutet werden. Eine gravitationelle Ablenkung des Lichts war schon von Newton vorausgesagt und 1801 von dem Astronomen v. Soldner berechnet worden; sein Wert betrug nur die Hälfte des Einsteinschen. Noch 1911 sagte Einstein denselben Wert voraus wie v. Soldner; erst 1917 ging er zum doppelten Wert über.

Der Vorgang wird so beobachtet, daß der betreffende Himmelsabschnitt vor oder nach der Sonnenfinsternis photographiert wird und die Aufnahmen sodann mit den während der Finsternis gemachten verglichen werden. Es zeigt sich eine scheinbare Verschiebung der Sternposition, die von der Ablenkung des Lichtstrahls herrühren soll. Den Strahl selbst kann man natürlich nicht sehen.

Die Unsicherheit der Methode liegt darin, daß faktisch der Maßstab der Photographien verschieden sein und eine Verschiebung vortäuschen kann. Schon geringfügige Temperaturänderungen können einen solchen Effekt haben. Für die Aufnahmen ist eine Genauigkeit von 1:100000 notwendig. Nach Finlay-Freundlich ist die Beurteilung der Bilder unvermeidlich subjektiv und wird leicht von vorgefaßten Meinungen beeinflußt.

Das berühmte Experiment ist anscheinend mit unberechenbaren Beobachtungsfehlern behaftet und auch sonst schwer zu deuten. Es sind auch optische Erklärungen vorgebracht worden. In der glühenden Gashülle der Sonne entsteht ein Brechungsgefälle.

Die Präzession des Merkurperihels
Nicht weniger Ruhm brachte Einstein die Aufklärung eines bis dahin nicht deutbaren Anteils der Präzession des Merkurperihels. Die Bahn des Planeten Merkur um die Sonne präzediert in 100 Jahren um 5600", wovon 5557" in der klassischen Theorie mit dem gravitationellen Einfluß anderer Himmelskörper und anderen bekannten Effekten erklärt werden. Den unerklärten Rest von 43" konnte Einstein mit seiner neuen Gravitationstheorie unter Annahme einer vierdimensionalen Raumzeit mit gewissen Ungleichförmigkeiten deuten. Neuerdings konnten jedoch 4-8"

davon durch Dicke (1960) auf klassische Weise mit einer früher unbeachtet gebliebenen Abplattung der Sonne erklärt werden. Auch diese Hypothese ist angezweifelt worden. Die Lage ist nicht so klar, wie sie lange dargestellt worden ist. Seit es Satellitenmessungen an Planeten gibt, erscheinen die klassischen Daten über Masse und Gravitation der Planeten etwas ungenau. Es ist noch ungewiß, welche Bedeutung die alte Differenz von 43" nach einer etwaigen Korrektur haben wird.

Schließlich ergibt sich wieder die Frage, ob man, auch wenn Einsteins Formel richtig ist, aus diesem sehr spezialisierten Befund eine so allgemeine These wie die Raumkrümmung ableiten kann. Sie kann hier stellvertretend für andere Phänomene stehen. Nach Fricke (1931) hat Gerber (1887) die Präzession des Merkur klassisch aus der absoluten Bewegung und dem Äther abgeleitet. Einstein habe Gerbers Formel benutzt, ihn aber nicht erwähnt.

Rotverschiebung im Gravitationsfeld

Viel diskutiert wird die spektrale Rotverschiebung im Gravitationsfeld von Sternen. Das Äquivalenzprinzip bietet dafür keine physikalische Erklärung; eine solche wird in der Wirkung der Gravitation auf die Lichtquanten gesucht. Sie müssen sich gegen den gravitationellen Widerstand herausarbeiten und verlieren dabei Energie, was sich in einer Frequenzminderung äußert, d. h. in einer Verschiebung der Spektrallinien gegen das rote Ende des Spektrums. Astronomisch beobachtete Verschiebungen dieser Art sind schwer vom Doppler-Effekt der Fluchtbewegung der Gestirne und von Effekten der Fluktuationen in der Sternatmosphäre zu trennen. Die Massen und Radien der großen Sterne sind nicht genau bekannt, die Berechnungen an kleinen Sternen unsicher. Die Rotverschiebung auf der Sonnenoberfläche stimmt zwar im Mittelwert mit Einsteins Voraussage überein, schwankt aber lokal stark. In der Sonnenmitte ist der beobachtete Wert zu klein, am Rand zu groß. Nur in der Sonnenphotosphäre ergab sich ein übereinstimmender lokaler Wert.

Existenz und Ausmaß der gravitationellen Rotverschiebung sind umstritten. Finlay-Freundlich (1955) hält die Beweise für unbefriedigend, den der Gravitation zugeschriebenen Anteil für weit übertrieben. Trümpler (1955) bejaht die Rotverschiebung. Hoyle (1955) hält sie für zweifelhaft.

Das Experiment von Pound und Rebka
Pound und Rebka (1960) sandten Gammastrahlen zwischen der Spitze eines 22 m hohen Turms und der Erde hin und her. Die mit dem Mössbauer-Effekt festgestellte spektrale Verschiebung von $2 \cdot 10^{-15}$ entsprach der allgemeinen Relativitätstheorie bzw. dem postulierten Gravitationseffekt der Erde auf Lichtquanten. Die Frequenz der nach unten gesandten Gammastrahlen nahm zu (Blauverschiebung), weil sie durch die gravitationelle Beschleunigung energiereicher wurden und somit nach dem Lichtquantenmodell eine höhere Frequenz annahmen. Die Frequenz der nach oben gesandten Strahlen nahm ab (Rotverschiebung), weil die Gammaquanten sich gegen die Schwerkraft herausarbeiten mußten und dabei Energie verloren.

Mit dieser Erklärung, die kein Äquivalenzprinzip erfordert, konkurriert eine andere, die auf Grund des Äquivalenzprinzips vermutet, daß sich im «Gang» der Strahlensender etwas mit der Höhe ändert. Der obere sendet eine energiereichere, der untere eine energieärmere Strahlung aus; eine Gravitationswirkung auf die ausgesandten Quanten entfällt. Sie sind schon bei der Aussendung so, wie sie am Ziel gemessen werden. Die physikalische Deutung führt zu Vermutungen über eine gravitationelle Komponente der Kernvorgänge, die mit der Gammastrahlung verbunden sind, oder über eine Übertragung des Gravitationspotentials auf die ausgesandten Quanten.

Von der Voraussage Einsteins weicht der beobachtete Effekt um 10 Prozent ab, was für Versuche dieser Art erheblich zu nennen ist.

Das Phänomen kann noch nicht als geklärt gelten. Die Autoren selbst ziehen es vor, von einem «Doppler-Effekt zweiter Ordnung» zu sprechen. Die Übertragung des Versuchs auf mechanische Uhren entbehrt, wie schon bemerkt (S. 108), einer physikalischen Grundlage. Hingegen sind Parallelen mit Atomuhren (S. 151 ff.) gezogen worden.

Gammastrahler auf einer Scheibe
Die Rotverschiebung der Gammastrahlen auf einer rotierenden Scheibe wird einerseits mit der speziellen, anderseits konkurrierend mit der allgemeinen Relativitätstheorie erklärt. Im zweiten Fall wird sie auf gravitationsähnliche Wirkungen der Zentrifugalkraft zurückgeführt. Der periphere Strahler befindet sich hier in einem stärkeren «Schwerefeld» als der zentrale, weil die Zentrifugalkraft nach außen zunimmt. Da sich nach Einstein mit zunehmendem Schwerefeld die Uhren verlangsamen, «geht» er langsamer und sendet rotverschobene Quanten aus.

Wird die Rotverschiebung auf einen ontologischen Effekt der Bewegung im Sinne der speziellen Relativitätstheorie zurückgeführt, so müßte sie sich mit der von Haus aus ontologischen Zentrifugalwirkung addieren. Dann müßte der doppelte Effekt auftreten. Das ist aber nicht der Fall. Deshalb hat sich Einstein schon beim Scheiben-Gedankenexperiment (S. 120) für die alternative, nicht die additive Auffassung der beiden Relativitätstheorien ausgesprochen. Man neigt heute zu der im Grunde nicht Einsteinschen additiven Erklärung, jedenfalls bei den Experimenten mit Atomuhren (S. 151 f.), doch versagt sie im Fall des wirklichen Scheibenexperiments mit nur einem Beobachter statt der zwei im Gedankenexperiment vorgesehenen. Das Scheibenexperiment mit dem Gammastrahler, das oft als Bestätigung der Relativitätstheorie angeführt wird, führt im Gegenteil tiefer in die Problematik dieser Theorie hinein.

Es muß wohl nicht wiederholt werden, daß auch eine tatsächliche «Verlangsamung» des Strahlers nichts über eine «Zeitdehnung» aussagen würde, wenn man eine solche auch mit dem üblichen Zirkelschluß in den Vorgang hineingedeutet hat. Eine Veränderung der Strahlenaussendung bliebe in der gegebenen dreidimensionalen Welt mit absoluter Zeit; ein Übergang zur Zeitmetaphysik Einsteins ist nicht erforderlich, wohl aber eine physikalische Begründung.

Um alle diese Beispiele liegt wieder eine Aura von Unsicherheit und Mehrdeutigkeit. Wie bei den Beispielen für die spezielle Theorie gibt es in jedem Fall auch alternative Erklärungsmöglichkeiten ohne Relativitätstheorie. Kann auch die Relativitätstheorie als Ganzes nicht als bestätigt angesehen werden, so hat Einstein doch zweifellos sehr anregend gewirkt. Freilich scheint sich mit jedem realen Experiment die relativistische Deutung weiter von der ursprünglichen Theorie Einsteins zu entfernen. Sie muß immer mehr modifiziert werden, wenn sie zu dem Ergebnis passen soll. Nach den vorangegangenen Überlegungen über das Verhältnis von Relativitätstheorie und Realität ist das nicht überraschend.

IV. WANDLUNGEN DER PARADOXIEN

19. Theorien und Experimente zum «Uhrenparadoxon»

Das sagenhafte «Uhrenparadoxon», die angebliche Verlangsamung des Ganges einer bewegten Uhr, hat zahlreiche Wandlungen durchgemacht. Es entstand aus logischen Fehlern (S. 53) und ist nicht wirklich aus der speziellen Relativitätstheorie ableitbar. Sein weniger berühmtes Gegenstück, die Beschleunigung einer Uhr mit der Höhe, auf die sie gehoben wird, wird formal aus dem Äquivalenzprinzip der allgemeinen Relativitätstheorie abgeleitet (S. 122). Auch das ist logisch fragwürdig.

Schon lange ergehen sich die Relativitätstheoretiker in Spekulationen über das «Uhrenparadoxon», die schon Dutzende verschiedener Erklärungen ergeben haben. Marder (1971) zählt 305 Arbeiten zu dem Thema auf. Einige der durch ihre Vielzahl und Verschiedenheit auffallenden Erklärungsversuche seien kurz wiedergegeben.

1. Die Verlangsamung der Uhr kommt nach Einsteins erster Arbeit (1905) von der geradlinigen, gleichförmigen Bewegung. In derselben Arbeit sagt Einstein, daß die bewegte Uhr auch nachgeht, wenn sie wendet oder eine Kreisbahn beschreibt. Dann befindet sie sich aber in beschleunigter Bewegung.

2. Im Jahr 1911 erklärte Einstein, die Berufung auf die gleichförmige Bewegung sei ein Fehler gewesen. Die Uhr verlangsame sich wegen der Beschleunigungswirkung bei der rotierenden Bewegung.

3. Im Jahr 1915 führte Einstein (Scheibenexperiment S. 117) die Verlangsamung der Uhr auf Gravitation zurück, alternativ aber auf Bewegung. Die Bewegung ist rotierend, wird aber als gleichförmig behandelt.

4. Im Jahr 1918 erklärte Einstein, daß sich aus der speziellen wie der allgemeinen Relativitätstheorie dieselbe Verlangsamung der Uhr ergebe. Von S (Erde) aus nach der speziellen Theorie beobachtet, bewegt sich die Uhr U 2, während die Uhr U 1 ruht. Der Vorgang hat 4 Phasen: 1. U 2 startet und beschleunigt sich auf die Geschwindigkeit v. Der Effekt wird vernachlässigt. 2. U 2 bewegt sich konstant mit v und geht daher, von S aus beurteilt, gegen U 1 nach. 3. U 2 wendet und wird auf v in umgekehrter Richtung beschleunigt. Der Effekt wird vernachlässigt. 4. U 2 bewegt sich konstant mit v zurück zum Startplatz und geht wieder gegen U 1 nach, von S aus beurteilt. Nach der Rückkehr zeigt sich, daß der Zeigerstand von U 2 um einen bestimmten Betrag gegen U 1 zurückgeblieben ist. Eben hieß es noch,

«von S aus beurteilt» gehe U 2 während der konstanten Bewegung nach; nun wird plötzlich ontologisiert, U 2 ist wirklich nachgegangen. Das ist die Erklärung nach der speziellen Relativitätstheorie.

Auf den Einwand, daß nach dieser Theorie die ruhende Uhr U 1, von der Rakete gesehen, ebenso nachgehen müßte, wie die Raketenuhr U 2 von der Erde her gesehen nachgeht, erwidert Einstein, daß keine Gegenseitigkeit gilt, weil die Raketenuhr kein gleichförmig bewegtes, sondern ein beschleunigtes System ist. Auf diese Weise wird die zur Relativitätstheorie Nr. 1 gehörende Gegenseitigkeit wegdekretiert; dort war für genau denselben Fall die Gegenseitigkeit postuliert worden. Einstein geht darüber hinweg, daß nach seinem neuen Postulat die beiden Systeme nicht mehr in einer Beziehung gemäß der speziellen Relativitätstheorie stehen, die nur zwischen zwei gleichförmig und geradlinig bewegten Systemen gilt, und daher die Verlangsamung der einen Uhr nicht mehr aus dieser Theorie abgeleitet werden kann. Die Relativitätsbeziehung ist außerdem durch die Ontologisierung aufgehoben (S. 57).

Nach dem Relativitätsprinzip müßte die Relativbewegung von U 1 dem Beobachter in der Rakete genau als Spiegelbild seiner eigenen Bewegung erscheinen; wenn er sich beschleunigt, dann beschleunigt sich U 1 für ihn gleichfalls, mag dies auch nur scheinbar sein. Einstein verschiebt die Unterscheidung zwischen «beschleunigt» und «gleichförmig» plötzlich von der kinematischen auf die ontologische Ebene. U 2 ist beschleunigt, weil U 2 wirklich wendet, während U 1 das nicht tut. Das ist eine völlig andere Argumentation als in der ursprünglichen Relativitätstheorie Nr. 1. Der Wirklichkeitsbegriff wird der Metrik übergeordnet, aber nur einseitig. Bei Anwendung auf U 1 führt diese Uhr keine gleichförmige Bewegung aus, sondern ruht wirklich.

Auch wenn die allgemeine Relativitätstheorie für die Betrachtung von S' aus angewandt wird, sind die beiden Systeme nicht gleichberechtigt, sagt Einstein. Jetzt ist U 1 die bewegte Uhr, während U 2 ruht. Einstein verordnet, daß auf U 2 eine äußere Kraft zur Wirkung gebracht wird, die eine Bewegung dieser ruhenden Uhr in den nun herangezogenen Gravitationsfeldern verhindert. Eine solche Kraft ist bisher in der Relativitätstheorie nicht verwendet worden; die Situation ist neu und schränkt die Relativität wesentlich ein.

Einstein zählt nun wieder 4 Phasen auf: 1. U 1 beschleunigt sich, was nach der allgemeinen Relativitätstheorie bedeutet, daß U 1 in einem Gravitationsfeld fällt, bis die Geschwindigkeit v erreicht ist. Dann verschwindet das Gravitationsfeld und die spezielle Relativitätstheorie tritt in Aktion. 2. U

1 bewegt sich gleichförmig weiter und geht daher gegen U 2 nach. 3. U 1 wendet. Es entsteht wieder ein Gravitationsfeld, das anhält, bis v in umgekehrter Richtung erreicht ist. 4. U 1 bewegt sich wieder gleichförmig bis zur Rückkehr und geht in dieser Phase langsamer.

Nun kommt aber noch das Gravitationspotential[26] hinzu. Einstein: «Während der Teilprozesse 2 und 4 geht zwar die mit der Geschwindigkeit v bewegte Uhr U 1 langsamer als die ruhende Uhr U 2. Aber dies Zurückbleiben wird überkompensiert durch einen schnelleren Gang von U 1 während des Teilprozesses 3. Nach der allgemeinen Relativitätstheorie geht nämlich eine Uhr desto schneller, je höher das Gravitationspotential an dem Orte ist, an dem sie sich befindet, und es befindet sich während des Teilprozesses 3 U 2 tatsächlich an einem Ort höheren Gravitationspotentials als U 1. Die Rechnung ergibt, daß dies Vorauseilen gerade doppelt soviel ausmacht als das Zurückbleiben während der Teilprozesse 2 und 4.» Infolgedessen zeigt sich nach der Rückkehr, daß U 1 gegen U 2 vorgeht. Somit ist laut Zeigerstand U 2 gegen U 1 um denselben Betrag zurückgeblieben wie im vorigen Fall, woraus Einstein die Identität der beiden Ergebnisse folgert.

Im vorletzten Satz des Zitats ist Einstein anscheinend ein Schreibfehler unterlaufen: die Uhr mit dem höheren Gravitationspotential ist nicht U 2, sondern U 1. Sonst würde sich nicht die von Einstein gezogene Folgerung ergeben. Davon abgesehen, bleibt festzuhalten, daß das Gravitationspotential bei Einstein aus dem Schwerefeld stammt, das in Phase 3 beim Wenden nach Einsteins Theorie aus der Beschleunigung entsteht und nur vorübergehend ist. Mit der Flughöhe über der Erde hat es nichts zu tun. Analoge Felder beim Start und bei der Rückkehr kompensieren sich gegenseitig. Born (1964, S. 306) hat eine ähnliche Berechnung vorgelegt.

Die beiden Ergebnisse sind auf verschiedene Weise zustandegekommen: in dem einen Fall, weil U 2 nachgeht, in dem anderen, weil U 1 vorgeht. Die nominelle Gleichheit der Differenz ändert nichts an der Verschiedenheit der beiden von Einstein verglichenen Vorgänge. Es handelt sich nicht um die Differenz, sondern um den Satz der Relativitätstheorie, daß eine bewegte Uhr nachgeht. Im zweiten Fall tut sie das nicht, sondern geht vor. Einstein macht daraus ein Nachgehen der *anderen* Uhr. Auf diesem Kunstgriff beruht Einsteins «Beweis». Man sieht, wohin das Relativitätsprinzip führt: es genügt, wenn U 2 «relativ» nachgegangen ist. Zwei offenkundig verschiedene Sachverhalte werden als gleichartig erklärt. Man kann, wenn

---

[26] Vgl. S. 121.

man eine Uhr vorgehen läßt, von jeder anderen Uhr behaupten, daß sie relativ nachgeht.

In Fall 2 wendet Einstein die allgemeine Theorie kombiniert mit der speziellen, in Fall 1 nur die spezielle Theorie an. Dieselbe Reise wird also theoretisch auf zweierlei Art behandelt. Das Ergebnis ist dasselbe; die beiden Ansätze sind komplementär, nicht additiv. Einstein will eine additive Wirkung beider Theorien vermeiden, weil sonst dieselbe Uhr im selben System gleichzeitig vor- und nachgehen müßte (Einstein 1918). Er vertauscht die Uhren, um das Bezugssystem zu wechseln, und begrenzt die Gravitationswirkung auf die kurze Zeit des Wendemanövers, bei dem der kinematische Effekt praktisch wegfällt. Um den logischen Schwierigkeiten des additiven Effekts auszuweichen, nimmt Einstein neue logische Schwierigkeiten in Kauf. Die Vernachlässigung der Flughöhe ist ein fast unglaublicher Fehler, aber anscheinend der einzige Ausweg. Bei neueren Versuchen mit Atomuhren läßt man das Gravitationspotential mit der Flughöhe dauernd einwirken und addiert beide Effekte. Das widerspricht dem Ansatz Einsteins; trotzdem erklärt man die Ergebnisse für die Bestätigung seiner Voraussage (S. 151).

Zur Beurteilung des «Uhrenparadoxons» ist eine logische Analyse der verworrenen Behauptungen Einsteins unerläßlich, so schwierig, trocken und enttäuschend sie sein mag. Sie enthüllt noch einmal den inneren Widerspruch des «Uhrenparadoxons». Einsteins Darstellung findet sich in «Naturwissenschaften» 1918, S. 697, unter dem Titel «Dialog über die Einwendungen gegen die Relativitätstheorie».

5. Coleman (1959) führt die Verlangsamung der Raketenuhr auf gleichförmige Bewegung zurück. Diese wird aber durch zwei Beschleunigungen beim Start und bei der Landung ausgeglichen, sodaß die Uhr im Endeffekt nicht nachgeht.

6. Nach Cochran (1960) geht die Uhr, wenn sie nach geradlinigem Aufstieg unter ihrem eigenen Gewicht im Schwerefeld zurückkehrt, nicht langsamer, sondern schneller. Dagegen müßte eine die Erde im Satelliten umkreisende Uhr langsamer gehen.

7. Rosser (1971) meint, daß der Gang der Uhr von einer Kombination der speziellen und der allgemeinen Relativitätstheorie bestimmt wird. Je höher die Rakete mit der Uhr fliegt, desto größer ist das Gravitationspotential. Je höher das Gravitationspotential, desto schneller geht die Uhr; anders ausgedrückt, geht sie schneller, weil das Schwerefeld in der Höhe schwächer ist. Diesem Effekt überlagert sich die verlangsamende Wirkung

der Bewegung relativ zur Erde. Bis 3200 km Höhe überwiegt der verlangsamende Effekt, über 3200 km der beschleunigende. Die Uhr geht also bis 3200 km Höhe langsamer, über 3200 km schneller. Der additive Effekt taucht auf. Einstein hatte das nicht gesagt.

8. Nach Sciama (1959) hat die im Weltraum fliegende Uhr, auch wenn sich die Rakete relativ zur Erde gleichförmig bewegt, eine relativ zu den «fernen Massen» andere Bewegung als eine auf der Erde ruhende Uhr. Beide Uhren erfahren verschiedene Wirkungen von Seiten der Gestirne und gehen deshalb verschieden.

9. Nach Prokhovnik (1967) genügt die spezielle Relativitätstheorie. Nach der Umkehr befindet sich die Borduhr nicht mehr in S', sondern in einem neuen System S". Beim Rückflug geht die Erduhr um ein Drittel gegen die Borduhr nach, während sie beim Hinflug vorging. Der Ausgleich ist aber nicht vollständig, bei der Landung geht die Erduhr immer noch vor, die Borduhr geht nach. Der Bodenbeobachter hat sie immer nachgehen sehen. Wie die Ontologisierung zustandekommt, sagt der Autor nicht. Hier taucht aber zum erstenmal der Gedanke auf, daß beim Rückflug (S. 47, 53) der Effekt sich umkehrt. Prokhovnik gehört zu den «Neo-Lorentzianern» (Kap. 21).

Nach Prokhovnik (1967, S. 21) geht die herrschende Meinung dahin, daß die relativistischen Effekte von Natur aus ontologischen Charakter haben und zwingend aus den Prinzipien der Relativitätstheorie folgen. Daher benötigen sie keine weitere Erklärung und kein Experiment!

Einen von der speziellen Relativitätstheorie geforderten, wichtigen Effekt lassen alle diese Anwälte des «Uhrenparadoxons» allerdings weg: die Massenzunahme der bewegten Uhr, die doch nicht ohne Wirkung auf ihren Gang bleiben könnte (S. 81). Alle angeführten Erklärungen sind, soweit sie von der speziellen Relativitätstheorie ausgehen, mit dem Ontologisierungsfehler behaftet, einige auch mit den Fragen, die sich aus der additiven Kombination der Effekte der speziellen und der allgemeinen Relativitätstheorie ergeben, abgesehen von der Unvereinbarkeit beider Theorien.

Das erste wirkliche Experiment, das hinsichtlich der relativistischen Veränderung des Uhrengangs unternommen worden ist, ist das von Hafele und Keating (1972). Wir müssen es etwas ausführlicher besprechen.

Das Experiment von Hafele und Keating
Hafele und Keating flogen im Oktober 1971 mit vier Cäsium-Atomuhren in fahrplanmäßigen Verkehrsflugzeugen um die Erde. Atomuhren gelten als empfindlich genug, um die in Betracht kommenden winzigen Veränderungen zu registrieren. Die Erde wurde einmal in Ost-, einmal in Westrichtung umflogen. Es wurde von einer modifizierten Relativitätstheorie ausgegangen, die einen Unterschied in beiden Richtungen voraussagt, weil die Geschwindigkeit des Flugzeugs relativ zur Erde je nachdem, ob es mit der Erddrehung oder ihr entgegen fliegt, verschieden ist. (Davon hatte Einstein nichts gesagt.) Die Ostreise dauerte 65,4 Std., davon 41,2 Std. Flugzeit. Die Westreise dauerte 80,3 Std., davon 48,6 Std. Flugzeit. Die Routen waren nicht die gleichen. Die Uhren waren gegen magnetische Einflüsse, Druck- und Temperaturänderungen geschützt.

Angewandt wurde eine Kombination der speziellen und der allgemeinen Relativitätstheorie unter Addition ihrer Effekte. Dem Ansatz Einsteins widersprach der Versuch insofern, als Einstein hinsichtlich der speziellen Theorie eine gleichförmige und geradlinige Bewegung postuliert, hier aber die Bewegung ständig wechselte; ferner wirkte hier das Gravitationspotential dauernd über die Flughöhe, nicht nur momentan an einem Wendepunkt wie bei Einstein, und es wirkte additiv. Als Unterlage wurden die Daten der Flugkapitäne (Höhe, Geschwindigkeit, geographische Breite usw.) verwendet. Die Ostreise wurde in 125 Intervalle, die Westreise in 108 Intervalle geteilt. Daraus wurden mittlere Daten berechnet.

Eine weitere Vereinfachung der Berechnungen bestand darin, daß der Gangfaktor nicht mit $1 - v^2/c^2$, sondern mit $1 - v^2/2c^2$ gewählt wurde. Dabei handelt es sich um eine Näherung zur Vermeidung von Rundungsfehlern bzw. endloser Dezimalstellen. Als Vergleichsuhr auf der Erde diente eine Normal-Atomuhr gleicher Bauart im Marine-Observatorium der USA. Die Autoren betonen jedoch, daß eine Bodenuhr, weil sie sich mit der Erde dreht, nicht als ruhende Kontrolluhr verwendet werden kann. Man kann aber, sagen die Autoren, einen nichtrotierenden inertialen Raum zu dieser Uhr konstruieren. Die Geschwindigkeit der bewegten Uhr relativ zu diesem konstruierten System bestimmt ihr Gangverhalten. Der als Bezugssystem dienende hypothetische Raum entsteht aus Berechnungen, die bereits eine Verschiedenheit der Zeit im Flugzeug und am Boden voraussetzen. Es werden also schon ziemlich viele relativistische Hypothesen als Voraussetzungen der Überprüfung der Relativitätstheorie verwendet. Weiter wird vorausgesetzt, daß die Bewegung den Uhrengang ontologisch beeinflußt (Relativitätstheorie Nr. 2). Von

Messungen durch relativ bewegte Beobachter mit Hilfe von Lichtstrahlen (Relativitätstheorie Nr. 1) ist längst keine Rede mehr. Es wird überlegt: eine Uhr am Äquator dreht sich mit der Erde und hat die Geschwindigkeit v = RΩ relativ zu dem angenommenen nichtdrehenden Raum, wo R der Erdradius und Ω die Winkelgeschwindigkeit der Erde ist. Daher geht die Uhr im Verhältnis 1-R² Ω ²/2c² gegen eine ruhende Uhr nach. Eine die Erde umfliegende Uhr mit der Geschwindigkeit v relativ zur Erde hat die Geschwindigkeit R Ω + v, geht daher im Verhältnis 1-(R Ω + v)²/2c² nach. Wenn t_0 das Nachgehen der am Äquator ruhenden und t das Nachgehen der am Äquator die Erde umfliegenden Uhr bezeichnet, so sollten die beiden Uhren die Zeitdifferenz

$$t - t_0 = -(2R\Omega v + v^2)t_0 / 2c^2 \qquad (40)$$

zeigen. Nach Osten geht der Flug in der Rotationsrichtung der Erde (v >0), nach Westen in der Gegenrichtung zur Rotation (v< 0). Deshalb sollte die Uhr bei Ostfahrt nachgehen, bei Westfahrt vorgehen. Entgegen der schon fünfzigjährigen Tradition wird also auch ein Vorgehen der bewegten Uhr für möglich gehalten.

Nun tritt der zweite Einstein-Effekt, der Unterschied des Gravitationspotentials der Uhren, hinzu. Je höher das Gravitationspotential, d. h. die Flughöhe, desto schneller geht die Uhr. Dadurch wird die zu erwartende Zeitdifferenz

$$t - t_0 = [gh/c^2 - (2R\Omega v + v^2)/2c^2]t_0 \qquad (41)$$

wo g die Fallbeschleunigung und h die Flughöhe ist.

Der Term gh/c² sagt für die fliegende Uhr ohne Rücksicht auf die Flugrichtung ein Vorgehen voraus wie Einsteins andersartiger Ansatz. Der gravitationelle und der kinematische Term sind unter den gegebenen Bedingungen von vergleichbarer Größenordnung, doch ist im kinematischen Term der bei Einstein wesentliche Ausdruck v²/2c² klein gegen den bei Einstein nicht vorkommenden Ausdruck R Ω v/2c². Bei Westrichtung (v < 0) sind beide Terme positiv und addieren sich zu einem merklichen Vorgehen der Uhr.

Das Gesagte gilt nur für äquatoriale Rundflüge. Für die Abweichung der Flugroute vom Äquator mußten mathematische Korrekturen vorgenommen werden. Es ergab sich die Approximation

$$t - t_0 = \int [gh/c^2 - (2R\Omega v \cos\theta \cos\lambda + v^2)/2c^2]dt \qquad (42)$$

wo θ die Richtungsabweichung von der äquatorialen Route und λ die Breitenkorrektur darstellt. Als Grundlage dienten die Berechnungen für die einzelnen Intervalle.

Während des Flugs konnten keine Vergleiche mit der Bodenuhr vorgenommen werden. Die Ergebnisse mußten nach dem Flug unter Auswertung der Notizen (etwa 5000 Beobachtungen) ausgerechnet werden. Zur «Extraktion» der relativistischen Zeitdifferenzen aus den notierten Daten mußten besondere mathematische Verfahren angewandt werden, die kompliziert und reich an Voraussetzungen sind. Es ist zu beachten, daß der Vergleich der Uhren nicht durch unmittelbare Beobachtung erfolgte, sondern indirekt durch Berechnungen eigener Art.

Nachstehend ein Vergleich der theoretischen Berechnung mit den Befunden:

	Berechnung		*Befund*	
		Zeitunterschiede in Milliardstelsekunden (nsek) $+$ = Vorgehen $-$ = Nachgehen		
	Ost	West	Ost	West
Gravit. Faktor	$+144 \pm 14$	$+179 \pm 18$		
Kinemat. Faktor	-184 ± 18	$+ 96 \pm 10$		
Nettoeffekt	$- 40 \pm 23$	$+ 275 \pm 21$	-59 ± 10	$+273 \pm 7$

Es handelt sich um Mittelwerte der vier Uhren. Atomuhren gehen nicht ganz gleich. Die Autoren hoffen, daß sich die Unterschiede der vier Uhren auf einen stetigen mittleren Gang ausgeglichen haben. In diesem Punkt sehen sie die hauptsächliche Fehlerquelle. Weitere Fehlerquellen liegen u. a. in der ungenügenden Genauigkeit der Flugdaten und in den Näherungen der Gl. 42.

Beim Westflug ist für den kinematischen Effekt das Gegenteil von dem demonstriert worden, was man 50 Jahre lang propagiert hat. An die Stelle der «Zeitdehnung» Einsteins tritt eine «Zeitkontraktion». Die Autoren erklären diesen an Hypothesen und Fehlerquellen reichen Versuch für eine Bestätigung der «konventionellen Relativitätstheorie». Doch weicht er in Ansatz, Durchführung und Ergebnis stark von Einsteins Theorie ab, so stark, daß man sich fragen muß, ob es wirklich Einsteins These war, die hier überprüft wurde.

Diese Abweichung rührt an das Grundsätzliche. Einstein hat stets nur von einer *ruhenden* Uhr als Vergleichsuhr gesprochen. Wenn man die Autoren richtig versteht, so war er dabei naiv, denn eine ruhende Uhr kann es auf der Erde nicht geben. Das «Uhrenparadoxon» ist dann prinzipiell eines Beweises im Sinne Einsteins nicht fähig, soweit der kinematische Faktor in Betracht kommt. Mit der Berücksichtigung der Erddrehung und mit der neo-lorentzianischen Einfluß (Kap. 21) verratenden Konstruktion eines quasi-absoluten Bezugssystems ist der kinematische Effekt nicht klarer geworden. Ungeachtet des Frohlockens der Relativisten über dieses Experiment muß man feststellen, daß es mit seinen vielen Konstruktionen und Fehlerquellen nicht überzeugend wirkt.

Bedenken muß es auch erregen, daß der kinematische und der gravitationelle Term nicht gesondert bestimmt werden. Es wird nur ein Globalwert erfaßt, der auf die beiden Terme nach Einsteins Regeln aufgeteilt wird. Darin liegt eine *petitio principii*. Auf der anderen Seite wird Einstein eine Voraussage über die Kombination seiner beiden Effekte zugeschrieben, die er nie gemacht hat.

Das Experiment von Alley

Auch Alley (1976) konnte nur einen Globalwert für beide Einstein-Effekte registrieren. Er hielt aber den hypothetischen kinematischen Faktor durch relativ langsamen Flug so klein, daß der gravitationelle Faktor weitgehend isoliert erscheinen konnte. Ein Flugzeug mit je drei Cäsium- und Rubidium-Atomuhren flog zwischen September 1975 und Januar 1976 fünfmal je 15 Stunden auf der gleichen, überwiegend geraden Strecke von etwa 120 km in 10 km Höhe. Die Geschwindigkeit betrug 430 km/h. Die Uhren waren gegen magnetische, Temperatur- und Druckeinflüsse abgesichert. Am Boden waren gleichartige Vergleichsuhren stationiert. Die Gangunterschiede der Uhren jeder Gruppe wurden quantitativ erfaßt und ein mittlerer Gang berechnet.

Flugzeug- und Bodenuhren wurden vor und nach jedem Flug direkt miteinander verglichen. Während des Flugs wurden ferner Bord- und Bodenuhren laufend mit Laserstrahlen verglichen. Es wurden Laserimpulse von 0, 1 nsek Dauer zum Flugzeug hinaufgesandt und dort reflektiert. Die Zeiten der Aussendung und Rückkehr t_1 und t_3 wurden an Hand der Bodenuhren registriert, indes die Zeit des Eintreffens beim Flugzeug t'_2 an Hand der Borduhren verzeichnet wurde. Damit wurde es möglich, den Effekt, nämlich die Größe $t'_2 - 1/2\,(t_1 + t_3)$, als Funktion der Zeit während des Fluges zu bestimmen. Die Flugstrecke wurde mit Radar kontrolliert.

Die Präzision des Versuchs übertraf den Versuch von Hafele und Keating bei weitem. Von diesem Versuch unterschied sich Alleys Vorgehen auch darin, daß für den kinematischen Effekt die Bodenuhr so, wie sie dastand, als Vergleichsbasis genommen wurde. Auf Überlegungen über die Erdrotation und ein konstruiertes Bezugssystem wurde verzichtet.

Das gemessene Resultat war ein Vorgehen der Borduhren um 47 ± 1,5 Milliardstelsekunden bei 15 Stunden Flugdauer. Alle bekannten Fehlerquellen sind dabei schon berücksichtigt. Der kinematische Faktor wurde nicht gemessen; er wurde vorausgesetzt. Nach der Einstein-Formel wurde er auf 5,7 Milliardstelsekunden berechnet. Er bedeutet ein Nachgehen der Uhren um diesen Betrag. Es wurde daher angenommen, daß die Borduhren in Wirklichkeit um 52,8 nsek vorgegangen waren, wie es Einsteins Formel für den gravitationellen Effekt entsprach, und daß die 5,7 nsek für das Nachgehen davon abzuziehen waren. Daraus ergab sich der gemessene Effekt von 47 nsek Vorgehen.

Die Gesamtformel für die Berechnung war

$$\Delta t_F = \left(1 + \frac{\Delta\varphi}{c^2} - \frac{1}{2}\frac{v^2}{c^2}\right) = \Delta t_B \qquad (43)$$

wo t_F die Zeit der Borduhren, φ das Gravitationspotential und t_B die Zeit der Borduhren ist. Der dritte Term in Klammern ist eine vereinfachte Formel für den transversalen Doppler-Effekt, der hinter dem kinematischen Faktor vermutet wird.

Der Experimentator fühlte sich zum Einsetzen des hypothetischen kinematischen Effekts berechtigt, weil dieser durch andere Versuche «gut bestätigt» sei. Wir haben keine überzeugenden Versuche dieser Art finden können; immer erweist sich der kinematische Faktor als vorausgesetzt und hineingedeutet. Den kinematischen Faktor bestätigt also Alleys Experiment nicht; er ist eine Zutat. Nun ist der kinematische Effekt, das Nachgehen einer bewegten Uhr, eben der berühmte Einstein-Effekt, um den sich die Diskussion über die Relativitätstheorie seit einem halben Jahrhundert dreht. Dieser Faktor ist um nichts wahrscheinlicher gemacht worden.

Dagegen hat der in der Öffentlichkeit weniger bekannte gravitationelle Faktor durch Alleys Versuch an Wahrscheinlichkeit gewonnen. Er findet eine Stütze an dem Versuch von Pound und Rebka (S. 144) in jener Deutung, die einen Einfluß des Gravitationspotentials auf nukleare Strahlenaussendung behauptet. Nach Kombination der beiden Effekte, des gemessenen und des nur vermuteten, ergibt sich ein Gesamtwert, der

Einsteins kombinierte Voraussagen für beide Theorien mit einer Genauigkeit von 0,987 ± 0,016 bestätigt. Einsteins Wert für den gravitationellen Faktor allein ist allerdings, wenn man die kinematische Zutat wegläßt, nur auf etwa 10% genau bestätigt worden. Im übrigen hat Einstein, wie schon im vorigen Fall bemerkt, die kombinierte Voraussage nie gemacht. Er hat die Addition der Effekte als der Relativitätstheorie widersprechend abgelehnt (S. 120, 149). Beim speziellen Effekt ist die Ontologisierung ohnehin mit einem grundsätzlichen Fehler behaftet (S. 55). Die Beziehung dieser Experimente zur Relativitätstheorie, als deren Bestätigung sie erklärt werden, ist im Grunde mager. Für die Addition der Effekte ist es notwendig, die beiden Thesen über das Vor- bzw. Nachgehen als spontane, von der Relativitätstheorie unabhängige Behauptungen zu behandeln, die sich auf Vorgänge im gleichen Raum, in der gleichen Zeit und dem gleichen Bezugssystem beziehen. Das ist nicht Einsteins Theorie.

Der gravitationelle Faktor hat einen physikalischen Inhalt, was man vom kinematischen Faktor nicht sagen kann. Die Erklärung scheint in diesem Fall in dem Einfluß der Gravitation auf atomare Prozesse zu liegen. (Andere höhenbedingte Effekte wie Höhenstrahlung oder elektrische Feldänderungen scheinen nicht untersucht worden zu sein.) Solche Vorgänge sind ohne weiteres in der normalen dreidimensionalen Welt und absoluten Zeit vorstellbar. Einsteins Weltbild ist dazu nicht erforderlich und wird dadurch auch nicht bestätigt, auch nicht seine Behauptung über einen «anderen Ablauf der Zeit» je nach der Gravitation. Weniger die Relativitätstheorie als die Atomphysik scheint durch Alleys Versuch bereichert worden zu sein.

Nicht die Zeit, sondern die Zeitmessung ist verändert, und auch dies nur bei Anwendung spezifischer atomarer Prozesse. Für eine Ausdehnung des Effekts auf mechanische Uhren ist wieder kein Grund zu sehen. Man kann mit dem Experimentator den Effekt für eine Verbesserung der genauen Zeitmessung halten; man kann aber auch fragen, ob sich Atomuhren bei dieser Variabilität unter allen Umständen ideal für die Zeitmessung eignen.

Über ein weiteres Experiment von Levine und Vessot im Dezember 1976, das über eine mit einer Rakete von Houston nach Florida geschossene Uhr den gravitationellen Effekt bestätigt haben soll, lagen bei Drucklegung dieses Buches keine Einzelheiten vor.[27]

---

[27] Das Experiment von R. Vessot und M. Levine wurde unter dem Namen *Gravity Probe A* bekannt. Sie publizierten die Ergebnisse erst 1979 und gaben eine Genauigkeit von 0,02% an. (*Anm. d. Hrsg.*)

20. Das «Zwillingsparadoxon»

Das «Zwillingsparadoxon» ist eine Erweiterung des «Uhrenparadoxons» und hat die Relativitätstheorie noch berühmter gemacht als das letztere. Wenn von zwei Zwillingen sich der eine auf eine Raumfahrt begibt, während der andere auf der Erde bleibt, so altert nach der Relativitätstheorie der Raumfahrer langsamer und ist nach der Rückkehr viel jünger als sein Zwillingsbruder. Nach der speziellen Relativitätstheorie, die hier meist als Ursache angeführt wird, rührt dies vom langsameren Ablauf der Zeit in einer schnellen Rakete her. Mit allen anderen Vorgängen verlangsamt sich auch das Altern, der Raumfahrer bleibt jung. Seine «Lebensuhr» geht ebenso langsamer wie seine Borduhr. Wenn auf der Erde 100, ja 1000 Jahre und mehr vergangen sind, ist an Bord nur 1 Jahr vergangen. Der Fahrer empfindet nichts anderes, seine Uhren und Kalender zeigen nichts anderes an. Erst bei der Rückkehr merkt er, daß auf der Erde inzwischen 100 oder 1000 Jahre vergangen sind.

Wunder der Raumfahrt
Je nach Dauer und Geschwindigkeit der Raumfahrt kann das so weit gehen, daß der auf der Erde gebliebene Zwilling und zahlreiche ihm folgende Generationen inzwischen längst gestorben sind; der jugendlich gebliebene Heimkehrer wird an den Gräbern seiner Nachkommen aus 29 Generationen von einem Greis begrüßt, der sein Nachkomme der 30. Generation ist (Braunbek 1970).

Crocco, Vorsitzender der italienischen Raumfahrtgesellschaft, auf dem internationalen Astronautenkongreß 1956: «Während auf der Erde Jahrhunderte vergehen, werden die Fahrer nur den Ablauf von Minuten empfinden und fast unsterblich werden.» H. Lewis vor der Amerikanischen Physikalischen Gesellschaft 1957: «Ein mit 296 000 km/sek fahrendes Raumschiff wäre ein moderner Jungbrunnen.» Dessauer (1958) zitiert ein anderes Beispiel. Ein 20jähriger reist mit fast Lichtgeschwindigkeit zum Sirius und zurück. Nach 22 Erdjahren kommt er 42jährig zurück. Er stellt fest, daß ein knapp nach dem Start geborener Sohn bereits vor 50 Jahren im Alter von 60 Jahren gestorben ist, woraus man schließen muß, daß der Sohn lange vor der Geburt seines Vaters geboren wurde...

Freilich wirkt diesen Einstein-Wundern nach Einstein selbst der Mangel an Gravitation im Weltraum entgegen, denn gemäß der allgemeinen Relativitätstheorie bewirkt dies eine Beschleunigung des Uhrengangs und damit ein schnelleres Altern. Von diesem Effekt, der hinsichtlich Atomuhren neuerdings bestätigt scheint, war in der Literatur lange nicht die Rede, ausgenommen bei Rosser (1971), der im Einklang mit seiner Version des «Uhrenparadoxons» berechnete, daß der Raumfahrer über 3 200 km Höhe schneller und nicht langsamer altern würde. Aber McMillan (1957) sieht auch in der allgemeinen Relativitätstheorie die Möglichkeit eines Jungbrunnens. Da eine Beschleunigung einer Gravitationswirkung äquivalent ist, kann bei einer Beschleunigung von nur 10 Sekundenmetern je Sekunde ein Raumfahrer in 1000 Jahren (Erdjahren) nicht weniger als 490 Lichtjahre hin und her reisen und dabei nur 22 Jahre älter werden. Bei noch etwas größerer Beschleunigung kann er im selbstgemachten Schwerefeld eine Reise um das Weltall in 80 Tagen ausführen. Da eine Raumfahrt mit den erforderlichen, in der Nähe der Lichtgeschwindigkeit liegenden Geschwindigkeiten bisher nicht möglich ist und wohl auch nie möglich sein wird, bleibt den Erzählern dieser hübschen Märchen die Probe aufs Exempel erspart. Bescheidener stellte der Raketenfachmann Wernher v. Braun nach der ersten amerikanischen Raumfahrt fest, daß die Astronauten um 1 Sekunde jünger von der Reise zurückgekommen wären. Auf welche Weise er das gemessen haben wollte, blieb sein Geheimnis. Aber es folgte eben aus der speziellen Relativitätstheorie (nicht der allgemeinen!) und mußte deshalb wahr sein. Selbstredend machte diese Äußerung sofort die Runde durch die Weltpresse und steigerte den Ruhm der Relativitätstheorie.

Theorien zum «Zwillingsparadoxon»

Das «Zwillingsparadoxon» stammt von dem Physiker Langevin (1911) und wurde von Einstein übernommen. Seine Theorien dazu schwankten mit seinen Theorien über das «Uhrenparadoxon». Im Jahre 1912 führte er das Jungbleiben im Sinne der speziellen Relativitätstheorie auf die Bewegung zurück: «Für den bewegten Organismus war die lange Zeit der Reise nur ein Augenblick, falls die Bewegung annähernd mit Lichtgeschwindigkeit erfolgte! Dies ist eine unabweisbare Konsequenz der von uns zu Grunde gelegten Prinzipien, die die Erfahrung uns aufdrängt.» (Vortrag in Zürich 1912[28].) Welche «Erfahrung» uns solche Prinzipien oder Folgerungen

---

[28] In diesem Vortrag sagte Einstein auch, daß die ganze biologische Entwicklung von Organismen von der Bewegung beeinflußt würde. Er hatte dabei das seinerzeit viel kolportierte Beispiel vom Hühnerei im Auge: Gegeben zwei gleichzeitig gelegte Eier. Das eine wird in einem Brutkasten auf die Weltraumreise geschickt. Seine Entwicklung ist verlangsamt; bei der Rückkehr hat es erst das Vierzellstadium erreicht, während die

aufdrängt, ließ er unerwähnt. Die aus der speziellen Relativitätstheorie abgeleitete Begründung lautet, daß die Vorgänge in der Rakete (S') einem Beobachter auf der Erde (S) verlangsamt erscheinen. Dazu gehört nicht nur der Gang von Borduhren, sondern auch die Herztätigkeit des Raumfahrers. Er lebt infolgedessen langsamer, woraus die Relativitätstheoretiker folgern, daß er auch *länger* lebt. Von dieser biologischen Behauptung wird noch zu sprechen sein.

Zunächst wird man einwenden, daß die Verlangsamung doch nur ein metrischer Eindruck ist und das veränderte Eintreffen der diesbezüglichen Lichtsignale - noch immer hängt alles von Lichtsignalen und Signalwegen ab - auf der Erde nichts über den tatsächlichen Gang der Uhren bzw. des Herzens in der Rakete aussagt. Die Vorgänge werden allenfalls in veränderten Maßeinheiten ausgedrückt, aber in Wirklichkeit ändern sie sich nicht (Essen 1971). Auch der Philosoph Bergson (1921, S. 114) kommt zu dem Schluß, daß die Zwillinge gleich lang leben, d. h. ein normales Erdenleben haben. Nur die Erdzeit und die ihr grundsätzlich gleiche Zeit an Bord sind real, die aus dem «Hinübermessen» entstandene Zeit ist fiktiv. Eine fiktive Zeit hat nichts mit dem Geschehen zu tun.

Die Relativisten ontologisieren aber unentwegt wie beim «Uhrenparadoxon», das seinen Reiz ja erst vom «Zwillingsparadoxon» her erhält. Sie behaupten, daß die Vorgänge in der Rakete infolge einer dort real stattfindenden «Zeitdehnung» tatsächlich langsamer verlaufen, sodaß der Raumfahrer nach seiner Rückkehr altersmäßig «nachgeht» wie die bewegte Uhr, d. h. jünger geblieben ist. Born 1964: «Jeder innere Vorgang muß im System B langsamer ablaufen als derselbe Vorgang im System A. Alle Atomschwingungen, ja der Lebenslauf selbst, müssen sich gerade so verhalten wie die Uhren; wenn also A und B Zwillingsbrüder sind, so muß B nach der Rückkehr von der Reise jünger sein als sein Bruder.»

Diese Aussage enthält a) den Ontologisierungsfehler, der eine Ableitung dieser Behauptungen aus der speziellen Relativitätstheorie unmöglich macht, b) einen frei erfundenen Zusammenhang zwischen Atomschwingungen und Lebenslauf, c) die Ableitung nie beobachteter Dinge aus nie beobachteten Dingen. Das «Zwillingsparadoxon» beruht auf nichts als der Einsteinschen Zeitmetaphysik. (Zu dieser vgl. S. 59.) Die Relativitätstheoretiker erzählen der Welt aber seit mehr als einem halben

---

inzwischen aus dem auf der Erde gebliebenen Ei entstandene Henne bereits Großmutter geworden ist. Die Gläubigen fragten nicht nach einem experimentellen Beweis.

Jahrhundert, daß es sich um naturwissenschaftliche Gesetzmäßigkeiten handle.

Die für das «Zwillingsparadoxon» gegebenen Begründungen, die schon eine ganze Literatur füllen, schwanken je nach der angewandten Theorie über das «Uhrenparadoxon». Bald sind es Effekte der speziellen, bald solche der allgemeinen Relativitätstheorie. Im letzteren Falle handelt es sich um rein ontologische Erscheinungen, die des Apparats der speziellen Relativitätstheorie nicht bedürfen; die Aussage, daß Gravitationsfelder die Lebensdauer beeinflussen, ist einfacher als die Übersetzung metrischer Eindrücke ins Ontologische. Ein experimenteller Beweis dafür besteht bisher freilich ebensowenig wie für die andere Behauptung. Die Widersprüche zwischen der speziellen und der allgemeinen Relativitätstheorie, die Widersprüche in den Versuchen, sie zu kombinieren, spiegeln sich natürlich in diesen «Theorien» und treten zu den Widersprüchen zwischen den einzelnen Theorien selbst hinzu. Über diesen Theorienwirrwarr wird in der relativistischen Literatur heftig gestritten. Der raumfahrende Zwilling bleibt nach dieser Literatur jung, weil er

1. sich gleichförmig relativ zur Erde bewegt;
2. sich beschleunigt relativ zur Erde bewegt;
3. in einem Gravitationsfeld ist;
4. sich auf einer nichtgeodätischen Linie bewegt;
5. von fernen Massen beeinflußt wird;
6. zugleich von der Gravitation und von der Bewegung beeinflußt wird; bis 3200 km Höhe bleibt er jung, über 3200 km Höhe altert er schneller als der Erdenzwilling.

Nach Theorie Nr. 6 müßte ihm eine weite Weltraumfahrt schlecht bekommen und wäre kein Jungbrunnen im Sinne der eingangs zitierten Äußerungen anderer Theoretiker. Nach einer weiteren Theorie, die der Uhrentheorie Nr. 5 entspricht, bleibt der Raumfahrer überhaupt nicht jung, weil sich alle Effekte ausgleichen.

Keine der Theorien, außer einer noch im nächsten Kapitel zu erwähnenden «neo-lorentzianischen», berücksichtigt die offenkundige, wenn auch von Einstein selbst willkürlich eliminierte Tatsache, daß streng nach der speziellen Relativitätstheorie Nr. 1 auf der Rückfahrt eine Umkehr des bei der Wegfahrt aufgetretenen Zeitdehnungsprozesses eintreten müßte, die den lebensverlängernden Effekt ausgleichen würde. Ferner lassen die meisten Theoretiker die Frage offen, warum der Effekt nicht gegenseitig sein soll; eigentlich müßte der Erdenzwilling, da er ja von der Rakete her gesehen in gleicher Art bewegt ist und beide Systeme gleichberechtigt sind, unter dem Zauberblick seines fliegenden Zwillingsbruders langsamer altern, wie der letztere unter dem Zauberblick des Erdenzwillings langsamer altert. Der Erdenzwilling wird bei den reinen Spezialtheoretikern ebenso wegeskamotiert wie der zweite Beobachter in Einsteins Darlegung von 1918 (S. 147). Sein System wird als nicht gleichberechtigt erklärt.

Das Meson als Kronzeuge

Als Kronzeuge für das Jungbleiben wird wieder das Meson angerufen. Es «altert» infolge der Zeitdehnung langsamer und erfährt eine «Lebensverlängerung» um einige Millionstelsekunden, wenn es sich mit annähernd Lichtgeschwindigkeit bewegt. Die Lebensverlängerung des Weltraumzwillings auf 1 000 und mehr Jahre wird als genau derselbe Prozeß erklärt. Soweit die spezielle Relativitätstheorie. Aber auch die allgemeine wird herangezogen. Ein am Rand einer rotierenden Scheibe sitzender Zwilling würde länger leben als sein in der Mitte sitzender Bruder, denn er befindet sich auf einem tieferen Gravitationspotential und das ist gesund für ihn. Doch auch die Deutung des Scheibeneffekts mit der speziellen Relativitätstheorie kann helfen; die als Gangverlangsamung aufgefaßte Frequenzminderung eines am Rand einer Scheibe rotierenden Gammastrahlers, im Grunde ein Doppler-Effekt, wird als weiterer Beweis für das «Zwillingsparadoxon» angerufen. Unausdenkbar, wie unsterblich der Randzwilling würde, wenn beide Effekte sich addieren würden ...

Nun leben Zwillinge selten am Rand rotierender Scheiben und auch dieses Gedankenexperiment ist vor einer praktischen Überprüfung bewahrt. Zu beachten bleibt bei all diesem Geschwätz die Anwendung oberflächlichster Analogien zur Verknüpfung von Dingen, die nichts miteinander zu tun haben. Was hat die «Lebensverlängerung» eines Mesons, abgesehen davon, daß sie wahrscheinlich eine Fabel ist, mit der Lebensdauer eines Menschen zu tun? Der bei Elementarteilchen scherzhaft gebrauchte Ausdruck «Lebenszeit» soll hier eine Ähnlichkeit mit dem Leben von Organismen suggerieren. Es ist aber ein weiter Weg vom Meson zum Menschen.

Ein Meson «altert» nicht; es ist vielmehr so, daß es Beta-Zerfall durch Abgabe eines Elektrons erleidet und daß dieser Zerfall, soweit er spontan erfolgt, rein statistisch ist. Er ist von einer «Lebensdauer» des Teilchens unabhängig. Aber selbst wenn das Meson «altern» würde, wäre ein Vergleich mit den Lebensprozessen eines Menschen absurd. Der Mensch müßte erst altern und sterben, sich dann in seine Atome auflösen, aus den

Atomen müßten durch besondere physikalische Prozesse Mesonen herausgeschlagen werden und diese Mesonen müßte man «altern» und zerfallen lassen; erst diese letzte Phase wäre mit der «Lebensdauer» des aus der Höhe herniederfliegenden Mesons vergleichbar . . .

Meson, Mensch, Herz, Gammastrahler - alles wird eins. Die Neigung der Relativitätstheorie, qualitative Unterschiede zu ignorieren, erreicht ihren Gipfel. Man glaubt einer Serie von Scherzen bei einer Semesterschlußfeier zu begegnen, aber nein, diese Dinge stehen in ernsthaften Lehrbüchern und tauchen sogar schon als Prüfungsfragen beim Physikexamen auf[29]. Ein Blick auf Inhalt und logische Struktur dieser Behauptungen zeigt, daß es sich um Märchen in wissenschaftlicher Form handelt. Man nennt dergleichen jetzt *science fiction,* ein englischer Name für utopische wissenschaftliche Romane. Aber leider ist es notwendig, auf diese Fiktionen einzugehen, weil soviele sie ernstnehmen. Statt die Studierenden auf die logischen Fallgruben der Relativitätstheorie aufmerksam zu machen, lehrt man sie gerade in diesem Punkt, mit Begeisterung in diese Gruben zu fallen, bringt ihnen ein magisches Denken bei, das mit der naturwissenschaftlichen Methode unvereinbar ist. Wir brauchen nicht nochmals zu bemerken, daß es sich um bloße Phantasien handelt; nie ist ein solcher Versuch gemacht oder ein solcher Vorgang in der Natur beobachtet worden.

Physiologische Phantasien

Ein Physiker, der Aussagen über das Altern von Menschen macht, überschreitet die Grenzen seiner Zuständigkeit. Einstein verstand vom Altern ungefähr soviel wie von der Blinddarmentzündung. Keinem der Physiker, die unter Berufung auf ihn das Zwillingsparadoxon verkünden, ist eingefallen, zunächst einmal einen Altersforscher zu befragen. Sie glauben des Rates der Mediziner und Biologen bei einer medizinisch-biologischen Frage nicht zu bedürfen und verlassen sich auf ihr eigenes, von keiner Sachkenntnis getrübtes Urteil.

---

[29] Beispiele bei Rosser 1971, S. 434-435. Eine Aufgabe lautet: Eine 29jährige Physikerin beschließt, 10 Jahre lang 29 Jahre alt zu bleiben, und begibt sich zu diesem Zweck auf eine Weltraumreise mit gleichförmiger Geschwindigkeit. Welche Mindestgeschwindigkeit muß sie einhalten, um nach 10 Erdenjahren wahrheitsgemäß sagen zu können, sie sei noch 29 Jahre alt? - Eine andere Aufgabe: Von 2000 Mesonen bleiben 1000 stationär, die andere Hälfte wird mit 0,995 c magnetisch über eine Kreisbahn von 15 m Umfang bewegt. Berechne die Zahl der überlebenden Mesonen beider Hälften, vergleiche das Experiment mit dem Zwillingsexperiment und beweise, daß die beiden Versuche äquivalent sind.

Der Gerontologe würde zunächst antworten, daß wir bisher nicht wissen, wie das Altern zustandekommt, und über einen Prozeß, von dem wir nichts wissen, keine Aussagen machen können. Wir wissen nur, daß das Altern kein einheitlicher physikalischer Prozeß ist, sondern eine Abstraktion aus zahlreichen, sehr verschiedenen und oft gegenläufigen Prozessen, die auf einer anderen Ebene verlaufen als die in der Relativitätstheorie behandelten einfachen physikalischen Vorgänge.

Der Gerontologe würde aber auf einige Punkte hinweisen, die in den Geschichten der Relativitätstheoretiker mit Sicherheit falsch sind. Die Verlangsamung der Lebensvorgänge gilt Ärzten und Biologen seit jeher als ein Merkmal des Alterns; nun erfahren sie zu ihrem Erstaunen, daß sie ein Zeichen ewiger Jugend sei. Ferner wird der Gerontologe der Behauptung der Physiker widersprechen, daß ein langsamer schlagendes Herz ein längeres Leben bedeute. Im Laufe von 80 Jahren tut das menschliche Herz 300 Milliarden Schläge. Dem Zwillingsparadoxon liegt die Annahme zugrunde, daß sich diese Zahl, wenn man die Herztätigkeit auf ein Zehntel verlangsamt, auf die zehnfache Zeit verteilen läßt, sodaß der Mensch 800 Jahre leben würde.

Diese ebenso primitive wie phantastische Vorstellung wurzelt in einer älteren, in der Gerontologie längst verlassenen Hypothese über den Zusammenhang von Lebensdauer und «Lebenstempo». Ihr Urheber war Rubner (1908) und sie war in Einsteins Anfangszeit große Mode. Der Mensch soll danach von der Natur eine fixierte Menge «Lebensenergie» mitbekommen, die er schneller oder langsamer aufbrauchen kann. Spart er damit, so lebt er länger. Die Lebenstempo-Hypothese hat allerdings nie so extreme Formen angenommen. In der relativistischen Hypothese erkennt man wieder die Tendenz, sich über qualitative Unterschiede hinwegzusetzen und die verschiedensten Dinge in einen Topf zu werfen. Die Grenzen für die Variabilität des Herztempos sind viel enger als die Grenzen für die Veränderung eines Uhrengangs. Bei Überschreitung dieser äußerst engen, durch Regler gewahrten Grenzen geht der Organismus zugrunde.

Die Proportionalität der Zahl der Herzschläge zur Lebensdauer ist eine arithmetische Banalität. Eine kausale Beziehung bedeutet sie nicht. Einstein und Langevin hätten in der Tat genau so gut behaupten können, die Zahl der Atemzüge im Leben sei kausal für die Lebensdauer und was die Atmung verlangsame, verlängere das Leben. Auch jeder andere rhythmische Lebensvorgang würde sich eignen, z. B. der Stoffwechsel. Über die wirkliche Ursache des Alterns wissen wir noch nichts; man vermutet heute die Regelung der Lebensdauer in den Genen des Zellkerns. Diese Regelung erfolgt nicht über die Zahl der Herzschläge, sondern über biochemische und histologische Veränderungen, zu denen der Substanzschwund und die Anfälligkeit für Gefäßdegeneration oder Krebs gehören. Diese Prozesse verlaufen keineswegs uhrwerksartig. Das Leben ist ein komplizierter kybernetischer Prozeß und spielt sich anders ab als die Bewegung eines Elementarteilchens oder die Funktion eines Strahlers. Die Gleichsetzung dieser Vorgänge ist ein Rückfall in den mechanischen Simplismus des 19. Jahrhunderts, verkündet von denen, die angeblich das «mechanische Weltbild» überwunden haben.

Das «Zwillingsparadoxon» ist eine physiologische Phantasie der Relativitätstheoretiker. Die wissenschaftliche Physiologie deutet in die umgekehrte Richtung. Wenn die spezielle Relativitätstheorie stimmt, muß das Blut des Menschen bei sehr hoher Geschwindigkeit in einer Rakete eine Massenzunahme erfahren, deren sofortige Folge der Tod durch Herzstillstand wäre. Weiter müßte eine Kontraktion des Organismus in Fahrtrichtung, also eine Abplattung des Körpers bis zu einem dünnen Blatt, eintreten, die letale Folgen hätte. Schon die asymmetrische Kontraktion der Gefäße würde tödliche Rupturen verursachen. Der Weltraumzwilling hätte nicht viel Zeit, Erfahrungen über Lebensverlängerung zu sammeln. Diese relativistischen Effekte, die doch zu diesem Bild gehören, werden von den Relativitätstheoretikern merkwürdigerweise nicht erwähnt.

Des Humors halber sei auch die Behauptung Borns, daß sich in der Rakete die natürlichen Atomschwingungen verlangsamen, zuende gedacht. Darunter würde die Wärmebewegung der Atome fallen, aus denen der fliegende Zwilling besteht. Sie müßte sich bei hoher Geschwindigkeit so verringern, daß der Zwilling alsbald gefrieren würde ... Beim Übergang von der speziellen zur allgemeinen Relativitätstheorie mit ihren angeblichen biologischen Gravitationseffekten wird die Lage noch verworrener, doch sei uns ein Eingehen auf diese weiteren Spekulationen erlassen. Im allgemeinen sollte nach Einstein ein höheres Gravitationspotential bei Raumfahrt lebensverkürzend und nicht lebensverlängernd wirken. Das ist aber, wie schon erwähnt, aus verständlichen Gründen nicht so popularisiert worden wie die Geschichte von der Lebensverlängerung.

Daß die Diskussion über diese Hirngespinste unter der Flagge der Wissenschaft segeln kann, ist ein wissenschaftliches Ärgernis. Man fühlt sich an die mittelalterlichen Streitgespräche über das Geschlecht der Engel erinnert, an denen sich ebenfalls Personen beteiligten, die für die damalige Zeit sehr gelehrt waren. Die Frage nach dem Grund der Beliebtheit des «Zwillingsparadoxons» ist leicht zu beantworten. Man erkennt das archetypische Motiv der Sehnsucht nach der ewigen Jugend. Auch andere Elemente dieser «Theorie» entstammen der Welt der Sage und Dichtung, so der bei den Dichtern seit jeher beliebte Vergleich des Herzens mit einer Uhr.

21. Der «Neo-Lorentzismus»

Seit etwa 1950 tritt der «Neo-Lorentzismus» auf, der die spezielle Relativitätstheorie mit den Ansichten von Lorentz und Poincaré zu vereinigen, d. h. sie auf den Stand vor Einstein zurückzuführen sucht. Die allgemeine Relativitätstheorie tritt in den Hintergrund.

Die Neo-Lorentzianer verwerfen die Konstanz der Lichtgeschwindigkeit. Sie fordern ein bevorzugtes Bezugssystem und neigen zur Annahme eines Äthers. Sie glauben an die physische Kontraktion eines bewegten Stabes nach Lorentz.

Bleibt noch etwas von der Relativitätstheorie Einsteins übrig? Doch: die Zeitdehnung, das «Uhrenparadoxon» in der ontologisierten Form. Um diesen Fetisch aller Relativisten sammeln sich auch die Neo-Lorentzianer[30]. Nicht daß sie einen besseren Beweis für die Zeitdehnung hätten. Aber sie berechnen sie neu. Sie finden, daß es ein Fehler Einsteins war, bei der Feststellung des Uhrengangs durch Lichtsignale anzunehmen, die Lichtgeschwindigkeit sei auf dem Hin- und Rückweg gleich. Denn dann folgt unabweislich, daß die Uhr zwar nachgeht, während sie sich entfernt, daß sie aber auf der Rückreise, während sie sich wieder nähert, vorgeht, so daß zum Schluß nichts von der Zeitdehnung übrigbleibt (S. 59). Damit ist, wie wir schon erwähnt haben, die Zeitdehnung eigentlich erledigt, aber die Neo-Lorentzianer versuchen sie durch eine neue Konstruktion zu retten.

Nach einer ad hoc postulierten «Lichtsignalhypothese» (Prokhovnik 1967) ist die Lichtgeschwindigkeit nicht konstant, sondern von der Entfernung und von der Richtung abhängig. Es wird ein Parameter eingeführt, der eine Funktion von Abstand und Richtung ist. Er ist so konstruiert, daß die sich nähernde Uhr nachgeht wie die sich entfernende, wenn auch

---

[30] Die meisten glauben auch an das «Zwillingsparadoxon».

die Einzelheiten andere sind (Theorie Nr. 9, S. 150). Einsteins Vorschriften für die Uhren-Synchronisation werden entsprechend abgeändert. Das Ergebnis ist genau die Einsteinsche Zeitdehnung, aber ohne Einstein.

Die Hypothese knüpft an die Milnesche Relativität an (Milne 1948), die nur relative Bewegungen von Körpern gegeneinander kennt, aber praktisch auf die Zeitverschiedenheit verzichtet. Milne postuliert eine «kinematische Symmetrie», die zu verschiedenen Geschwindigkeiten der Lichtfortpflanzung auf dem Hin- und Rückweg führt. Der Neo-Lorentzismus übernimmt von der Kritik der Relativitätstheorie den Hinweis darauf, daß weitgehende Behauptungen über das Verhalten des Lichts aufgestellt werden, ohne daß wir eine wirkliche Theorie über die Fortpflanzung des Lichts besitzen. Wir wissen nicht, was das Licht eigentlich ist, und müssen uns mit zwei gegensätzlichen Modellvorstellungen (Wellen- und Teilchentheorie) behelfen. Der Neo-Lorentzismus setzt aber Einsteins Fehler fort, über etwas zu theoretisieren, wovon wir nichts wissen.

Stabkontraktion und Zeitdehnung

Die Neo-Lorentzianer kehren zu der physischen Kontraktion bewegter Objekte nach Lorentz zurück. Am Ende eines Stabs sind zwei Spiegel befestigt, sagt das Gedankenexperiment, das auch das Hauptinstrument der Neo-Lorentzianer ist, und die Zeiteinheit wird nach der Zeit bestimmt, die ein Lichtstrahl zum Hin- und Hergehen zwischen den Spiegeln braucht. Wird der Stab bewegt, so kontrahiert er relativ zu einem gedachten absoluten Bezugssystem. Um dieses Bezugssystem zu bilden, werden «fundamentale Beobachter» erfunden, die über die ganze Welt verteilt sind. In ihrem System ist die Lichtgeschwindigkeit isotrop, d. h. nach allen Richtungen dieselbe, und es gilt Einstein. Aber in allen anderen Systemen ist die Lichtgeschwindigkeit anisotrop, d. h. nach der Richtung verschieden. Aus dem Zusammenwirken der Stabkontraktion mit der Anisotropie der Lichtausbreitung ergibt sich eine Abhängigkeit der Zeiteinheit von der Bewegung des Stabs. Es wird betont, daß nur die Zeitmessung, nicht die Zeit betroffen ist. Das ist noch guter alter Lorentz.

Plötzlich wird aber ontologisiert: da alle bewegten Objekte in der Natur kontrahieren, müssen alle Naturerscheinungen, auch die biologischen, die Zeitdehnung zeigen. Es ist der alte Sprung von der Metrik zur Ontologie. Der logische Fehler ist klar: die Kontraktion ist real, die Zeitbestimmung nur metrisch. Die Zeitbestimmung kann daher nicht ohne weiteres mit der Kontraktion auf eine Stufe gestellt werden. Sie müßte im Verhältnis zur

Kontraktion korrigiert werden. Es will nicht gelingen, Einsteins Paradoxien logisch zu fundieren.

Die physische Lorentz-Kontraktion bleibt eine Phantasie; sie ist nie beobachtet worden. Man fragt sich, wozu hier überhaupt noch das Licht zur Grundlage der Zeitmessung gemacht wird. Die privilegierte Stellung des Lichts, die im Mittelpunkt der Theorie Einsteins steht, ist abgeschafft. Es gibt ein absolutes Bezugssystem und eine absolute Kontraktion. Hinter der Spiegelmethode steht ohnedies die absolute Zeit, auch die Lichtanisotropie erfordert diesen Hintergrund, denn die Unterscheidung zweier Lichtgeschwindigkeiten ist nur auf Grund eines absoluten Maßes möglich. Man könnte also zur klassischen Zeitbestimmung zurückkehren. Aber dann wäre es um den Fetisch geschehen.

Rückkehr des Reaktionsgesetzes
An der neo-lorentzianischen Theorie ist jedenfalls interessant, daß sie die klassische Physik mit der Relativitätstheorie versöhnen will. Bei Messung in nur einem Bezugssystem gilt Newton, nicht Einstein. Die relativistischen Formeln dienen nur der Verknüpfung von Messungen in verschiedenen Bezugssystemen. Auch das Reaktionsgesetz kommt wieder zu Ehren: «Mit der gleichförmigen Bewegung eines Systems gehen einander kompensierende Reaktionen einher, die das System in einem stationären äquivalenten Zustand erhalten.» (Prokhovnik 1967, S. 70.) Über diese Reaktionen erfahren wir nichts näheres.

Bastin (1960) erklärt die Gravitation nicht aus der Trägheitsbewegung im krummen Raum wie die allgemeine Relativitätstheorie, sondern als einen «Fluß von Gravitationsaktivität» im normalen Raum. Die Aktivität breitet sich mit Lichtgeschwindigkeit aus. Hinsichtlich $E = mc^2$ geht Bastin völlig von Einstein ab. Er definiert mc^2 als die Energie, die zur Entfernung eines Körpers aus dem Weltall, d. h. ins Unendliche, notwendig ist.

Die neo-lorentzianischen Spekulationen ermangeln ebenso wie die Einsteinschen einer experimentellen Basis. Der Versuch, die Relativitätstheorie mit klassischen Anschauungen zu vereinbaren, erscheint wenig aussichtsreich. Der Neo-Lorentzismus ist aber symptomatisch für das Unbehagen über die Einsteinsche Relativitätstheorie und für die wachsende Neigung, eine Kritik ihrer Grundbegriffe zu wagen.

V. DIE PHILOSOPHIE DER RELATIVITÄTSTHEORIE

22. Der Mathematismus

Wir haben zur Genüge gesehen, daß es sich bei der Relativitätstheorie mehr um philosophische als physikalische Probleme handelt. Die Problematik berührt nicht nur Einzelfragen, sondern das ganze Verhältnis von Mathematik, Physik und Philosophie. Einstein ist primär Mathematiker. Die Mathematik ist für ihn die höchste Instanz. Sein Weltbild ist «mathematomorph»[31]. In ihm erscheint die Welt als mathematische Struktur. Sie ist geordnet und harmonisch; ihre Harmonie läßt sich in Differentialgleichungen ausdrücken. Die Ursprünge dieses Weltbilds lassen sich auf Platon und Pythagoras zurückverfolgen.

Invarianz als oberstes Prinzip

Einsteins Ziel war ein Mathematiker-Ideal: die Naturgesetze so zu formulieren, daß sie in allen wie immer bewegten Systemen dieselbe mathematische Form annahmen, d. h. gegen bestimmte Transformationen invariant blieben. Der Laie versteht schwer, warum das so wichtig sein soll, und schon der Experimentalphysiker hält die Sache, wenn auch für löblich, nicht für das Hauptziel seiner Wissenschaft. Er zieht praktische und verständliche Gesetze vor, auch wenn sie nicht invariant sind und verschiedene mathematische Ausdrücke erfordern.

Der Blick Einsteins war auf die Invarianz fixiert. Die aus ihr gefolgerten Dinge sind automatisch wahr, denn die Invarianz repräsentiert die Struktur der Welt. Das Ideal der Invarianz ist es, das zu den mystischen Postulaten der Relativitätstheorie führt. Um die elektromagnetischen Gleichungen in allen bewegten Systemen invariant zu machen, müssen Maßstäbe kontrahieren, müssen Uhren nachgehen, muß auf Gleichzeitigkeit verzichtet werden. Der Raum muß krumm werden, um die Gravitationsgleichungen invariant zu machen. Einstein ersinnt die seltsamsten Eigenschaften der Dinge, um sie in sein mathematisches Schema pressen zu können. Wie einst Hegel die Welt aus dem Begriff konstruierte, konstruiert Einstein die Welt aus invarianten Gleichungen.

---

[31] Wir verwenden diesen Ausdruck in Anknüpfung an Topitschs Einteilung der Weltbilder in «technomorphe» und «soziomorphe» (Topitsch 1969).

Es hat schon früher Leute gegeben, die sagten, ein genialer Mathematiker müßte alle Naturgesetze spekulativ aus der mathematischen Struktur der Welt ableiten können, ohne je aus seiner Studierstube herausgekommen zu sein. Experimente seien zur Naturerkenntnis im Grunde unnötig. Gegen diesen super-rationalistischen Standpunkt erhoben sich die Empiriker und Positivisten. Kant versuchte mit mehr oder weniger Erfolg, den rationalistischen und den empirischen Standpunkt zu vereinigen. Einstein kehrt zum rationalistischen Standpunkt zurück, vermengt ihn aber paradoxerweise mit seinem Gegenteil, dem Positivismus.

Einstein 1933: «Die Erfahrung berechtigt uns zu dem Glauben, daß die Natur die Verwirklichung der einfachsten mathematischen Ideen ist.» Auf Reichenbachs Frage, wie er zur Relativitätstheorie gekommen sei, antwortete Einstein (Reichenbach 1959): «Weil ich fest von der allgemeinen Harmonie der Welt überzeugt war.» Wir erwähnten schon, daß Einstein nach den «göttlichen Gesetzen der Welt» und dem «Geheimnis des Alten» suchte.

Wo bleibt die objektive Beobachtung? Die Objektivität wird in die Theorie selbst verlegt. Objektivität ist Invarianz der physikalischen Gesetze, nicht der physikalischen Phänomene und Beobachtungen, sagt H. Margenau in einer Festschrift zu Einsteins 70. Geburtstag (1959). Die Variabilität der Erfahrung macht nichts aus, wenn die Invariabilität des Grundsatzes zum Maß der Erkenntnis gemacht wird. Wer sagt, daß der Weltraumzwilling nicht 1000 Jahre alt wird, ist unobjektiv; dagegen ist objektiv, wer das postulierte Phänomen bejaht, denn es entspricht der Invarianz der (Einsteinschen) Naturgesetze.

Zur Zeit der Scholastik war das, was bei Aristoteles stand, objektive Wahrheit. Wer es durch Experimente zu überprüfen wagte, kam in Gefahr, verbrannt zu werden. Ein italienisches Gemälde aus der Renaissance zeigt Galilei, wie er den Gelehrten experimentell demonstriert, daß alle Gegenstände gleich schnell fallen. Die Gelehrten achten nicht auf das Experiment, sondern schlagen bei Aristoteles nach, wie der Vorgang zu sein hat. Nach Aristoteles fallen schwere Gegenstände schneller als leichte. Das Denken der Relativisten zeigt dieselbe Struktur wie das Denken jener Aristoteliker.

Man versteht jetzt die Verachtung, welche die Relativitätstheoretiker für konkrete physikalische Mechanismen hegen. Wenn aus dem Invarianzpostulat folgt, daß eine bewegte Uhr nachgeht, braucht man nicht nach einem Mechanismus zu fragen, der das bewirkt. Es ist einfach so und kann nicht anders sein. Wenn sich Einstein bei der Illustration seiner Prinzipien in logische Widersprüche verwickelt, stört ihn das ebensowenig wie der Mangel an experimentellen Beweisen. Die Invarianz ist darüber erhaben[32].

Begriff vor Erfahrung
Kant hat gelehrt, daß die Erfahrung an Hand begrifflicher Schemata verarbeitet werden muß. Er hat allerdings nicht jedes beliebige Schema für zulässig erklärt. Mit der Billigung der Newtonschen Physik akzeptierte Kant auch Newtons Methode, die Grundbegriffe als Abstraktionen aus der Erfahrung zu gewinnen. Einstein jedoch erklärte (Londoner Vortrag 1923), die Grundbegriffe der Naturwissenschaft könnten nicht aus der Erfahrung abgeleitet werden. Sie seien freie Erfindungen des menschlichen Geistes. Zwischen Sinnesdaten und Begriffen besteht nach Einstein eine Kluft, wie dies schon Platon gelehrt hat. «In gewissem Sinne halte ich es für wahr, daß das reine Denken die Wirklichkeit zu erfassen imstande ist, wie die Alten träumten.»

Schon die geometrischen Begriffe stammen nicht aus der Erfahrung, sondern greifen ihr als methodische Antizipationen voraus. Deshalb ist die nichteuklidische Metageometrie genau so möglich wie die euklidische. (Wie auf S. 129 erwähnt, verschmähte es Einstein jedoch nicht, bei Bedarf beide Geometrien aus der Erfahrung zu begründen.) Die mathematische Konstruktion ist das wirkliche schöpferische Prinzip in der theoretischen Physik.

Einstein lehnt die induktive Ableitung der Begriffe aus der Wirklichkeit ab, meint aber, sie müßten «an die Wirklichkeit gebunden» bleiben. Der Weg zwischen Prinzip und Beobachtung sei freilich heute lang. In Worten bekennt er sich immer wieder zur Erfahrung und zum Experiment, läßt sich aber davon im freien Schweifen der Phantasie nicht behindern.

Mit allen Relativisten betont Cassirer (1921), daß die mathematische Erkenntnis die höhere und der «naiven» Anschauung überlegen sei. Die Realität muß in mathematische Konstruktionen aufgelöst werden, ehe man sie verstehen kann. Cassirer spricht vom «Triumph des kritischen Funktionsbegriffs über die naive Ding- und Substanzvorstellung». Er fährt fort (1921, S. 60): «Die Frage nach dem Wesen der Gravitation und Materie wird von einer anderen erkenntnistheoretischen Problematik verdrängt, die das Wesen eines physikalischen Vorgangs rein in seinen quan-

---

[32] Mohorovičić (1958, in Sapper II) spricht von «mathematischem Illusionismus».

titativen Beziehungen und in seinen numerischen Konstanten ausgedrückt und erschöpft findet.»

Das ist die allgemeinste Fassung des Mathematismus. Die Invarianzlehre ist nur eine spezielle Form davon. Wir wissen nichts von den Dingen, sollen auch nicht nach ihrem Wesen fragen; wir kennen nur ihre mathematischen Beziehungen. Cassirer sieht in der Relativitätstheorie den Abschluß einer zweihundertjährigen Entwicklung des Denkens. Sie fordert nicht mehr die Konstanz von Dingen, sondern die Invarianz bestimmter Größen und Gesetze gegen Transformation durch Wechsel des Bezugssystems. Nicht von Stoffen, sondern von mathematischen Beziehungen ist auszugehen. Die Vernachlässigung qualitativer Wesenszüge wird zum Prinzip erhoben.

Darin erblickt der Kantianer Cassirer einen entscheidenden Fortschritt. Er erklärt Einstein für den Vollender Kants. Dieser habe die idealistische Deutung der Naturwissenschaft eingeleitet («der Verstand gibt der Natur die Gesetze») und Einstein habe sie konsequent zuende geführt. Daß Einstein heftig gegen Kants erkenntnistheoretische Hauptforderung polemisiert, wonach Raum und Zeit die Voraussetzungen jeglicher Erkenntnis sind, und daß er Raum und Zeit als der experimentellen Definition unterworfen erklärt, stört seinen kantianischen Kommentator nicht. Es stört ihn auch nicht, daß Einstein die dominierende Rolle der Begriffe willkürlich handhabt: Invarianz und geometrische Begriffe sind vorgegeben, aber die Begriffe Raum und Zeit sind nicht vorgegeben, sondern Produkte der Erfahrung.

Ebensowenig stört den Kommentator (und die übrigen Relativisten) die unmögliche Verquickung einer rationalistischen Philosophie mit dem Positivismus. Der Positivismus läßt nur die Sinnesdaten gelten und verbietet die Datenverarbeitung nach einem vorgegebenen rationalen Schema. Das ist genau das Gegenteil der Einsteinschen Weltauffassung. Aber Einsteins Forderung, Raum und Zeit als Erfahrungsobjekte anzusehen, ist positivistisch. Auch die Figuren in Einsteins Gedankenexperimenten können ihre Aufgabe nur erfüllen, wenn sie sich positivistisch verhalten und alle ihre Eindrücke unverarbeitet zur Kenntnis nehmen. Einstein bekennt sich als Schüler Machs, des Repräsentanten des Positivismus, der freilich über diesen Gefolgsmann nicht erbaut war. Die Neo-Positivisten wie Reichenbach und Russell dagegen begeisterten sich für Einstein; sie sind eigentlich die einzige philosophische Schule, die ihn akzeptiert hat.

Einstein brachte es fertig, gleichzeitig Platoniker und Positivist zu sein. Da der innere Widerspruch zum Wesen der Relativitätstheorie gehört, würde es uns wundern, wenn in der ihr zugrundegelegten Philosophie die

Widersprüche fehlen würden. Einmal verkündet Einstein, daß sich die Wirklichkeit mit der mathematischen Harmonie deckt, das anderemal konstatiert er das Gegenteil[33]: «Soweit sich die Gesetze der Mathematik auf die Wirklichkeit beziehen, sind sie nicht sicher; soweit sie sicher sind, beziehen sie sich nicht auf die Wirklichkeit.» (Rede vor der Preußischen Akademie der Wissenschaften, Berlin, 27. Januar 1921.) Sehr richtig, wenn auch nicht eben originell. Noch weiter in der Forderung der Disharmonie geht Einsteins Freund H. Weyl (1920): «Die mathematische Begriffswelt und das Anschauliche sind einander so fremd, daß die Forderung des Sich-Deckens als absurd zurückgewiesen werden muß.»

Woran soll man sich nun halten?

Einstein sagt (1917): «Ein Begriff existiert für den Physiker erst dann, wenn die Möglichkeit gegeben ist, im konkreten Fall herauszufinden, ob der Begriff zutrifft oder nicht.» Einstein meint damit, daß Gleichzeitigkeit durch bestimmte optische Messungen bewiesen sein muß. Wollte man aber Einsteins strenge Definition auf seine Begriffe wie Zeitdehnung, Längenkontraktion, Raumkrümmung, Lebensverlängerung bis auf 1000 Jahre usw. anwenden - was bliebe von ihnen übrig?

Weiter sagt Einstein (Mein Weltbild, 1955, S. 131): «Der Hauptreiz einer Theorie liegt in ihrer logischen Geschlossenheit. Wenn eine einzige aus ihr geschlossene Konsequenz sich als unzutreffend erweist, muß sie verlassen werden.»

Von logischer Geschlossenheit kann bei der Relativitätstheorie keine Rede sein; sie ist eine einzigartige Sammlung von Widersprüchen, wie wir ausführlich dargelegt haben. Auch an nicht zutreffenden Konsequenzen ist kein Mangel. Daß Einstein ständig gegen seine eigenen Prinzipien verstößt, muß jedem Leser der vorangegangenen Kapitel klar geworden sein.

«*Erkenntnistheoretisches Credo*»

In einer Autobiographie (1959) teilt Einstein mit, was er sein «erkenntnistheoretisches Credo» nennt. Auf der einen Seite steht die Gesamtheit der Sinneserlebnisse, auf der anderen Seite die Gesamtheit der Begriffe und

---

[33] Sein Positivismus ist allerdings dadurch modifiziert, daß nicht wirkliche, sondern imaginäre Sinnesdaten der Erkenntnis zugrundegelegt werden. Gedankenexperimente sind nicht positives Wissen. Der Positivismus lehnt Spekulation und Begriffskonstruktion ab, zwei Elemente, die in Einsteins Denken zentral sind. Cassirer sagte mit Einsteins Billigung: «Die Relativitätstheorie mißt Phänomene an Ideen, nicht umgekehrt.» Das ist platonisch, nicht positivistisch.

Sätze. Die Beziehungen der Begriffe und Sätze sind logischer Art, aber sie erhalten Sinn nur durch ihre Beziehung zu den Sinneserlebnissen. Die Beziehungen zwischen beiden Gruppen sind intuitiv, nicht logisch. Der Grad der Sicherheit, mit dem diese Verknüpfung vorgenommen wird, unterscheidet leere Phantastereien von der wissenschaftlichen Wahrheit. Die Begriffssysteme sind Menschenwerk, sind willkürlich, aber gebunden durch das Ziel, eine möglichst sichere und vollständige, wenn auch intuitive Zuordnung zu Sinneserlebnissen zuzulassen. «Ein System hat Wahrheitsgehalt entsprechend der Sicherheit und Vollständigkeit seiner Zuordnungsmöglichkeit zu der Erlebnisgesamtheit.»

Diese Leerformeln kann man schwerlich eine Erkenntnistheorie nennen. Auf die eigentlichen Besonderheiten seiner «Erkenntnistheorie» geht Einstein nicht ein. Wir erfahren nichts darüber, welche Erkenntnisprinzipien den Eindrücken der Figuren in seinen Gedankenexperimenten zugrunde liegen, wie der Erkenntniswert der imaginären Geometrien bestimmt wird, nach welchen Grundsätzen die Zuordnung der intuitiven Theorien zur Realität erfolgen soll, wie ihre Sicherheit bestimmt wird, welche Intuitionen zulässig oder unzulässig sein sollen und worin die Realität eigentlich besteht. Einstein berührt nicht die philosophischen Postulate, auf denen seine ganze Lehre beruht: die Dominanz der Messung über das Objekt, der Kinematik über die Dynamik, die Rolle der Raum- und Zeitkategorien, die Gleichsetzung mathematischer Beziehungen mit physikalischen.

Einstein besitzt offenkundig keine Erkenntnistheorie, oder er sagt sie nicht. In Wirklichkeit gründet er seine Erkenntnisse auf eine Art Offenbarung; von Prinzipien sind nur Mathematismus und Phänomenalismus zu erkennen. Einstein überläßt es seinen Jüngern, eine plausible Erkenntnistheorie in seine fragmentarischen Äußerungen hineinzudeuten. Märgenau (1959) nennt sie «logischen Empirismus», Reichenbach (1959) spricht von einem «Empirismus der logischen Konstruktion». In Einsteins Theorien ist nichts weniger zu finden als Empirismus, und wie es mit der Logik steht, haben wir ja gesehen. Dennoch stimmt Margenau (1959, S. 246) einen Hymnus an: «Die Relativitätstheorie ist so bestätigt und so in die ganze Physik eingebaut, daß ein Abstreiten fast undenkbar ist. Ihre innere Schönheit prädisponiert zur Akzeptierung, selbst wenn es keinen experimentellen Beweis gäbe.»

Wir haben in den vorangehenden Kapiteln vergeblich nach Bestätigungen und brauchbaren «Einbauten» gesucht. Margenau zitiert bejahend eine Äußerung Einsteins: «Das Kombinationsspiel mit Symbolen ist der wesentliche Zug des produktiven Denkens.» Er wollte wohl sagen: der wesentliche Zug der Einsteinschen Relativitätstheorie.

Zur Kritik des Mathematismus
Den Mathematismus der Relativitätstheorie bringen zwei ihrer Vertreter eindeutig zum Ausdruck.

March: «Die physikalische Welt ist bis auf den strukturellen Grund entleerte phänomenale Welt, die nur mehr aus einem Skelett mathematisch erfaßbarer Beziehungen besteht.» Die Kritik fragt natürlich sofort: Ist das ein zulässiges Vorgehen? Darf man die phänomenale Welt von den Phänomenen entleeren und nur mathematische Beziehungen übriglassen? Zwischen welchen Phänomenen bestehen dann noch Beziehungen? Woran kann man die Richtigkeit dieser Beziehungen noch kontrollieren? Ist ein reales Denken möglich, ohne Qualitäten zu unterscheiden?

Weyl: «Innerhalb der Physik ist es erst durch die Relativitätstheorie ganz deutlich geworden, daß von dem uns in der Anschauung gegebenen Wesen von Raum und Zeit in die mathematisch konstruierte physikalische Welt nichts eingeht.»

Sehr gut charakterisiert; es fragt sich bloß, welche Beziehung zwischen dieser konstruierten und der wirklichen Welt besteht.

Einsteins Mathematikerphilosophie ist eine typische Fachmannsphilosophie. Immer wieder versuchen Mathematiker, Physiker, Biologen und Techniker, eine Philosophie von ihrem fachlichen Horizont her zu konstruieren. Allen ist gemeinsam, daß sie keine systematische philosophische Ausbildung genossen haben; naturgemäß kommt das in ihren Philosophien zum Ausdruck. Die wirklichen Philosophen halten nicht viel von der Amateurphilosophie der Fachwissenschaftler; noch mehr lehnen sie eine Usurpation der gesamten Philosophie durch Physiker, Mathematiker usw. ab. Heidegger (1970): «Die Wissenschaft denkt nicht... das bedeutet, sie bewegt sich nicht in der Dimension der Philosophie. Sie ist aber, ohne daß sie es weiß, auf diese Dimension angewiesen.» Die Fachgelehrten würden es sich ja gleichfalls verbitten, wenn ihnen Leute ohne Fachwissen in ihre wissenschaftlichen Theorien hineinreden wollten.

Die Mathematik kann Vorhandenes zählen und berechnen, aber sie kann nichts schaffen, was noch nicht vorhanden ist. Das hat die allerhöchste Mathematik mit dem Einmaleins gemeinsam. Die Mathematik denkt ihrem Wesen nach quantitativ und nicht qualitativ. Ihr Erkenntniswert ist auf ein bestimmtes, wenn auch wichtiges Gebiet begrenzt. Sie kann nur über das Wieviel und nicht über das Was eine Aussage machen. Die Behauptung, daß die Welt eine mathematische Struktur habe, geht bereits über die Mathematik hinaus.

Von mathematischen Systemen wird nichts verlangt als innere logische Konsistenz unter dem Gesichtspunkt bestimmter Axiome; solche Konstruktionen sind ohne Bezugnahme auf irgendeine Wirklichkeit möglich. Die imaginären Geometrien sind in sich geschlossen. Damit ist aber nichts über ihre Beziehung zur Realität gesagt. Sie übersteigen jede mögliche Erfahrung. Ihre Unanschaulichkeit, in der die Relativitätstheoretiker einen Vorzug erblicken, sperrt ihnen den Weg in die Wirklichkeit. (Lipsius 1927: «Ein unvorstellbarer Raum ist auch undenkbar.») Geometrie ist nach Kant wohl eine geistige Konstruktion, aber im Sinne reiner Anschauung. Sie ist daher ihrem Wesen nach anschaulich und mit der Wirklichkeit verbunden. Die Suche einiger Astronomen nach dem krummen Raum in der Tiefe des Weltalls ist aussichtslos; nie wird jemand einen krummen Raum schauen.

Als Gegenstück zu dem Relativistenspruch «Jedem Nichtmathematiker ist der Eintritt verwehrt» schlug Vogtherr (1923) den Satz vor: «Jedem Nurmathematiker ist der Austritt aus dem Gehäuse seiner Spekulationen in die wirkliche Welt physikalischen Geschehens verwehrt.»

Es gibt nicht nur mathematische Ordnungsformen. Die rein qualitative Betrachtung gibt ein unvollständiges Wissen; die rein mathematische Betrachtung gibt überhaupt kein Wissen, außer von sich selbst. Die Physik, auch die mathematische, ist nicht nur Mathematik, sondern hat mit realen Dingen mit bestimmten Eigenschaften zu tun. Die mathematische Physik (H. Driesch 1930) steht im Dienst der eigentlichen Physik und kann sich nicht selbständig machen. Ihre Rolle ist eine dienende, nicht eine herrschende. Die Mathematik untersucht Zusammenhänge, nicht Dinge. Die Zusammenhänge müssen vorher gegeben sein. Driesch: «Die Philosophie ist nicht die Magd der Mathematik und irgendwelcher modischer Theorien. Über Wesensmöglichkeiten hat nur die Philosophie als Wesenslehre zu entscheiden.» Die Relativitätstheorie stellt übertriebene Forderungen nach Invarianz unter qualitativ veränderten Umständen. «Mathematische Lösungen sind nur Scheinlösungen, wenn sie die Grenzen des realontologisch Erlaubten überschreiten.»

Mohorovičić, Professor der Physik an der kroatischen Universität Zagreb, schrieb (1931): «Die Einsteinsche Relativitätstheorie ist nur ein Glied in der Reihe der vielen rein spekulativen, mathematisch-metaphysischen Theorien.» Die Relativitätstheorie «verzichtet auf jede physikalische Erklärung; der Charakter dieser Theorie ist rein formalistisch-phänomenalistisch ohne Rücksicht auf die Wirklichkeit.»

Der Naturphilosoph H. Dingler sprach von «in der Physik dilettierenden Mathematikern» und verwies mit vielen anderen Kritikern darauf, daß mathematische Operationen die Wirklichkeit nicht verändern können.

Schärfer äußerte sich Reuterdahl (1931), Professor in St. Louis: «Einstein verallgemeinert, bis jede Spur einer Realität fortgefegt ist, und wirbelt einen mathematischen Staub auf, der seine Leser blind macht.»

23. Raum und Zeit

Einsteins Theorien über Raum und Zeit werden, wie wir gesehen haben, dadurch illusorisch, daß immer wieder der absolute Raum und die absolute Zeit zum Vorschein kommen. Aber schon im Ansatz sind sie irrig. Lipsius 1927: «Der in der Relativierung von Raum und Zeit enthaltene Widerspruch besteht in dem Satz, daß Raum und Zeit vom Bewegungszustand des Beobachters abhängig seien. Nun ist es aber ohne Zweifel die Bewegung, die ihrerseits Raum und Zeit voraussetzt.» Die logischen Widersprüche genügen, um die Relativierung von Raum und Zeit abzuweisen. Doch sind auch kategoriale und methodische Einwände erhoben worden.

Die Vereinigung von Raum und Zeit zu einer «Raumzeit», mehr das Werk Minkowskis als Einsteins, ist wieder ein Produkt des Mathematismus. Der qualitative Unterschied von Raum und Zeit wird wegdekretiert. Mathematisch kann man die Zeit als eine Koordinate des Raums darstellen, aber in Wirklichkeit ist sie es nicht. Die drei Raumkoordinaten kennen ein Nebeneinander, die Zeit kennt nur ein Nacheinander (Driesch 1930). Ein Nebeneinander verschiedener Zeiten wird zwar von Einstein postuliert, ist aber eine inhaltsleere, mystische Vorstellung.

Raum und Zeit sind primäre Erlebnisse, und zwar fundamental verschiedene Erlebnisse. Eine «Raumzeit» kann nicht erlebt werden[34]. Die graphische Verknüpfung von Raum- und Zeitgrößen ist noch keine Vereinigung von Raum und Zeit. Die Zeit ist kein stoffliches Objekt und kann

---

[34] Während Bergson (1921) dem Erlebnischarakter der Zeit eine fundamentale Bedeutung zuschreibt, hält Cassirer (1921, S. 117) diesen Aspekt für unwichtig: «Die Frage, ob die unmittelbar erlebte Raum- und Zeitform oder die des mittelbaren Begreifens und Erkennens die wahre Wirklichkeit ausdrückt, hat für uns im Grunde jeden bestimmten Sinn verloren. Beide sind berechtigt.» Darauf läßt sich schwerlich eine Erkenntnistheorie aufbauen, namentlich wenn Erleben und Begreifen so weit auseinandergehen wie in diesem Falle.

weder gedehnt noch verkürzt werden; die subjektiven Eindrücke, wonach jemandem die Zeit einmal schneller und einmal langsamer zu vergehen scheint, sind rein psychologisch und haben nichts mit der wirklichen Zeit zu tun.

Zu seinem Zeitbegriff kam Einstein durch die Ontologisierung der von Lorentz in einer bestimmten elektromagnetischen Gleichung eingeführten Zeitänderung, die Lorentz selbst nur als mathematischen Kunstgriff erklärte. Diese Ontologisierung war ein willkürlicher Akt. Doch erblickte Einstein in diesem Ursprung seiner Zeitauffassung, verknüpft mit seiner Methode der Zeitbestimmung durch Lichtstrahlaustausch, eine physikalische Grundlegung der Zeit, aus der er eine Überlegenheit seines Zeitbegriffs folgerte.

Freilich ist schon die Behauptung, daß man den Zeitbegriff physikalisch fundieren kann, ein Widerspruch in sich. Jeder physikalische Vorgang, auch die physikalische Zeitbestimmung, findet in der Zeit statt, daher geht ihm der Zeitbegriff voraus. Nur die Zeitmessung, nicht die Zeit selbst läßt sich physikalisch fundieren. Einstein begeht einen Kategorialirrtum. Heidegger (1970): «Die Physik bewegt sich in Raum und Zeit und Bewegung. Was Bewegung, was Raum, was Zeit ist, kann die Wissenschaft als Wissenschaft nicht entscheiden. Die Wissenschaft denkt also nicht; sie kann in diesem Sinne mit ihren Methoden gar nicht denken.» Außerdem ist Einsteins «physikalische» Begründung des Zeitbegriffs falsch, weil sie den logischen Fehler der *petitio principii* enthält wie alle seine Theorien. Über die Zeitbestimmung durch Lichtstrahlen leitet Einstein seinen Zeitbegriff von der Konstanz der Lichtgeschwindigkeit ab. Die Konstanz der Lichtgeschwindigkeit setzt aber die Relativierung der Zeit (und des Raums) schon voraus und kann sie daher nicht begründen (S. 70).

Reichenbach (1959) sagt, daß die Raumzeit Einsteins nicht mehr Idee wie bei Platon und nicht mehr Anschauung wie bei Kant ist. Sie ist nur ein Relationensystem, das die physikalische Welt beschreibt, ein Begriffs-Schema zur Darstellung der Beziehungen zwischen Körpern, Uhren und Licht. Also auch Raum und Zeit sind »phänomenal entleert» und nur mathematische Ausdrücke. Süssmann (1965) meint allerdings, daß Einsteins Raumzeit keine bloße Relation zwischen Körpern und daher keine Durchführung des Postulats von Mach oder Leibniz ist.

Um zu zeigen, daß die Zeit a posteriori ist und nicht a priori, versucht Reichenbach eine Definition der Zeit an Hand der Kausalität. Er hat schon früher gesagt (1928, S. 161): Ist Ereignis E_2 die Wirkung eines Ereignisses

E 1, so heißt E 2 «später» als E 1. Er nennt das die «topologische Zuordnung der Zeitfolge». Zuordnungsdefinitionen sind «wie alle Definitionen willkürlich» (bei Einstein: intuitiv). «Von ihrer Wahl hängt erst das Begriffssystem ab, welches man mit dem Fortschreiten der Erkenntnis erhält». Der Positivismus entartet hier zur Willkür. Reichenbach übersieht, daß die kausale Abfolge E 1—> E 2 schon in der Zeit stattfindet und gar nicht definiert werden kann, wenn nicht ein apriorischer Zeitablauf angenommen wird. Wenn man E 2 als «Folge» bezeichnet, ist darin ja schon gesagt, daß es nach E 1 folgt. Die Kausaldefinition der Zeit ist eine Tautologie. Und wie soll man die Zeitfolge zwischen E 1 und E 2 festsetzen, wenn E 2 nicht kausal mit E 1 verbunden ist?

Die Zeitfrage spielt in der Relativitätstheorie eine so zentrale Rolle, daß wir uns noch einmal bei ihr aufhalten müssen. Nach Einstein kann man über die Gleichzeitigkeit von Ereignissen an verschiedenen Orten eine Festsetzung nach freiem Ermessen treffen. Auch Reichenbach (1928, S. 150) sagt, daß Gleichzeitigkeit kein Gegenstand der Erkenntnis, sondern der willkürlichen Festsetzung sei. Die Festsetzung kann z. B. an bestimmte Messungen geknüpft werden, wie dies Einstein vorschreibt. Ist aber, fragt Dessauer (1958, S. 362/3), der Begriff der Gleichzeitigkeit als ein Seinsbegriff wirklich nur über eine Messung zugänglich? Erschöpft die Metrik, wie immer sie festgesetzt sei, das Seiende bei diesem Problem? Die Gleichzeitigkeit ist ein «legaler ontologischer Begriff auch in den Fällen, wo man sie nicht messen kann».

Entgegen Einsteins Anschauung, fährt Dessauer fort, kann man nicht bezweifeln, daß in diesem Augenblick, wo irgendetwas auf der Erde geschieht, auch vieles in anderen entfernten und bewegten Systemen geschieht. Daß wir es nicht instantan messen können oder überhaupt kein Signal davon erhalten, ändert nichts an seiner Gleichzeitigkeit. Wenn uns von einem 10 Lichtjahre entfernten Stern das Lichtsignal einer Eruption erreicht, wissen wir, daß das Ereignis vor 10 Jahren stattgefunden hat und mit einer Menge damals notierter Ereignisse auf der Erde gleichzeitig war.

Nach Kant ist die Gleichzeitigkeit gegeben, ehe wir messen, und kann nicht willkürlich definiert werden. Die Zeitrelativierung widerspricht der Evidenz und untergräbt jedes vernünftige Denken. Mit ihr verschwinden die Begriffe der Gegenwart, Vergangenheit und Zukunft; sogar die Möglichkeit eines umgekehrten Zeitablaufs wird von manchen gefolgert. In scheinwissenschaftliche und scheinphilosophische Reden gehüllt, hat man aus einer schlichten, zum Zweck der Herstellung einiger mathematischer

Gleichungen auf dem Papier vorgenommenen Umdatierung eine Weltanschauung und eine Mystik gemacht, deren wirklichen Kern kaum noch jemand erkennt.

24. Problematik des Relativitätsprinzips

Die Voraussetzung der Relativitätstheorie ist, daß das Prinzip nur relativer Bewegungen dem Prinzip eines absoluten Raums und einer absoluten Zeit vorzuziehen sei. Das Prinzip ist positivistisch. Von Leibniz bis Mach erklären seine Vertreter, daß nur relative Bewegungen von Körpern gegeneinander wahrnehmbar sind. Leibniz lehrte, daß Raum und Zeit überhaupt nichts reales seien, sondern nur räumliche und zeitliche Beziehungen isolierter Systeme (seiner «Monaden») zueinander. Es gibt nur Relativräume einzelner Systeme, nur Relativzeiten, die von Uhren oder Gestirnen bestimmt werden, aber weder einen einheitlichen absoluten Raum noch eine absolute Zeit.

Unter dem Einfluß von Leibniz, aber auch Descartes, Huygens und anderen war Kant in jungen Jahren Relativist (1758). Später bekehrte er sich zur Annahme eines absoluten Raums und einer absoluten Zeit (1769), gab aber zu, daß sie wahrscheinlich nur notwendige Fiktionen wären. Als Denkmittel, als Erkenntnisquellen wären sie jedoch unentbehrlich. Praktisch fällt die Kantsche Auffassung mit der realistischen zusammen.

Der Mathematiker L. Lange schlug 1887 vor, den absoluten Raum durch lokale Inertialsysteme zu ersetzen, in denen das Trägheitsgesetz gilt. Mach nahm den Gedanken auf; über ihn gelangte er zu Einstein. Mach war immer bereit, den Fixsternhimmel als Bezugssystem zu akzeptieren. Da wir praktisch ohnehin mit keinem größeren System rechnen können, spielt der Unterschied zwischen absolut und relativ hier keine große Rolle.

Es erhebt sich die Frage, ob das Prinzip nur relativer Bewegungen durchführbar und ob es praktisch vorteilhaft ist. Neumann (1870) gab zu, daß nur Relativbewegungen wahrnehmbar sind. Wie schon dem Archimedes fehlt uns der feste Punkt im Weltall, auf den wir alles beziehen könnten. (Bei Neumann war es ein gedachter stillstehender «Körper Alpha».) An sich sind alle Bezugskörper gleichberechtigt, sagte Neumann vor einem Jahrhundert in Einsteinschen Worten. Neumann setzte aber hinzu, daß eine darauf aufgebaute Physik voraussichtlich nicht mit der Erfahrung übereinstimmen würde. Er hielt mit Kant den absoluten Raum und die absolute Zeit für notwendige Fiktionen.

Einsteins Versuch einer Relativitätstheorie ist sicher der umfassendste, der je zur Rechtfertigung des Relativitätsprinzips durchgeführt worden ist. Die Erfolge sprechen, wie wir gesehen haben, nicht für das Relativitätsprinzip. Die relative Bewegung scheint noch schwerer erkennbar zu sein als die absolute. Einsteins Relativitätstheorie ist im Grunde nur ein mathematisch-physikalischer Kommentar zu den philosophischen Axiomen von Leibniz, Mach und anderen. Sie leiht ihnen ein exaktwissenschaftliches Gewand, in dem sie mehr Interesse finden als in ihrer rein philosophischen Form.

Die positivistische Forderung nach nur relativen Bewegungen ist um nichts weniger metaphysisch als die Forderung des absoluten Raums und der absoluten Zeit, denn das hinter ihr stehende Gebot, nur Wahrnehmbares zu akzeptieren, enthält schon eine ganze Metaphysik. Die letzten Grundlagen der Physik sind immer μετά φυσιχή, ob man von Raum, Zeit und Kraft spricht oder von Feld, Metrik und krummer Raumzeit. Die Erscheinungen können nicht ohne Heranziehung unbeobachtbarer abstrakter Faktoren geordnet werden. Nach Heidegger kann sich die Physik nicht aus sich selbst heraus begreifen, nur die Philosophie kann ihr helfen. Kant: «Eigentlich so zu nennende Naturwissenschaft setzt zuerst Metaphysik der Natur voraus.» Man kann die metaphysischen Fiktionen aber nicht nach Belieben wählen. Vaihinger (1922): «So sehr man einerseits mit solchen Fiktionen wirkliche wissenschaftliche Resultate erreichen kann, so können sie andererseits doch auf die greulichsten Irrtümer und Absurditäten führen; man sieht, wie notwendig hier eine normative Methodologie ist.»

Herkömmlicherweise wählt man in der Wissenschaft die metaphysischen Fiktionen oder Grundbegriffe, die am verständlichsten und am besten mit der Erfahrung zu vereinbaren sind. Die Begriffe Newtons und Kants entsprechen dieser Forderung besser als die so positiv scheinenden von Mach und Einstein. Eine Erfassung der Wirklichkeit ohne einen absoluten Raum und eine absolute Zeit, also ohne ein bevorzugtes, im Notfall durch Übereinkunft zu schaffendes Bezugssystem, scheint nach den Erfahrungen mit der Relativitätstheorie unmöglich, außer man will den logischen Widerspruch oder die Lehre von den multiplen Wirklichkeiten zu einem Element der Wissenschaft machen. Die auf den absoluten Kategorien fußende klassische Physik hat unvergleichlich größere Leistungen zu verzeichnen als die Relativitätstheorie. Im übrigen muß die Grenze zwischen Wissenschaft und Metaphysik in allen Fällen sorgfältig beachtet werden.

Die Geschichte der Wissenschaft zeigt, daß ihr Fortschritt darin besteht, subjektive Impressionen durch objektive Erkenntnis zu ersetzen, das Chaos der Einzelfälle unter Regel und Gesetz zu bringen. Einstein hat den umgekehrten Weg eingeschlagen. Gegenüber dem Wirrwarr der relativistischen Welt erscheint die absolute Zeit mit dem absoluten Raum geradezu als der Gipfel der Einfachheit, und Einstein hat selbst gesagt, man solle immer die einfachsten Hypothesen wählen. In der Tat: gäbe es den absoluten Raum und die absolute Zeit nicht, müßte man sie erfinden. Man kann nicht einer philosophischen Marotte wegen auf diese unentbehrlichen Denkmittel verzichten, mögen auch die Relativitätstheoretiker behaupten, das seien nur veraltete Denkgewohnheiten, an deren Stelle man sich leicht an die relativistischen Vorstellungen gewöhnen könnte, wenn man diese schon in der Schule eingetrichtert bekäme. Wahrscheinlicher ist das Gegenteil: kämen Einsteins Theorien je zur Herrschaft, würde man den Denker, der die absolute Zeit und den absoluten Raum wieder herstellt, als Erlöser begrüßen.

Im Geisterreich der Relativität
Die gesamte Kritik beanstandet, daß in der Relativitätstheorie wenig von Dingen, aber umso mehr von den subjektiven Standpunkten der Beobachter die Rede ist. Die Relativitätstheorie beschäftigt sich hauptsächlich damit, zu erzählen, wie sich die Eindrücke von Objekten, Größen, Feldern usw. ändern, wenn der Standpunkt des Beobachters (Bezugssystem genannt) sich ändert. Alle diese Veränderungen erfolgen nur in Gedanken, meist unter nicht realisierbaren Bedingungen. Es entsteht eine Physik imaginärer Vorgänge. Cassirer (1921, S. 60): «Es genügt, wenn wir uns rein ideell in einen anderen Standort versetzen, um aus diesem Wechsel des Standorts bestimmte physikalische Folgerungen ableiten zu können.» Der Einstein-Kommentator findet das ganz in Ordnung, aber andere befürchten, daß dann auch die Folgerungen nur ideell sein werden. Kant (Proleg. § 40): «Aller Schein besteht darin, daß der subjektive Grund des Urteils für objektiv gehalten wird.»

Die Vorstellung, daß man durch eine bloß in Gedanken vorgenommene Änderung des Bezugssystems ein Gravitationsfeld, ein elektrisches oder magnetisches Feld erzeugen kann, macht den Menschen nach E. Ruckhaber (1931) «zu einem allmächtigen Wesen, denn er kann ja die Dinge, ihre Größen und Zeiten beliebig durch Verlegung seines Standpunktes ändern.» Ungeachtet der Attraktivität dieses magischen Archetyps muß man fragen, was eigentlich damit gewonnen sein soll, wenn wir uns vorstellen, wir würden die Dinge von einem anderen Bezugssystem aus beobachten, oder wenn wir darüber nachdenken, was ein fingierter, in einem fingierten Bezugssystem befindlicher Beobachter sehen würde. Für die praktische Physik ist nur *ein* Beobachter von Interesse, der Beobachter auf der Erde, der mit deren Bezugssystem verbunden ist. Nur auf seinen Beobachtungen ist die Technik aufgebaut. Alles übrige ist ein müßiges Gedankenspiel.

In der Relativitätstheorie treten an die Stelle der Welt unendlich viele gleichberechtigte Standpunktwelten. Es gibt soviele Wirklichkeiten wie bewegte Systeme, jedenfalls in der speziellen Relativitätstheorie. (In der allgemeinen schimmert ein absolutes System der gravitierenden Massen durch.) Kein Beobachter macht die Erfahrung des anderen, jeder lebt in einem Raumzeitsystem für sich, ist eine Leibnizsche Monade. Das wird von den Relativisten als die wahre Struktur der Natur erklärt, beruht aber ausschließlich auf dem Verbot der Annahme eines gemeinsamen Systems für die Beobachter. Wieder wird, wie in der ganzen Relativitätstheorie, ein Postulat als Realität hingestellt.

Sapper (1957, I 53) verweist wie Ripke-Kühn (1931) darauf, daß die Relativität im Sinne der Vertauschbarkeit der Objekte A und B nur kinematisch möglich ist. Dynamisch und erkenntnistheoretisch ist nur die eine der beiden denkbaren Formen die der Wirklichkeit adäquate. Die andere ist nur scheinbar. Es mag schon sein, daß die Forderung nach nur *einer* Wirklichkeit ein bevorzugtes Bezugssystem verlangt, aber die Frage ist, ob dieses Verlangen so unberechtigt ist, wie die Relativisten behaupten. Im übrigen gehen sie, wo ihnen die Gleichberechtigung der Systeme nicht paßt, einfach über diese hinweg wie beim Uhren- und Zwillingsparadoxon.

Die indiskutable Theorie der mehrfachen Wirklichkeiten wird dadurch entschärft, daß sie nur in einem Geisterreich existiert. Nur für Einsteins Phantome gibt es die Gleichberechtigung aller Systeme und das auf ihr beruhende Wirklichkeitenproblem. In dem Augenblick, wo es sich um reale Dinge handelt, verfliegt der Spuk. Selbst Einstein (1918) weist den Gedanken zurück, daß zwei wirkliche Uhren zugleich gegeneinander nachgehen könnten; er gibt damit zu, daß das nur in seiner kinematisch-metrischen Konstruktion, also in seinem Geisterreich möglich ist. Er bleibt aber in diesem Punkt zweideutig. In dem von Einstein durchgesehenen und gebilligten Buch «Zur modernen Physik» anerkennt Cassirer (1921, S. 108), daß Einstein eine multiple Wirklichkeit postuliert, sieht aber darin einen Vorteil. Die Einfachheit und Einheitlichkeit des herkömmlichen Wirklichkeitsbegriffs sei eine Täuschung.

Woraus zu folgern wäre, daß die wahre Wirklichkeit das Geisterreich Einsteins ist, in welchem Einstein-Züge mit fast Lichtgeschwindigkeit durch 2 400 000 km lange Bahnhöfe fahren, Einstein-Männchen in elektrischen Maschinen sitzen und auf Mesonen reiten, raumfahrende Zwillinge tausend Jahre alt werden, bewegte Uhren nachgehen und bewegte Maßstäbe kürzer werden...

25. Die Diskussion um die Relativitätstheorie

Die Relativitätstheorie zeigt unverkennbar ideologische Züge. Sie steht in Zusammenhang mit der allgemeinen ideologischen Situation ihrer Zeit und läßt Parallelen mit zeitgenössischen Ideologien auf anderen Gebieten erkennen. Zu den ihr strukturell verwandten Ideologien gehören, so seltsam es manchen anmuten mag, der Marxismus, die Psychoanalyse, die Lehre Spenglers und die Rassenideologie. Die Relativitätstheorie ist nicht politisch wie der Marxismus, die Theorie Spenglers oder der Rassismus. Sie hat keine Beziehung zur Anthropologie wie der Freudismus. Im Gegensatz zu diesen Ideologien ist sie nicht wertbezogen. Mit dem sogenannten Relativismus, der eine allgemeine Wertskepsis lehrt, hat sie nichts zu tun.

Ideologie und Wissenschaft
Mit jenen Ideologien hat sie dennoch einige Züge gemeinsam. Ein vorgegebenes weltanschauliches Bild, das an sich nicht rational begründbar ist, wird in das Gewand der Wissenschaft gekleidet, wobei an echte wissenschaftliche Ansätze angeknüpft wird. Ein moderner Mythos kann nur in diesem Gewand auftreten. Bei Marx ist der mythische Zentralbegriff die «Dialektik», bei Freud das «Unbewußte», bei den Rassentheoretikern das «Blut», bei Spengler der biologische Rhythmus der Völker und Kulturen. Der Zentralbegriff der Relativitätstheorie ist die mathematische Harmonie der Welt, die in diesem Zeitalter unmittelbar keine Anziehung auf weitere Kreise ausübt. Die Anziehung geht von den magisch-mystischen Folgerungen aus, die Einstein und seine Anhänger aus diesem Begriff ableiten.

Alle Ideologien behaupten, im Besitz einer höheren Erkenntnismethode zu sein. Die genannten Ideologien traten ungefähr gleichzeitig mit der Relativitätstheorie auf; nur der Marxismus war älter, wandelte sich aber um diese Zeit aus einer vernüchterten früheren Form wieder in die mythische Gestalt seiner Anfänge. Das geistige Klima der Zeit war irrationalen Lehren günstig. Man war des naturwissenschaftlich-materialistischen Weltbilds müde, welches das 19. Jahrhundert beherrscht hatte[35]. Lebensphilosophie und romantisierende Literatur nagten an ihm, Bergson lehrte *élan vital* und Intuition, der Positivismus verlangte im Namen der Rationalität das Relativitätsprinzip, das der Rationalität ein Ende machen mußte. Der in der Geistesgeschichte regelmäßig wiederkehrende «Aufstand gegen die Vernunft» war in vollem Gange.

Die seelische Erschütterung des Ersten Weltkriegs gab irrationalen Strömungen weiteren Auftrieb, zahllos waren die kleineren ideologischen Sekten, die um diese Zeit auftraten. Wenn nun plötzlich gemeldet wurde, eine irrationale Lehre sei experimentell bestätigt worden, wenn berühmte Professoren der exaktesten Wissenschaft sich hinter sie stellten, dann waren die Schleusen geöffnet. Ähnlich wirkte kurz darauf die Philosophie Heisenbergs, der aus der Quantentheorie die Unmöglichkeit einer objektiven Realität und einen allgemeinen Indeterminismus folgerte, woran sich eine neue Quantenmystik knüpfte. Der «Umsturz im Weltbild der Physik», richtiger einiger Physiker, wurde große Mode. Nur widersprachen einander die beiden «Umstürze»; welcher war richtig? Die Quantenmystik hatte mit der Relativitätsmystik einen Zug gemeinsam: in beiden Fällen verstand kein Nichtfachmann die wissenschaftlichen Grundlagen, aber der irrationale Kitzel wirkte.

Die unerwünschte Kritik
Die emotionale Art, in der die Relativitätstheorie seit ihrem Entstehen vertreten wird, verrät sofort ihren Ideologiecharakter. Die Diskussion um wirklich wissenschaftliche Meinungen pflegt anders zu verlaufen. Hingegen zeigt beispielsweise die Diskussion um den Marxismus dieselbe Struktur[36]. Wer anderer Meinung ist, befindet sich nicht nur im Irrtum; er ist ungläubig, sündhaft, verworfen. Den Vertreter einer Ideologie erkennt man am Schimpfen. Der Nichtrelativist ist für den Relativisten «in veralteten

---

[35] Dieses Weltbild dehnte die naturwissenschaftliche Betrachtungsweise mit den zu ihr gehörenden rationalen Gesetzen und Prognosemöglichkeiten auch auf den Menschen, die Gesellschaft und die Geschichte aus. Daß es hier nicht genügte, sagt nichts gegen seine Gültigkeit auf dem Gebiet der Naturwissenschaft aus.

[36] Vgl. W. Theimer: Der Marxismus. 7. Aufl. UTB Nr. 258. Bern und München 1976.

Denkgewohnheiten befangen», also ein Ungläubiger[37]. Der Neo-Lorentzianer Arzeliès, selbst ein Abtrünniger, der sich aber als Vertreter der wahren Lehre fühlt, erklärt rund heraus, daß jeder, der nicht an die Relativitätstheorie glaubt, einer psychiatrischen Untersuchung zugeführt werden müsse. Ein weiteres strukturelles Kennzeichen, das die Relativitätstheorie mit den erwähnten Ideologien gemeinsam hat, ist die Tendenz zur Aufspaltung in rivalisierende Schulen. Es gibt sogar eine fünfdimensionale Relativitätstheorie.

Seit dem Aufkommen der Relativitätstheorie klagen ihre Kritiker über mangelnde Publizität für ihre Meinungen. Die Verbannung der Diskussion ist ebenfalls typisch für Ideologien und Religionsgesellschaften. Von Anfang an verschlossen sich Zeitungen, Zeitschriften und Verlage der Kritik an der Relativitätstheorie. Der deutsche Naturforscherkongreß, der Minkowski Beifall gezollt hatte, lehnte einen kritischen Vortrag über die Relativitätstheorie ab. Die Relativitätstheorie ergriff breite Kreise, die nichts von ihr verstanden, sich aber an ihren irrationalen Folgerungen berauschten. Das wirkte wieder auf die Gelehrten zurück, die ihr zuerst verfallen waren. «Der Einsteinismus ergießt sich wie eine Sintflut über die Welt», klagte ein zeitgenössischer Kritiker (Reuterdahl 1931). Auch dieser massenpsychologische Vorgang zeigte, daß es sich um einen ideologischen Effekt handelte und nicht um Wissenschaft. Die mathematische Physik ist wirklich kein Artikel für den Massenkonsum.

Immerhin erschienen in deutscher Sprache zwischen 1919 und 1933 mehrere hundert kritische Publikationen über Einsteins Lehren aus der Feder von Physikern, Philosophen und Mathematikern, freilich meist im Selbstverlag der Autoren, bei kleinen unbekannten Verlagen oder in peripheren Zeitschriften. Im Jahre 1931 gelang es H. Israel und Mitarbeitern, ein Sammelwerk «100 Autoren gegen Einstein» in Leipzig herauszubringen, das Beiträge von 100 Autoren und Hinweise auf deren sonstige Arbeiten zum Thema enthielt. Unter ihnen waren die Professoren der Philosophie Kraus, Lipsius, Frischeisen, A. Müller, Häring, Goldschmidt, die Physikprofessoren Gehrcke, Le Roux und Lenard. Das Echo war gering. Vor allem gelang es den Kritikern nicht, die Vertreter der Relativitätstheorie zu einer sachlichen Diskussion zu bewegen. Sie gaben auf die Kritik keine Antwort; es ist bis heute so geblieben.

---

[37] Topitsch (1969) hat dieses Verhalten bei Vertretern anderer Ideologien beobachtet. Er nennt es eine «Immunisierungsstrategie», weil es den Ideologen gegen Kritik immunisiert.

Mit dem Jahr 1933 wurde in Deutschland die Diskussion um Einsteins Lehren auf ein anderes Geleise geschoben. Es gab nur noch Kritik, beschränkt auf die idiotischen Argumente der Rassenfanatiker, die während der folgenden 13 Jahre die Szene beherrschten. Die Relativitätstheorie war plötzlich ein Politikum geworden. Einstein wurde verteufelt, weil er Jude war[38]. Umgekehrt stellte sich die westliche Welt umso mehr hinter Einstein als den Verfolgten. Auch hier wagte sich die Kritik erst nach dem Krieg wieder hervor. Seit 1950 ist ein gewisses Anwachsen der kritischen Literatur über die Relativitätstheorie in englischer Sprache zu verzeichnen; nur finden die kritischen Meinungen auch jetzt nicht entfernt die Publizität wie die relativistischen. In Deutschland blieb die Kritik so gut wie stumm, aus Sorge, politisch mißverstanden zu werden. Die eben herangewachsene Generation war geneigt, Dinge, die der Nationalsozialismus verteufelt hatte, ungeprüft als Wahrheit zu akzeptieren. Soweit es sich um Wissenschaft handelte, war ein solches Verhalten ebenso töricht wie das vorangegangene mit dem umgekehrten Vorzeichen. Aber man sah wieder, daß es hier nicht nur um Wissenschaft ging.

Die einzige größere kritische Publikation in deutscher Sprache seit dem Zweiten Weltkrieg war das Sammelwerk «Kritik und Fortbildung der Relativitätstheorie», herausgegeben von K. Sapper, Professor der Naturphilosophie in Graz (2 Bände 1957/58). 22 Autoren verschiedener Fächer haben Beiträge geliefert. Der Herausgeber hatte wieder über die mangelnde Diskussionsbereitschaft der Physiker, den «Dogmatismus der relativistischen Schulphysik», zu klagen. Auf die Aufforderung zu einer Diskussion antwortete ein Physiker, die Relativitätstheorie habe sich seit 40 Jahren so bewährt, daß von einer weiteren Diskussion keine neuen Gesichtspunkte zu erwarten seien. (Wie es mit dieser Bewährung aussieht, haben wir zur Genüge besprochen.) Auch H. Dingle in England (1967), früher Vorkämpfer, später Kritiker der Relativitätstheorie, machte die Erfahrung, daß die Relativitätstheoretiker entgegen dem wissenschaftlichen Brauch einer Diskussion ausweichen.

Sapper verweist darauf, daß das von ihm herausgegebene Werk von den physikalischen Fachzeitschriften totgeschwiegen wurde. Das Relativitäts-Establishment wehrt jede Kritik ab. Eine gelegentliche Antwort zeigt immer dasselbe Muster: 1. Wiederholung der alten Behauptungen. 2. Kein

---

[38] Nur im stillen verteidigte ein Konzil von Physikern die spezielle Relativitätstheorie, nicht ohne den Hinweis, daß sie eigentlich von «arischen» Physikern wie Lorentz, Poincaré und Hasenöhrl stamme und von Einstein nur fortentwickelt worden sei.

Eingehen auf die Argumente der Kritik. 3. Schimpfen, insbesondere die Behauptung, der Kritiker verstehe die Relativitätstheorie nicht oder sei fachlich nicht qualifiziert, über sie zu reden. (Um die logischen Widersprüche der Relativitätstheorie zu erkennen, muß man allerdings weder Physiker noch Mathematiker sein. Man könnte umgekehrt fragen, wie es mit der philosophischen Qualifikation der Relativitätstheoretiker steht.) Unter den Studenten macht sich Unbehagen über die dogmatische Haltung der Relativisten bemerkbar. Nach Sapper ist es doch wohl nicht ohne Grund, daß die Relativitätstheorie so viele Jahrzehnte nach ihrem Erscheinen immer noch scharf angegriffen wird und die Kritik in neuerer Zeit sichtlich zunimmt. Auf der anderen Seite wird der Einstein-Mythos von immer neuen Biographien genährt. Ein Biograph, sein früherer Mitarbeiter Banesh Hoffmann, nennt Einstein einen «Künstler der Wissenschaft». Dem kann man, wenn auch in einem anderen Tonfall, zustimmen.

Geistige Auswirkungen der Relativitätstheorie

Die Philosophie hat, mit Ausnahme der positivistischen Schule unter Russell und des kantianischen Einzelgängers Cassirer, die Anschauungen Einsteins über Raum, Zeit und die allgemeine Natur der Welt kaum zur Kenntnis genommen. Die «Raumzeit» ist nicht ins allgemeine Bewußtsein gedrungen. Sie ist ein Sektenglaube einer Anzahl theoretischer Physiker geblieben. Außerhalb der Physik beschäftigt sich nur die Astronomie mit der Relativitätstheorie, wobei sie noch nicht über Hypothesen und umstrittene Verifizierungsversuche hinausgekommen ist. Die übrigen Naturwissenschaften, ebenso die Technik haben keine Notiz von der Relativitätstheorie genommen.

Im öffentlichen Bewußtsein hat die Relativitätstheorie ebenso wie die Quantenmystik dazu beigetragen, den Glauben an die naturwissenschaftliche Sicherheit und die Geltung der naturwissenschaftlichen Methode zu erschüttern. Born: «Die Physik wendet sich bewußt und immer deutlicher von der Anschauung als Erkenntnisquelle ab und verlangt schärfere Kriterien.» Diese sollen offenbar in mathematischen Konstruktionen liegen. Das Schlagwort von der Abkehr der modernen Physik von der Anschauung hat, ausgehend von der Relativitäts- wie der Quantentheorie, weite Verbreitung gefunden. Gerade die Quantentheorie ist aber durch die Modellvorstellung der Stoßprozesse, der Erzeugung und Vernichtung von Teilchen inzwischen wieder recht anschaulich geworden.

Die Kritik fragt nach der Ursache der Massensuggestion, die von einer so merkwürdigen und so unlogischen Theorie ausgegangen ist. «Viel rätselhafter als der Inhalt der Relativitätstheorie ist die Tatsache, daß sie weite Verbreitung gefunden hat», fragte Rauschenberger schon 1931 und fügte hinzu, daß Vernunft und Logik den Menschen anscheinend auf die Dauer nicht befriedigen. Der schwedische Logiker Nordenson (1969) nennt die Relativitätstheorie ein System von Widersprüchen, das nicht den Namen einer Theorie verdiene. Der englische Physiker und Fachmann für Zeitmessung L. Essen (1971) ist ähnlicher Ansicht. Er hat eine Umfrage unter Experimentalphysikern veranstaltet, was sie von der Relativitätstheorie hielten. Sie antworteten, sie verstünden die Theorie nicht, aber da so viele bekannte theoretische Physiker dafür seien, werde es wohl schon seine Richtigkeit haben.

Die Haltung des Publikums ist eine ähnliche. Es fühlt sich nicht vom wissenschaftlichen Aspekt der Relativitätstheorie angezogen, den es nicht versteht, sondern von dem Märchenhaften, Geheimnisvollen, Unbegreiflichen an ihr, zumal es nach wie vor die Sanktion prominenter Gelehrter hat. Zum Mysterium gehört die Unverständlichkeit. Sie wird durch vergröbernde Popularisierungen vermehrt, die Einsteins Theorie erst richtig unverständlich machen. Es kommt hinzu, daß die Relativitätstheorie schon mehr als zwei Generationen lang gelehrt wird. «Behauptungen werden als feststehende Tatsachen angesehen, nur weil sie so lange wiederholt werden.» (Vaihinger 1922.)

Einstein ist nicht nur der Urheber der Relativitätstheorie. Er hat auf anderen Gebieten der Physik einige glänzende Arbeiten hinterlassen, darunter die Lichtquantentheorie, die Voraussage des Lasers und die in der Quantentheorie wichtige Bose-Einstein-Statistik. In der von ihm weltanschaulich abgelehnten Quantenphysik hatte er hervorragende Leistungen von konkretem Charakter zu verzeichnen. Man fragt sich, wieviele weitere Leistungen dieses hochbegabten Gelehrten der Wissenschaft verlorengegangen sind, weil er es vorzog, fünfzig Jahre seines Lebens an mathematisch-philosophische Konstruktionen zu wenden.

NACHWORT DES HERAUSGEBERS

In ihrem 1997 erschienenen Buch «Requiem für die Spezielle Relativität» erwähnten Georg Galeczki & Peter Marquardt im Anhang das vorliegende Werk von Walter Theimer, welches die Autoren durch folgenden Kommentar (S. 263) besonders hervorhoben:

«*Dieses knapp 200 Seiten starke Taschenbuch, dem seinerzeit leider kein großer Erfolg beschieden war, ist einer der lesenswertesten kritischen Texte zur Relativitätstheorie in deutscher Sprache, die in jüngster Zeit verfaßt worden sind; die Berücksichtigung von Lehre-Wirkung-Kritik ist vorbildlich für eine wissenschaftliche Darstellung.*»

Ich versuchte, dieses Buch zu bekommen – aber auch nach jahrelanger Suche war es nicht mehr aufzutreiben. Nur in ganz wenigen Bibliotheken wurde es noch geführt: in Österreich befand sich ein einziges Exemplar in der Universitätsbibliothek Wien – und war für die Fernleihe nicht verfügbar.

Einige Jahre vergingen, und so manches kritische Werk gegen die Relativitätstheorien (RT) ging durch meine Hände. Manche waren einigermaßen verständlich geschrieben, manche mit Formeln überfüllt, viele waren bestenfalls als Pamphlete zu bezeichnen, sachlich falsch, mathematisch verworren, negativ beschattet von Nichtverstandenem und vom Eifer, den Mythos Einstein zu entthronen.

Laien und Privatgelehrte gleichermaßen wie viele Wissenschaftler betrachten die «Widerlegung» der Relativitätstheorien seit ihrem Bestehen als besondere Herausforderung. Tatsächlich sind für den «gesunden Menschenverstand» Einsteins Thesen eine ungemein starke Provokation; in unzähligen Publikationen wird deshalb schon ein Jahrhundert lang versucht, dem «Genie» einen Denk- oder Rechenfehler nachzuweisen oder an seinen Postulaten zu rütteln.

Wissenschaftsjournalisten, Massenmedien und Pop-Physiker bringen zwar von Jahr zu Jahr immer mehr technische Anwendungen in Zusammenhang mit den Relativitätstheorien (GPS, Laser, Fernsehen etc.) und machen so (zu Unrecht!) diese Theorien «alltagsrelevant» – aber eine praktische Anwendung haben die RT in unserem Alltag keineswegs gefunden. Das nährt natürlich den Verdacht, es handle sich im Grunde nur um Ideologien.

Aus der Bestätigung einiger Voraussagen sollte man zwar eine praktische Anwendbarkeit der Theorie erwarten – aber ob die RT auch den Gegebenheiten unserer Natur tatsächlich entspricht, blieb bis heute umstritten – und das wird sich auch so bald nicht ändern ...

Als ich Walter Theimers «Relativitätstheorie» endlich in die Hände bekam, wurde mir gleich klar, daß Galeczki/Marquardt nicht zuviel versprochen hatten. Dieses Buch war anders als all die unzähligen «Widerlegungen» Einsteinscher Phantasien. Aus den vielen kritischen Werken, die ich konsumiert hatte, leuchtete dieses Buch wie ein Juwel hervor – und ich konnte nicht begreifen, dass es wie eine kurz aufblitzende Sternschnuppe wieder im Dunkel der Vergessenheit versunken war.

Aus diesem Dunkel habe ich es wieder hervorgeholt und neu aufgelegt, denn dieses Buch soll den Lesern erhalten bleiben. Ganz bewußt habe ich nichts daran geändert und es auch nicht auf die neue Rechtschreibung umgestellt (die ja nicht minder ein Streitfall unserer heutigen Gesellschaft ist ...)

Die Reaktionen der «Relativisten» werden selbstverständlich wieder so sein wie anno dazumal. Sachlichen Argumenten unzugänglich, werden sie dem Werk unedle Motive unterschieben oder so plumpe Phrasen entgegensetzen, wie «daß die Relativitätstheorie tausendfach bewiesen sei und allerorts Anwendung finde» ... etwa im Tonfall der folgenden Rezension:

Der Titel dieses knappen Bandes ist irreführend. Dem Leser wird nicht eine sachliche Darstellung und Würdigung der Einsteinschen Relativitätstheorien geboten. Theimer liefert vielmehr eine durchgehende und sich steigernde Polemik gegen das «müßige Gedankenspiel» und den «Sektenglauben» einiger theoretischer Physiker. Kennzeichnend ist vielleicht, daß er die Relativitätstheorie mit dem Marxismus und der Psychoanalyse auf eine Stufe stellt und ablehnt.
Der gebildete Laie, an den sich der Verfasser angeblich wendet, kann nur verwirrt sein. Vor allem dann, wenn er weiß, daß dort, wo die Relativitätstheorie praktische Bedeutung hat — in der Atomphysik und in der Astronomie — inzwischen schon Generationen von Physikern mit ihr arbeiten und Erfolg hatten.   *d. n. (WAZ, Okt.1978)*

Es ist dem «gebildeten Laien» aber leider gar nicht möglich, festzustellen, dass diese abschließende Behauptung schlichtweg unsinnig ist. Der

«Erfolg» der Arbeit mit den RT besteht nämlich ausschließlich wiederum aus Theorien (Teilchenspin, Schwarze Löcher, Urknall etc.) deren Aussagen in keiner Weise bestätigt sind!

Hier ein anderes Beispiel einer sachlich verfehlten Rezension:

Das Buch will eine Darstellung der Relativitätstheorie (RT) sein [...] Welcher Geist darin weht, deuten die anfänglichen Zitate an, in denen M. Born und E. Cassirer neben zwei Autoren aus einem schmalbrüstigen Pamphlet der 30er Jahre gegen Einstein gestellt werden. Das ist aber nicht das einzige ungereimte der Schrift. Während z. B. das Experiment von Hafele u. Keating zum Gang bewegter Uhren und seine Verbesserung durch Alley und Mitarbeiter ausführlich diskutiert werden, ist der Verf. bei den so präzisen Messungen der Ablenkung von Radiowellen am Sonnenrand und den Radarmessungen im Planetensystem (Shapiro u. Mitarb.) nicht auf dem Laufenden. Daß die Genauigkeit der Rotverschiebungsmessungen von Pound und Rebka fälschlicherweise mit nur 10 % angegeben wird, liegt auf derselben Linie. - W. Theimer legt besonderen Wert auf logische Fehler in der RT. Die Art seines eigenen logischen Schließens erkennt man an folgendem Zitat (S. 34): Wenn es a priori ein «früher» und ein «später» gibt, ist nicht einzusehen, warum es nicht a priori auch ein «gleichzeitig» geben sollte.
Mit den hier herausgefischten Mängeln wird man dem Buch natürlich nicht gerecht. Aber auch nach gründlicher Lektüre und trotz besten Willens kann ich in ihm weder eine sachgerechte noch eine kritische Verarbeitung des Stoffes sehen   H. Goenner, Göttingen (Physik.Blätter 3/81 S. 78)

Spricht der wenig *goenner*hafte Rezensent vom «Geist, der darin weht», weil er sich auf die sachlichen Argumente gegen die Theorie nicht einlassen kann? Die Genauigkeit der Rotverschiebungsmessungen von Pound und Rebka (1962) war tatsächlich so miserabel, wie von Theimer angeführt, und wurde daher verschämt als «ausreichende» Genauigkeit bezeichnet. Dem Rezensenten war offenbar nicht bekannt, dass erst das später durchgeführte Pound-Rebka-Snider-Experiment diese Genauigkeit auf 1,5 % verbessert hatte. Die angeblich so «präzisen» Messungen von Shapiro und Mitarb. (1970) waren anfangs wegen einer «Ungenauigkeit» von mehreren Prozent völlig indiskutabel. Erst wiederholte Messungen, von denen Theimer tatsächlich bei Drucklegung des Buches noch nichts wissen konnte, insbesondere spätere Messungen mit Hilfe von Raumsonden (Mariner, Viking) erbrachten eine Steigerung der Genauigkeit auf 0,1 %! Im übrigen sind Übereinstimmungen theoretischer Werte, die unter Idealbedingungen *errechnet* werden, mit Werten, die unter Realbedingungen *gemessen* werden, immer ein Zeichen dafür, dass die Theorie oder die Messungen zielgerichtet angewendet wurden, um ein bestimmtes Resultat zu erhalten (das eigentlich *real* niemals erhalten werden könnte, weil jede Realbedingung Faktoren enthält, die keine Theorie von vornherein berücksichtigen kann).

Und daß zwischen «früher» und «später» ein Begriff steht, der sich «jetzt» nennt, und dieser die Gleichzeitigkeit logisch unwiderlegbar impliziert, hätte dem Rezensenten eigentlich einleuchten müssen!

Daß es auch anders geht, soll zum Abschluß eine positive Rezension aus der Hochschulzeitung (Bern) Nr. 76, Mai 1978 zeigen:

Hat Einstein die Welt genarrt?
In einem im Francke-Verlag Bern erschienenen Buch von Professor Walter Theimer, «Die Relativitätstheorie - Lehre, Wirkung, Kritik», werden die spezielle und die allgemeine Relativitätstheorie von Albert Einstein kritisch unter die Lupe genommen. Theimer, ein anerkannter Hochschuldozent, kommt darin zum erstaunlichen Schluss, dass sich die gesamte Relativitätstheorie auf äußerst vage fundierte Annahmen und Voraussetzungen stützt und daher vom wissenschaftlichen Standpunkt aus gesehen über weite Strecken unhaltbar ist.
Die Relativitätstheorie von Herrn Albert Einstein, einem ehemaligen Beamten im eidgenössischen Amt für Maße und Gewichte in Bern, der 1895 an der Aufnahmeprüfung an die ETH Zürich durchgefallen ist, ein Jahr später dieselbe wiederholte und bestand und daraufhin das Studium der Mathematik und Physik ergriff, ist nun ein gutes halbes Jahrhundert alt.
Dass Einstein an der ETH die praktischen physikalischen Übungen schwänzte, was ihm im übrigen einen strengen Verweis eintrug (zit. nach Kollros in «Berner Konferenz» 1955), war sicher kein Zufall, denn er war überzeugt, dass die physikalischen Probleme seiner Zeit durch philosophisch-mathematische Überlegungen und nicht durch physikalische Experimente zu lösen waren. So sind denn auch seine Überlegungen zur Relativitätstheorie in erster Linie philosophischer Natur.
Hunderttausende von Physikstudenten in aller Welt haben seither ihre Portion «Einstein» konsumiert, verarbeitet, nicht verstanden und trotzdem in ihre Berechnungen einbezogen.
Ein Beispiel: Die von Einstein postulierte «Zeitdehnung» (langsameres Ablaufen der «Zeit» bei hoher Geschwindigkeit) ist ein rein theoretischer

Gedanke, der - niemals experimentell nachgewiesen - oft in physikalischen Versuchen zur «Anwendung» kommt, um dort für Effekte die «Verantwortung» zu übernehmen, die beim näheren Hinschauen ihre Ursache in sehr viel konkreteren Fehlerquellen haben.
Schritt für Schritt geht Prof. Theimer in seinem Buch die Relativitätstheorie durch und entdeckt dabei so viele umstrittene Punkte, dass er damit die ganze Theorie in Frage stellt. Der englische Fachmann für Zeitmessung, L. Essen, hat 1971 unter Experimentalphysikern eine Umfrage gemacht, was sie von der Relativitätstheorie hielten. Sie antworteten, sie verstünden die Theorie nicht, aber da so viele bekannte theoretisch Physiker dafür seien, werde es wohl schon seine Richtigkeit haben ...
Das wissenschaftliche Buch ist arm an mathematischen Formulierungen und daher für jeden einigermaßen Gebildeten durchweg gut verständlich. Es leistet einen wirksamen Beitrag zur Entmystifizierung der höheren Physik und lässt wohltuend erkennen, dass selbst die Gescheitesten unter den Gescheiten keine Übermenschen sind, sondern wie wir alle Fehler haben und Fehler machen.

Seit der Messung des Kosmischen Mikrowellenhintergrunds (CMB) durch *Smoot et al.* (http://aether.lbl.gov) sollte auch dem hartnäckigsten Relativisten klar sein, dass die SRT obsolet ist. Denn die *Dipoleigenschaft* des CMB aufgrund der absoluten Bewegung der Erde (ca. 360 km/s) zeigt auf, dass es ein Bezugssystem gibt, in welchem diese Dipoleigenschaft *nicht* auftritt, also das CMB *ruht.* Dieses absolute Bezugssystem («Absolutraum») schließt die Gültigkeit der RT zumindest in diesem Universum aus.

Graz, im Oktober 2005   Harald Maurer

BIBLIOGRAPHIE

Abraham, M., *Ann. Phys.* 10 (1903), 105.
- *Theorie der Elektrizität.* Leipzig 1905.

Alley, C. O., Bericht auf der Int. Gravitations-Tagung in Pavia, 17. Sept. 1976.

Arzelies, H., *La cinématique relativiste.* Paris 1955.
- *Relativité generalisée.* Paris 1961-63.

Bergson, H., *Durée et simultaneité.* Paris 1921.

Berner Internat. Konferenz «50 Jahre Relativitätstheorie» 11.-16. 7. 1955. Bericht in *Helv. Phys. Acta Suppl.* IV, Basel 1956 (Hrsg. A. Meraer, M. Kervaire).

Bjorken, J. D., und Drell, S. D., *Relativistische Quantenmechanik.* Mannheim 1966.

Bondi, H., *Observ.* 82 (1962), 133.
- *Mythen und Annahmen in der Physik.* Göttingen 1971.

Born, M., s. Berner Int. Konferenz $2^{\wedge}tL$ (1955).
- *Die Relativitätstheorie Einsteins.* Heidelberg 1964.

Brace, D. B., *Phil. Mag.* 7 (1904), 317.

Bucherer, A. H., *Phys. Zeitschr.* 9 (1908), 755.
- *Ann. Phys.* 28 (1909), 513.

Builder, G., *Philos. Sei.* 26(1951), 135.

Cahn, W., *Einstein.* New York 1955.

Cassirer, E., *Zur modernen Physik.* Berlin 1921. Ausg. Oxford 1957.

Cedarholm, J. P., et al., *Phys. Rev. Letters I* (1958), 342.

Clark, R. W., *Albert Einstein. Leben und Werk.* Dt. München 1976.

Comfort, A., *Ageing. The Biology of Senescence.* London 1964.

Cullwick, E. G., *Electromagnetism andRelativity.* London 1957.
- *Bull. Inst. Phys.* 10 (1959), 52.

Dessauer, F., *Naturwissenschaftliches Erkennen.* Frankfurt 1958.

Dicke, R. H., In: *Gravitation and Relativity* (Hrsg. Chiu und Hoffmann). New York 1964.

Dingle, H., *The Special Theory of Relativity.* London 1946.
- *Math. Not. Roy. Astron. Soc.* 119 (1959), 67.
- *Philos. Sei.* 27 (1960), 233.
- *Nature* 216 (1967), 119.

Dingler, H., *Die Methode der Physik.* München 1938.

Driesch, H., *Relativitätstheorie und Weltanschauung.* 2. Aufl. Leipzig 1930.

Einstein, A., *Ann. Phys.* 18 (1905), 639.
- *Ann. Phys.* 18 (1905), 811.
- *Jahrb. f. Radioaktivität.* Leipzig 1907, 411.
- *Viert.-Sehr. Naturf. Ges. Zürich* 56 (1912), n.
- *Über die spez. u. allg. Relativitätstheorie.* Braunschweig 1917.
- *Naturwiss.* 1918, 697.
- *Mein Weltbild.* New York 1933, dt. Stuttgart 1956.
- *Techn. Rundschau, Bern,* 47 (1955), Nr. 20, S. i.

Essen, L., *The Special Theory of Relativity. A Critical Analysis.* Oxford Univ. Press 1971.

Falke, G., und Ruppel, W., *Mechanik, Relativität, Gravitation.* Heidelberg 1974.

Faragö, P. S., und Jánossy, L., *Nuovo cimento* 5 (1957), 1411.
Finkelnburg, W., *Einf. in die Atomphysik.* 7. Aufl. Heidelberg 1962.
Finlay-Freundlich, E., s. Berner Int. Konferenz 108 (1955).
Flückiger, M., *Albert Einstein in Bern.* Bern 1974.
Fock, V., s. Berner Int. Konferenz (1955).
Gauß, C. F., *Werke.* Bd. 8, 174, 186, 190.
Gehrcke, E., Die Relativitätstheorie als wissensch. Massensuggestion. In: *i. Heft d. Arb.-Gem. Dt. Naturf.* 1920.
In: *100 Autoren geg. Einstein* (Hrsg. H. Israel). Leipzig 1931. S. 31.
Giese, J., zit. nach *Sapper* 1958, II 278.
Gilbert, L., *Das Relativitätsprinzip, die jüngste Modenarrheit d. Wiss.* Breitenbach 1914.
- In: *100 Autoren geg. Einstein* (Hrsg. H. Israel). Leipzig 1931. S. 86.
Gleich, G. v., *Einsteins Relativitätstheorie und physikalische Wirklichkeit.* Leipzig 1930.
Goldschmidt, L., In: *100 Autoren geg. Einstein* (Hrsg. H.Israel). Leipzig 1931. S. 13.
Grimsehl, E., *Experimentalphysik.* Dresden 1936.
Hafele, J. C., *Nature* 227 (1970), 270.
Hafele, J. C., und Keating, R. E., *Science* 177 (1972), 166.
Hahn, O. und Strassmann, F., *Naturwiss.* 27 (1939), 11.
Hasenöhrl, F., *Ann. Phys.* 15 (1904), 344.
- *Wiener Sitz.-Ber.* 113 (1904), 1039.
- *Ann. Phys.* 16 (1905), 589.
Heidegger, M., *Martin Heidegger im Gespräch* (Hrsg. R. Wisser). Freiburg 1970. S.72
Hochgesang, M., *Mythos und Logik im 20. Jahrhundert.* München 1965.
Hoffmann, B., und Dukas, H., *Albert Einstein. Schöpfer und Rebell.* Dt. Stuttgart 1976.
Israel, H., et al. (Hrsg.), *100 Autoren gegen Einstein.* Leipzig 1931.
- Ferner in diesem Werk, S. 14.
Ives, H. E., *Phil. Mag.* 36 (1945), 392.
Jacoby, G., *Allg. Ontologie der Wirklichkeit.* Halle 1925.
Jammer, M., *Das Problem des Raumes.* Darmstadt 1960.
- Der *Begriff der Masse in der Physik.* Darmstadt 1964.
Jeffreys, H., *Austral. J. Phys.* n (1958), 583.
Kant, L, *Werke.* Ausg. 1787 (Hrsg. E. Cassirer), II 19 (1758), II 394 (1769).
Kaufmann, W., *Gott. Nachr.* 1902, 143.
- *Gott. Nachr.* 1902, 291.
Keller, H., In: *100 Autoren geg. Einstein* (Hrsg. H. Israel). Leipzig 1931. S. *16.*
Keswani, G. H., *Brit. J. Phil. Sci.* XV (1965), 60: 286, XVI (1966), 61:19.
Kraus, O., *Lotos* 70 (1922), 341.
- *Off. Brief an Einstein u. v. Laue.* Leipzig 1925.
- In: *100 Autoren geg. Einstein* (Hrsg. H. Israel). Leipzig 1931. S. 88.
Langevin, A., *Paul Langevin, mon pére.* Paris 1971.
Langevin, F., /. *phys. théor. et appliquée* 3 (1913), 553.
Larmor, A., *Nature* 143 (1939), 241.

Laue, M. v., *Die Relativitätstheorie*. Braunschweig 1919.
- *Naturwiss. Rundschau* 10 (1957).
Le Roux, J., In: *100 Autoren geg. Einstein* (Hrsg. H. Israel). Leipzig 1931. S. 20.
Lewis, G. N., *Phil. Mag.* 16 (1908), 705.
Lewis, G. N., und Tolman, R. C., *Phil. Mag.* 18 (1909), 510.
Lipsius, F., *Wahrheit und Irrtum in der Relativitätstheorie*. Tübingen 1927.
- In: *100 Autoren geg. Einstein* (Hrsg. H. Israel). Leipzig 1931. S. 117.
Lorentz, H. A.: Versuch einer *Theorie der elektr. u. opt. Erscheinungen in bewegten Körpern*. Leiden 1895. (Ges. Sehr. V, 49).
- *La théorie électromagnétique de Maxwell*. Leiden 1895.
- *Electromagnetic Theory in a System etc.* Ak. Wetensch. Amsterdam 6:2, 809 (1904).
- Die *Theorie des Elektrons*. Leipzig 1909.
Mach, E., Die *Mechanik in ihrer Entwicklung*. Leipzig 1883.
March, A., *Natur und Erkenntnis*. Wien 1948.
- *Die physikalische Erkenntnis und ihre Grenzen*. München 1960.
Marder, L., *Time and the Space-Traveller*. London 1971.
Margenau, H., In: *Einstein, Philosopher-Scientist* (Hrsg. Schilpp). New York 1959. S. 245, 254.
- Nachwort zu *Cassirer, Zur modernen Physik*. Dt. Oxford 1957.
Maritain, J., zit. nach *Dessauer, Naturwissenschaftl. Erkennen*. S. 389.
Maxwell, J. C., *Substanz und Bewegung*. Braunschweig 1881.
McCrea, W. H., *Relativity Physics*. London 1947.
- *Proc. Math. Soc. Univ. Southampton* 5 (1962), 15.
McMillan, E. M., *Science* 121 (1957), 381.
Meitner, L., und Frisch, O., *Nature* 143 (1939), 239.
Mie, G., Wiener *Sitz.-Ber.* 107 (1898), 113.
Milne, E. A., *Kinematic Relativity*. Oxford 1948.
- *Phil. Mag.* 40 (1949), 1244.
Mitis, L., In: *100 Autoren geg. Einstein* (Hrsg. H. Israel). Leipzig 1931. S. 34
Mittelstaedt, P., *Philosophische Probleme der modernen Physik*. Mannheim 1963.
Moller, C., *The Theory of Relativity*. London 1952.
Müller, A., *Die philosophischen Probleme der Einsteinschen Relativitätstheorie*. Braunschweig 1922.
Nordenson, H., *Relativity, Time, and Reality. A Logical Analysis*. London 1969.
O'Rahilly, A., *Electromagnetic Theory*. New York 1965.
Ostwald, W., *Vorlesungen über Naturphilosophie*. Leipzig 1901.
Palágyi, M., *Raum und Zeit*. Leipzig 1901.
- *Zur Weltmechanik*. Leipzig 1925.
Phalen, A., *Über die Relativität der Raum- und Zeitbestimmung*. Upsala 1922.
Poincaré, H., *Rev. de métaphys.* 6 (1898), i.
- *Rec. de trav. off. a H. A. Lorentz*. Haag 1900.
- *Science et hypothése*. Paris 1902.
- Vortrag St. Louis 24. 9. 1904, abgedruckt in *La Revue des Idees* 15. n. 1904.
- *Die neue Mechanik*. Berlin 1910.
- *Oeuvres* IX (1905), 489. Paris 1910.
Prokhovnik, S. J., *The Logic of Special Relativity*. Cambridge 1967.
Rauschenberger, W., In: *100 Autoren gg. E.* (Hrsg. H. Israel). Leipzig 1931. S. 39.

Rayleigh, Lord, *Phil. Mag.* 4 (1902), 678.
Reichenbach, H., *Axiomatik der Raum-Zeit-Lehre*. Leipzig 1924. S. 70.
- *Philosophie der Raum-Zeit-Lehre*. Leipzig 1928. S. 150, 161.
- In: *Einstein, Philosopher-Scientist* (Hrsg. Schlipp). New York 1959. S. 239, 292.
Relat. Thermodynamik, nichtgez. Artikel in *Physik in uns. Z.* 3 (1973), 66.
Reuterdahl, A., In: *100 Autoren geg. Einstein* (Hrsg. H. Israel), Leipzig 1931. S. 40.
Ripke-Kühn, L., *Kant contra Einstein*. 7. Beih. d. Sehr. d. Dt. Phil. Ges. Erfurt 1920.
Rosser, W.G.V., *An Introduction to the Theory of Relativity*. London 1971.
Ruckhaber, E., In: *100 Autoren geg. Einstein* (Hrsg. H. Israel). Leipzig 1931. S. 47.
Russell, B., *ABC of Relativity*. London 1958.
Sapper, K. (Hrsg.), *Kritik und Fortbildung der Relativitätstheorie*. 2 Bde. Graz 1957/58.
Schiff, L. L, *On Exp. Tests of the Gen. Theory of Relativity*. Stanford 1959.
Schneider, F., *Hauptprobleme der Erkenntnistheorie*. Bonn 1959.
Schott, F., *Electromagnetic Radiation*. Cambridge 1912.
Sexl, R., Die exp. Prüfung der allg. Relativitätstheorie, *Phys. in uns. Z.* 2 (1970), 43.
Smyth, H. deW., *Atomenergie*. Dt. Basel 1947.
Süssmann, G., 50 Jahre allg., 60 Jahre spez. Relativitätstheorie, *Umschau* 65 (1965), 6, 37.
Thomson, J. J., *Phil. Mag.* n (1881), 229.
Tolman, R. C, *Relativity*. London 1934.
Topitsch, E., *Mythos, Philosophie, Politik*. Freiburg 1969.
Törnebohm, H., *A Logical Analysis of the Theory of Relativity*. Stockholm 1952.
Trümpler, R. J., In: Berner Internat. Konferenz 108 (1955).
Trumpp, J., *Zusammenbruch einer Irreführung*. München 1965.
Vaihinger, H., *Die Philosophie des Als Ob. j.* Aufl. Leipzig 1922.
Victor, L. C., *Coldst. Obs. Rep.* 81 (1961), Calif. Inst. Tech.
Vogtherr, K., *Wohin führt die Relativitätstheorie?* Leipzig 1923.
- *Raum, Zeit u. Wirklichkeit*. Stuttgart 1954.
- *Methodos* 9 (1957), 199.
Wells, H. G., *Men Like Gods*. London 1922.
Weyl, H., *Raum-Zeit-Mathematik*. Berlin 1918.
- Vorlesungen über die allg. Relativitätstheorie. Berlin 1920.
Whitehead, A. N., *The Principle of Relativity*. Cambridge 1929.
Whittaker, E., *A History of the Theories of Aether and Electricity*. Edinburgh 1951.
Wiegand, F., *Klassische oder nichtklassische Physik*. Paderborn 1964.
Wien, W., *Rec. de trav. off. a H. A. Lorentz*. Haag 1900. S. 96.

ERWEITERTE BIBLIOGRAPHIE 2005

Barth, G. (1954 - 1985), *Schriften zur Relativitätstheorie*, Zwingendorf bei Wien
Barth, G. (1987), *Wurde die Welt betrogen?*, Zeitschr. „raum & zeit" 28/87, S. 64 - 68
Barth, G. (1991), *Das Ende der mathematischen Physik*, Zeitschr. „raum & zeit" 52/91, S. 95 - 101
Dingle, H. (1972) (Professor der mathematischen Physik in London), *Science at the Crossroads*, London
Fahr, H.-J. (1992), *Der Urknall kommt zu Fall - Kosmologie im Umbruch",* Verlag Franckh-Kosmos, Stuttgart
Fahr, H.-J. (1995), *Universum ohne Urknall - Kosmologie in der Kontroverse*, Spektrum Akademischer Verlag GmbH, Heidelberg, Berlin, Oxford
Galeczki / Marquardt (1997), *Requiem für die Spezielle Relativität*, Haag und Herchen, Frankfurt/M.
Gut, B. J. (1981), *Immanent-logische Kritik der Relativitätstheorie*, Zug (Schweiz)
Gut, B. J. (1990), *Die Verbindlichkeit frei gesetzter Intentionen - Entwürfe zu einer Philosophie über den Menschen*, Verlag Freies Geistesleben GmbH, Stuttgart
Juhos, B. (1967) (Professor der Logik in Wien), *Erkenntnislogik und moderne Physik*, Berlin
Kammerer, E. (1961), *Die Beurteilung der Lichtgeschwindigkeit*, mit einem Geleitwort von Professor Dr. Karl Sapper, Graz
Kantor, W. (1976) (Professor der Physik in San Diego), *Relativistic Propagation of Light*, Lawrence, Kansas
Mueller, G. O. (2003), *Erster Tätigkeitsbericht des Forschungsprojekts: „95 Jahre Kritik der Speziellen Relativitätstheorie (1908-2003)"* (In vielen deutschen Bibliotheken verfügbar, im INTERNET unter http://www.ekkehard-friebe.de/report1.pdf)
Mueller, G. O. (2004), *2. Tätigkeitsbericht des Forschungsprojekts: „95 Jahre Kritik der Speziellen Relativitätstheorie (1908-2003)"* (In vielen deutschen Bibliotheken verfügbar, im INTERNET unter http://www.ekkehard-friebe.de/report2.pdf)
Mueller, G. O. (2004), *Über die absolute Größe der Speziellen Relativitätstheorie*, mit Nachweis von 3789 kritischen Arbeiten und zahlreichen Hinweisen auf THEIMER (In vielen deutschen Bibliotheken verfügbar, im INTERNET unter http://www.ekkehard-friebe.de/buch.pdf)
Nedved, R. (1978/1979), *Classical Theory of Relativity*, Separat iz biltena „naucna misao" br. 14/15, p. 1 - 36
Pagels, K. (1985), *Mathematische Kritik der speziellen Relativitätstheorie*, Zug (Schweiz)
Pagels, K. (1992), *Kant gegen Einstein - Philosophische Kritik der „Relativitätstheorie"*, Ewertverlag GmbH, 49762 Lathen (Ems)
Ritz, W. (1965), *Theorien über Äther, Gravitation, Relativität und Elektrodynamik*, Schritt-Verlag, Bern und Badisch-Rheinfelden 2. Aufl.
Ritz, W. (1991), *Kritische Untersuchungen zur allgemeinen Elektrodynamik*, Übersetzung aus dem Französischen mit Vorwort und Nachwort von Dr. Carl Dürr, Verlag Dürr, CH - 6574 Vira
Rudakov, N. (1981), *Fiction Stranger than Truth*, Geelong (Australien)
Tetens, H. (1984), *Der Glaube an die Weltmaschine - Zur Aktualität der Kritik Hugo Dinglers am physikalischen Weltbild",* aus: Janich, P. (Hrsg.): „Methodische Philosophie - Beiträge zum Begründungsproblem der exakten Wissenschaften in Auseinandersetzung mit Hugo Dingler", Bibliographisches Institut Mannheim,

Wien, Zürich (siehe auch: Hugo Dingler, *Gesammelte Werke,* im INTERNET unter http://www.infosoftware.de/dingler.htm)

Theimer, W. (1986), *Handbuch naturwissenschaftlicher Grundbegriffe,* 2. Auflage, Universitäts-Taschenbuch UTB 1389, Verlag Francke, Tübingen (Hierin sind die Stichworte „Elementarteilchen", „Naturwissenschaftliche Methode", „Quantentheorie" und „Relativitätstheorie" in besonderer Weise mit kritischen Bemerkungen und Literatur-Hinweisen ergänzt)

Thüring, B. (1967), *Die Gravitation und die philosophischen Grundlagen der Physik,* Verlag Duncker & Humblot, Berlin

Thüring, B. (1985), *Methodische Kosmologie - Alternativen zur Expansion des Weltalls und zum Urknall,* Verlag H. A. Herchen, Frankfurt/M.

Wehr, G. (1980), *Neue Relativitätstheorie,* Verlag Peter D. Lang, Frankfurt-M./Bern/Cirencester

Wickert, J. (1989) (Promotion über Albert Einstein 1970, später Professor für Psychologie an der Universität Köln), *Albert Einstein mit Selbstzeugnissen und Bilddokumenten,* Rowohlt- Verlag, Reinbek bei Hamburg, Taschenbuch rm 162 (Hierin sind mehr als 350 eigene Veröffentlichungen von Albert Einstein chronologisch aufgelistet)

Harald Maurer
Das Prinzip des Seins
Ursache und Funktion des Universums?

ISBN 3-900800-01-4

Die Matrix ist real!
Unsere subjektive Wirklichkeit als Produkt der Interaktion unserer Wahrnehmung mit einer Welt aus Quanten, Impulsen und Strukturen beruht offenbar auf einer ganz einfachen Ursache. Inspiriert vom Mach'schen Prinzip werden Herkunft und Funktion des Kosmos als die Auswirkung einer simplen Tatsache dargestellt: dem Grundsatz der Verdrängung und der universellen Abstoßung einer Materie, die sich selbst im Weg steht. Gravitation wird damit erklärbar.

512 Seiten, über 200 Abbildungen, € 28,-
www.libri.de - www.amazon.de

EDITION MAHAG – www.mahag.com

www.ingramcontent.com/pod-product-compliance
Lightning Source LLC
Chambersburg PA
CBHW031623210526
45464CB00004B/1713